数字系统设计与实践

SHUZI XITONG SHEJI YU SHIJIAN

姚亚峰　周群群　易颖　陈朝　张瑞涛　编著

内容简介

本书是电子信息工程、计算机科学与技术、自动化等电子和电气类一级学科的 EDA(Electronics Design Automation)教学基础教材。本书首先介绍 Verilog 硬件描述语言基础知识,然后按照从基本门电路、基本组合逻辑电路、时序逻辑电路到简单系统等循序渐进的顺序来描述数字系统设计,并给出一些常用数字电路设计实例,重点描述 FPGA 开发和芯片设计流程,为大家进一步深入研究数字系统设计打下基础。全书强调实际工程应用,内容力求由浅入深,并给出了丰富的设计代码样例、测试激励和仿真结果,还针对性地设计了一些习题,帮助读者有效掌握 Verilog 硬件描述语言和数字电路设计基础知识,切实提升数字系统设计能力和信心。

本书可作为普通高等学校、科研院所电子信息工程、电气工程、计算机等相关专业的本科生或研究生教材,还可作为上述领域工程技术人员的参考书。

图书在版编目(CIP)数据

数字系统设计与实践/姚亚峰等编著. —武汉:中国地质大学出版社,2023.1
ISBN 978-7-5625-5546-9

Ⅰ.①数… Ⅱ.①姚… Ⅲ.①数字系统-系统设计-高等学校-教材 Ⅳ.①TP271

中国国家版本馆 CIP 数据核字(2023)第 055424 号

数字系统设计与实践 姚亚峰 周群群 易颖 陈朝 张瑞涛 编著

责任编辑:舒立霞 责任校对:徐蕾蕾

出版发行:中国地质大学出版社(武汉市洪山区鲁磨路 388 号) 邮编:430074
电 话:(027)67883511 传 真:(027)67883580 E-mail:cbb@cug. edu. cn
经 销:全国新华书店 http://cugp. cug. edu. cn

开本:787 毫米×1 092 毫米 1/16 字数:455 千字 印张:17.75
版次:2023 年 1 月第 1 版 印次:2023 年 1 月第 1 次印刷
印刷:湖北睿智印务有限公司

ISBN 978-7-5625-5546-9 定价:46.00 元

前　言

随着大规模集成电路的普及应用以及专用集成电路开发需求的迅速提高，EDA(Electronics Design Automation)技术已成为电子设计的热门技术之一，是当今电子工程师的必备技能。本书旨在以EDA综合设计能力培养为突破口，以培养具有创新精神和实践能力的专业人才为目标，立足实用型人才培养，提高学生的实践能力和创新精神。《数字系统设计与实践》选用Verilog HDL作为硬件描述语言，面向当前主流的基于硬件描述语言设计数字电路的设计方法，主要采用从基本门电路、组合逻辑电路、时序逻辑电路到简单数字系统设计等循序渐进的顺序来描述，并给出了丰富的设计代码和测试激励样例，还针对性地设计了较多习题。Verilog HDL相对VHDL语言具有简洁、高效、易学易用的特点，有助于学生将精力集中在数字电路的设计方法方面，而不是语言本身。本书在内容安排上加大具有工程意义的实例介绍，着力培养学生的工程意识和素质，具有较强的工程实用性。

本书内容安排如下：

第1章简要描述什么是数字电路设计以及数字系统一般实现方式，并以一个基本的FPGA开发实例描述，帮助大家建立对电路或系统实现方式的具体认识。

第2章主要介绍Verilog硬件描述语言的入门知识以及Modelsim工具软件的使用。首先通过一个基本的与非门电路的Verilog描述、测试激励描述和通过Modelsim进行功能仿真的实例，让大家对Verilog语言和Modelsim仿真有一个基本认识，然后针对Verilog语言入门知识做一个比较基础和全面的介绍。

第3章首先给出组合逻辑电路的概念，然后给出常见组合逻辑电路的设计实例、测试激励编写实例等。接着重点描述测试激励编写，让大家了解测试激励编写与设计代码编写的不同之处，掌握测试激励的基本组成部分和编写方法。最后给出关于延时、竞争冒险和glitch等基本概念的描述，帮助大家了解组合逻辑电路存在的一些实际问题。

第4章首先给出时序逻辑电路的概念以及常见时序逻辑电路的一些描述实例、测试激励编写实例等。接着描述流水线的概念以及锁存器和触发器的区别，还介绍触发器的建立时间setup time和维持时间hold time的概念，以加深大家对时序逻辑电路的认识。

第5章首先给出状态机的常见描述方法，然后描述层次化设计概念，最后对测试激励的编写进行总结。

第6章给出SPI接口电路的设计描述。SPI接口电路是一种常用的接口电路，是一种并行数据的串行传输方式，遵守一定的协议规范。本章描述 SPI 接口的基本特征和一种实现方法，供大家设计参考。

第 7 章给出 DDS 电路的设计描述。DDS 电路是指直接数字频率合成器，主要用于产生单一频率的正余弦信号。本章描述正余弦信号的几种产生方法，如基于查找表的方法、基于 CORDIC 算法的方法等。

第 8 章描述一个芯片的数字电路实际设计过程，培养大家系统设计和开展项目的实践能力。本章从阅读芯片手册开始，总结芯片需要完成的数字功能，然后进行模块划分和模块设计，接着完成总体电路的拼接和仿真验证，最后通过电路综合来验证设计可行性和电路设计质量等。

第 9 章给出 FIR 数字滤波器的设计描述。数字滤波器对输入的离散信号进行运算处理，以达到改变信号频谱的目的。本章介绍 FIR 数字滤波器的基本概念，以及如何利用MATLAB工具来设计特定功能的滤波器、如何对滤波器进行硬件实现等。

第 10 章给出 JESD204B 接口电路的设计描述。首先描述该接口的功能特征，然后进行模块划分和各模块设计要求描述，并给出设计提示。该接口功能比较复杂，涉及的信号处理环节比较多，掌握了该接口电路的设计，就完全有能力进行其他各类较为复杂的数字系统设计。

第 11 章简介 FPGA 芯片特征和开发流程，并且给出 FPGA 芯片开发软件的安装方法和应用实例描述。采用 Verilog 设计的电路，最终实现的产品形式要么是 FPGA，要么是专用集成电路即芯片等，所以需要了解 FPGA 开发和芯片设计流程。

第 12 章简介数字芯片设计流程，并且通过一个具体的设计实例，较为详细地描述芯片设计过程中的电路综合、布局布线等相关工具软件的使用方法，帮助大家建立一个较为全面的芯片设计流程方面的认识。

第 13 章总结和展望，对数字系统技术和方法的发展趋势进行介绍，在学会 Verilog HDL 语言的基础上，还要重视和进一步学习 System Verilog 语言和 UVM 验证方法等，跟上技术发展变化。

最后是附录，主要包括两方面内容：一是对 Verilog HDL 语法的总结，二是给出代码编写的基本规范和需要注意的地方。

本书以实用为主线，兼顾普及与提高。本书内容翔实，具有丰富的设计代码、测试激励和仿真结果描述等，这些具体设计代码有的是编者实际开展项目的成果，编者在本书中都毫无保留地呈现出来，就是想让读者能够站在编者的肩膀上，较快理解 Verilog 语言基础知识，较为全面地掌握数字电路设计方法和实现技术，提高工程实践和创新能力。

非常感谢中国地质大学(武汉)瞿祥华教授，以及重庆吉芯科技股份有限公司王健安总经理对本书给予的热情关注和支持。重庆吉芯科技股份有限公司付东兵研究员和朱璨、陈刚、王友华等高级工程师，以及中国地质大学(武汉)机械与电子信息学院张瑞涛、徐洋洋、刘路、姚凯、淮珷蕾、宁振韬、王关涛等同学为本书做了大量具体的工作，还有很多其他研究生、本科生也积极参与，在此一并表示衷心的感谢！本书引用了互联网上的诸多资料或代码，在此也对相关人员表示衷心的感谢！我们难免在参考文献列表中挂一漏万，还望各位予以体谅。

由于EDA技术发展迅速，且编者水平和掌握的资料有限，本书中不当和疏漏之处在所难免，恳请广大读者批评指正。

编著者

2022年10月

目　录

第 1 章　数字电路设计概述

本章简要描述什么是数字电路设计以及数字系统一般实现方式，帮助大家建立对电路或系统实现方式的具体认识，以使大家能够区分用 Verilog 语言进行电路逻辑设计与通常意义上的软件开发的不同。

1.1　什么是数字电路设计

电路是由电气设备和元器件，按一定方式连接起来，为电荷流通提供路径的总体，还称为电子线路或电气回路，如由电阻、电容、电感、二极管、三极管和开关等构成的电路。

根据处理信号的不同，电路可以分为模拟电路和数字电路。模拟电路对连续性的电压、电流等电信号进行处理，以一个基本的三极管放大电路而言，其元件工作在线性放大区域。数字电路对离散量化的电压、电流等电信号进行处理，以一个基本的三极管放大电路而言，其元件往往工作在饱和或截止状态。我们关注的只是三极管导通或截止两种状态，分别对应“0”和“1”比特。简单而言，模拟电路输入输出均为连续的波形信号，数字电路输入输出均为由“0”和“1”组成的比特流信号，这些比特流可以看成对模拟波形信号的采样、量化和编码后的一种表现形式。

模拟电路和数字电路的实现方式迥然不同。以 COMS 工艺的芯片实现为例，模拟电路设计的输入方式为电路图，即先手工画出 CMOS 管的连接关系，再画出对应的版图，并仿真验证其功能正确性，最后交给厂家生产和封装等。而数字电路设计方法与模拟电路有较大不同，很少用电路图的输入方式，主要利用硬件描述语言进行电路描述即编程输入。

假设我们需要设计一个如图 1.1 所示的二选一数据选择器电路。

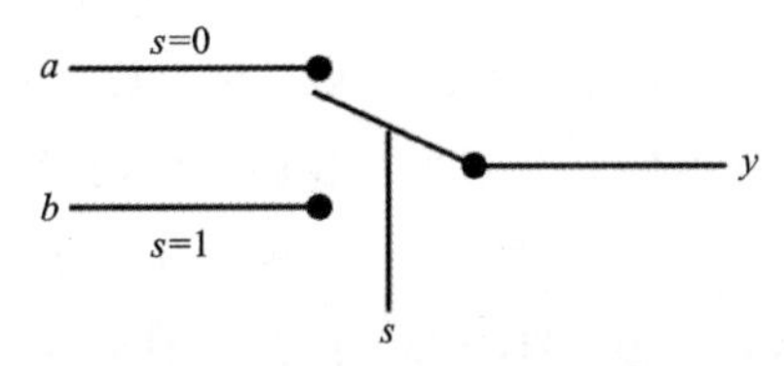

图 1.1　二选一数据选择器电路示意图

数字电路课程给出的设计思路是：首先分析输入、输出信号之间的逻辑关系，建立真值表，然后通过代数化简法或卡诺图化简法得到最简逻辑表达式 $y=a\cdot\bar{s}+b\cdot s$，最后得到逻辑电路图，并使用基本的与或非等逻辑门实现，如图 1.2 及图 1.3 所示。

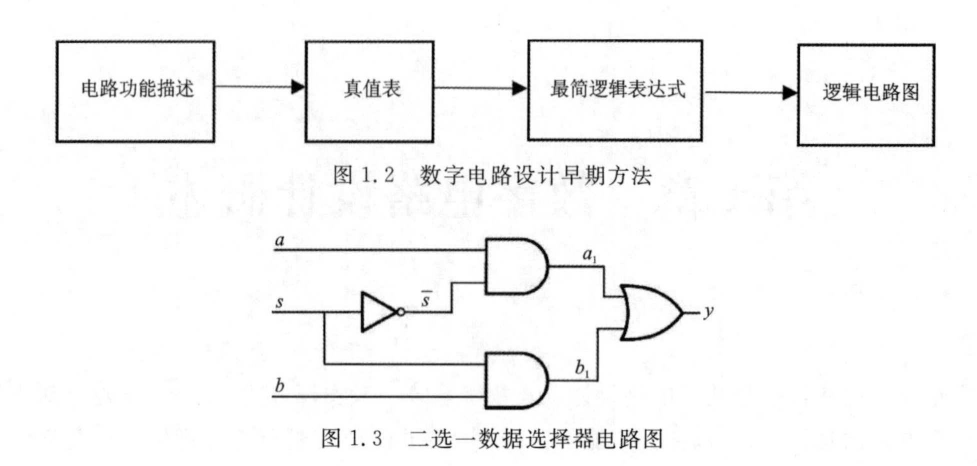

图 1.2 数字电路设计早期方法

图 1.3 二选一数据选择器电路图

随着集成电路技术和信息技术的飞速发展，数字电路的规模越来越大，一个很小的芯片可能包括上亿个晶体管或场效应管，这么复杂的数字电路不可能通过画电路图来设计输入，所以通过硬件描述语言来描述电路是当前主流的设计方法。

1.2 数字系统实现方式

当然，以上描述的二选一数据选择器电路是一个简单基础的电路模块，而我们要设计的往往是复杂得多的数字系统。比如一个 8051 微处理器芯片，就包括运算器、控制器、存储器、定时器、I/O 接口等。又如一个数字上变频/数字下变频电路，就包括数字混频器、数字滤波器等电路。如何设计和实现一个较为复杂的数字系统呢？一般有以下几种方法。

(1)通过通用计算机如个人电脑实现。如实现一个数字滤波器，可以通过在个人电脑上用 MATLAB 编程实现。这种实现方法的编程语言是 MATLAB 语言，开发程序是MATLAB 软件，运行平台是个人电脑。要在一个设备或器件上用到一个滤波器，如果把电脑嵌入到这个设备或器件，作为这个设备或器件的一个组成部分的话，它的面积很大，成本很高。

(2)通过嵌入式处理器如单片机实现。我们可以通过 C 语言或汇编语言，让单片机完成相关的数字滤波功能。这种实现方法的编程语言是 C、C＋＋或汇编语言，开发软件是 Keil、CCS 等软件，运行平台是处理器芯片。要在一个设备或器件上用到一个滤波器，可以对单片机芯片进行开发，让这个单片机芯片完成滤波功能，然后把这个芯片集成到这个设备或器件。这是常见的一种做法，所以嵌入式处理器的设计和开发是硬件设计的一个重要分支。

(3)通过现场可编程逻辑器件 FPGA 实现。我们可以通过 Verilog 或 VHDL 硬件描述语言描述一个滤波器，然后编译下载到 FPGA 器件，从而使该器件完成相关的数字滤波功能。这种实现方法的编程语言是 Verilog/VHDL 语言，开发软件是 Vivado、QuartusⅡ等软件，运行平台是 FPGA 芯片。要在一个设备或器件上用到一个滤波器，可以对 FPGA 芯片进行开发，通过这个 FPGA 芯片来完成滤波功能，然后把这个芯片集成到设备或器件上。这同样是常见的一种做法。与嵌入式处理器开发不同，FPGA 芯片往往用于高速信号处理，而嵌入式处理器芯片往往用于中低端信号处理，如消费电子等产品设备之中。

(4)通过芯片实现。我们可以通过 Verilog 或 VHDL 硬件描述语言描述一个滤波器，通过芯片设计工具软件把代码转换为版图文件，然后让芯片制造厂家去生产芯片，该芯片即为完成该数字滤波功能的专用集成电路。这种实现方法的编程语言是 Verilog/VHDL 语言，开发软件主要包括 DC、Innovus 等软件，最终提交 GDS 文件给厂家制造出芯片。单片机等嵌入式处理器芯片和 FPGA 本身都是芯片，不过它们是一种可编程的通用芯片，大家可以在这种芯片上进行二次开发。与通用芯片相对应，还有一种称为专用芯片，我们通常所说的芯片设计，往往指这些专用芯片的设计。

本书将主要描述后面两种数字电路实现方法，就是应用硬件描述语言如 Verilog，对我们要设计的电路进行编程，然后利用多种 EDA 工具软件把代码转换为具体电路或版图等，最后在 FPGA 器件上进行具体实现，或者直接制造出一款对应的专用芯片产品。

那么 FPGA 设计与芯片设计流程有什么不同呢？我们往往把电路设计过程分为两个阶段：前端设计和后端设计。前端设计也称逻辑设计，后端设计也称物理设计。FPGA 设计与芯片设计流程的前端设计都一样，它们使用的编程语言和仿真工具软件等都一样，只是它们的后端设计有所不同，电路最终的呈现方式不同而已。FPGA 开发是利用 FPGA 芯片可编程特性，用 FPGA 里面的基本单元来搭建 Verilog 代码所描述的电路。芯片设计是直接制造出一款专用芯片来完成 Verilog 代码所描述的电路，所以芯片设计称为 ASIC（专用集成电路）设计。

我们这里描述的数字电路设计，需要用一种编程语言（如 Verilog 语言进行编程）得到我们想要的电路，那么它和我们通常所说的软件设计又有什么不同呢？Verilog 语言的编程代码，最终会通过工具软件转换为一个具体实现电路，是硬件设计的一种实现方式。而我们通常所说的软件设计，虽然也是使用一种编程语言，表现形式也是一种代码，但该代码是通过编译软件转换为一系列的机器指令，需要通过 CPU 等处理器一步一步运行才能得到我们想要的结果。软件设计是通过编程让 CPU 完成我们设定的任务或控制，它的代码是一步一步执行的。而 Verilog 语言的编程是实现一种电路的输入，代替我们手工画电路图。总之，Verilog语言的编程，对应的是一种具体实现电路。Verilog 编程对应的不是机器指令，不需要 CPU 来参与和运行。CPU 这类处理器一般工作在功耗低、工作速度要求不高的场合，而专用芯片的工作速度往往会高得多。

随着 IT 技术的迅猛发展，EDA 技术越来越重要。现在的硬件设计早已不是电烙铁焊接元器件的时代，而是通过硬件描述语言进行自动化设计即 EDA 时代。掌握一种硬件描述语言，学会这种通过编程来实现硬件设计的方法，是通信工程或电子信息等专业学生必不可少的基本技能。

要具备数字系统设计能力，主要要具备两方面的技能：一是需要掌握 Verilog/VHDL 硬件描述语言，从而对要实现的电路或系统，用编程语言把它描述出来，实现逻辑设计；二是需要掌握相关的开发软件，用这些工具软件把代码转变/编译为最终电路，实现物理设计。

本章习题

1. 描述数字系统的 4 种主要实现方式，并比较它们的不同。

2. 用 Verilog 语言进行电路逻辑设计与通常意义上的软件开发有什么不同？

第 2 章　Verilog 语言和 Modelsim 软件入门

本章主要介绍 Verilog 硬件描述语言的入门知识以及 Modelsim 工具软件的使用。首先通过一个基本的与非门电路的 Verilog 描述、测试激励描述和使用 Modelsim 软件进行功能仿真的实例，让大家对 Verilog 语言和 Modelsim 仿真有一个初步认识，接着针对 Verilog 语言入门知识做一个比较基础和全面的介绍。

2.1　一个与非门电路的设计

我们从一个基本的门电路描述入手，了解如何用 Verilog 语言来设计电路。我们设计电路，现在很少用画电路图的输入方式，更多采用编程描述的方式。我们用 Verilog 语言描述一个电路，还要测试这个电路的功能是否正确，就必须给这个电路或这个设计添加输入信号，然后通过观察输出信号来判断其功能的正确性。所以我们除了会用 Verilog 语言来描述电路之外，还要会用 Verilog 语言来编写电路的测试激励，就是给该电路添加具体的输入信号值，把设计和该设计对应的测试激励读入到 Modelsim 软件，由该软件来仿真得到电路的输出结果，然后就可以判断该设计是否能够达到预定的功能。如何描述电路，如何编写测试激励以及如何使用 Modelsim 仿真软件，是我们必备的基本技能。下面给出一个实例来说明电路的描述方法、测试激励的编写方法和 Modelsim 的使用方法，让大家对电路设计和电路功能仿真建立基本认识。

2.1.1　与非门电路描述和测试激励编写

与非门(NAND)是通用的逻辑门，在逻辑上等同于在与门的输出端连接一个反相器。与非门的符号和与门相似，但在输出端有一个圆点代表对输出值取反，如图 2.1 所示。当任一输入为 0 时，输出值为 1；当所有的输入都为 1 时，输出值为 0。

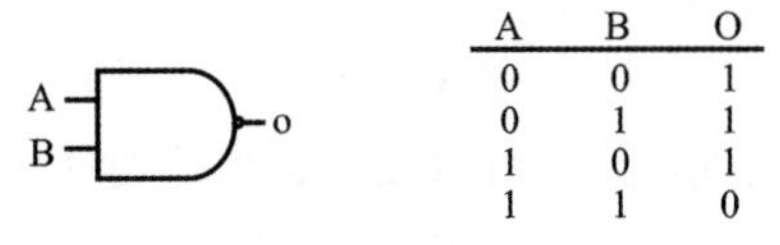

A	B	O
0	0	1
0	1	1
1	0	1
1	1	0

图 2.1　与非门的符号和真值表

与非门电路的一种 Verilog 描述如下：

```
module nand_gate( A, B, O);
  input   A;
  input   B;
  output   O;
  assign   O = ~( A && B );   //assign组合逻辑赋值语句
endmodule
```

我们描述一个电路，都是以 module 开始，以 endmodule 结束。首先要给电路取一个名字，然后给出这个电路的全部端口信号列表，即输入输出信号列表。接着声明哪些信号是input输入信号，哪些信号是 output 输出信号，还要给出信号的类型 wire 或 reg。程序主体就是赋值语句，描述输出信号和输入信号的关系。赋值语句主要包括 assign 语句、always 语句和 initial 语句。注意，initial 语句一般只用于测试激励 testbench 的描述。

下面给出与非门电路的测试激励的代码描述：

```
//————testbench of nand_gate————
module   nand_gate_tb;
  reg a;
  reg b;
  wire o;
  nand_gate nand_gate_U(
    .A(a),
    .B(b),
    .O(o)
  );
  initial begin
    a = 0; b = 0;
    #10 a = 0; b = 0;
    #10 a = 0; b = 1;
    #10 a = 1; b = 0;
    #10 a = 1; b = 1;
    #10 $ stop;
  end
endmodule
```

测试激励就是给待测电路提供具体的输入信号值。这些输入值的提供同样需要通过 Verilog 语言来进行描述。测试激励的编写也是以 module 开始，以 endmodule 结束。首先也要给测试电路取一个名字，但测试激励电路是没有端口信号列表的，因为测试电路端口信号列表与待测电路端口信号列表是相同的，所以没有必要进行重复声明。接下来是端口信号类型声明，所有待测电路的输入信号都声明为 reg 类型，所有待测电路的输出信号都声明为 wire 类型。接着把待测电路引用进来，然后就是测试激励的主体描述，即 initial 语句描述的那些部分。当有多条语句时，要用 begin 和 end 语句把它们集中起来，此时 begin 和 end 语句相当于括号，表示 initial 赋值语句下面包含很多条语句或指令。

2.1.2　利用 Modelsim 软件进行电路功能仿真

本小节将以与非门为例，介绍 Modelsim 功能仿真流程，包括没有现成文件时直接在 Modelsim 中创建设计和测试激励文件进行功能仿真，以及在已有电路和测试激励代码的前提下怎么用 Modelsim 软件进行电路的功能仿真。下面描述在没有现成文件时，如何在 Modelsim中创建设计和测试激励文件以及编写代码，然后进行功能仿真。具体步骤如下。

步骤 1　建立工程

点击 File→New→Projcet…，如图 2.2 所示。

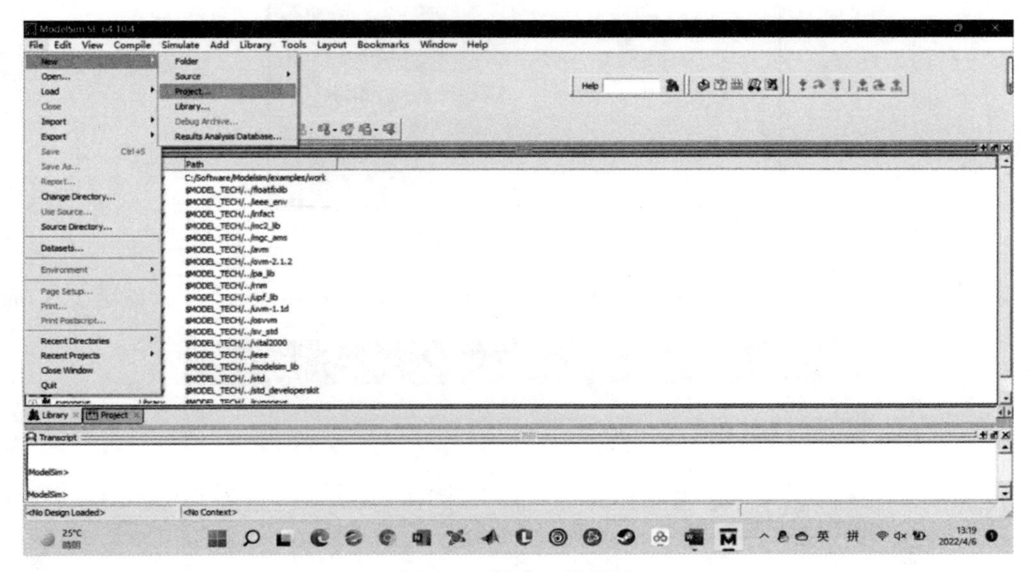

图 2.2　新建工程界面

弹出窗口，如图 2.3 所示。

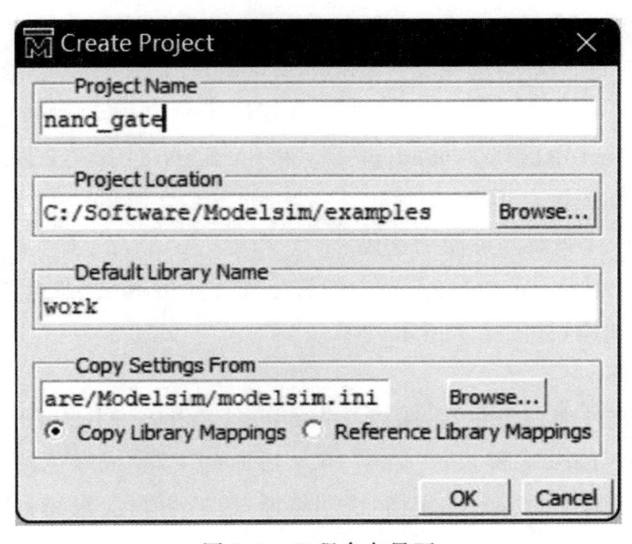

图 2.3　工程命名界面

在 Project Name 中写入工程的名字，这里是一个与非门，所以命名 nand_gate，然后点击 OK，弹出对话框如图 2.4 所示。

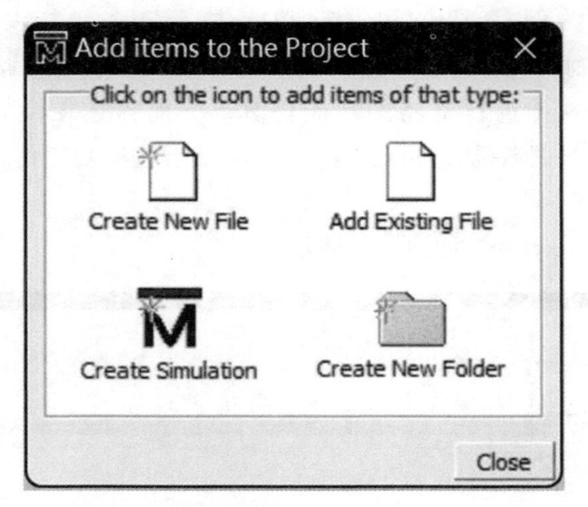

图 2.4　新建文件界面

因为我们需要创建一个设计和测试激励，所以此处选择 Create New File，如图 2.5 所示。

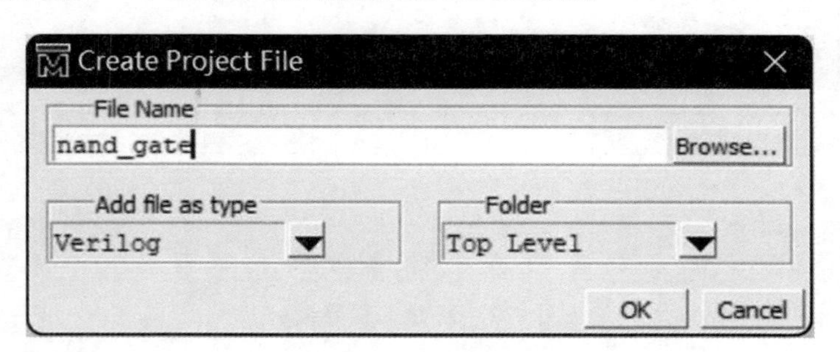

图 2.5　文件命名界面

在 File Name 中写入设计文件名（这里的 File Name 和刚刚写入的 Project Name 可以不一致）。注意 Add file as type 要选择成 Verilog（默认的是 VHDL），然后点击 OK。可以发现窗口并没有自己消失，继续在 File Name 中写入测试激励文件名 nand_gate_tb，然后点击 OK。可以发现在 Project 中出现了 nand_gate. v 和 nand_gate_tb. v 文件，这就是刚刚新建的设计和测试激励。手动关闭对话框，工程建立完成，如图 2.6 所示。

步骤 2　编写设计代码及测试激励代码

双击 nand_gate. v 和 nand_gate_tb. v 文件会出现程序编辑区，在这个区间里编写自己的设计代码和测试激励代码，如图 2.7 所示。

步骤 3　编译代码

在 nand_gate. v 文件上点击右键，选择 Compile→Compile All，如图 2.8 所示。

编译成功后，nand_gate. v 和 nand_gate_tb. v 后面的“?”变成绿色的对勾，并且在最下方的 Transcript 栏中出现了 successful 字样，说明编译成功，否则会报错，此时要回到程序中对代码进行修改。只有编译成功后，才能继续后面的步骤，如图 2.9 所示。

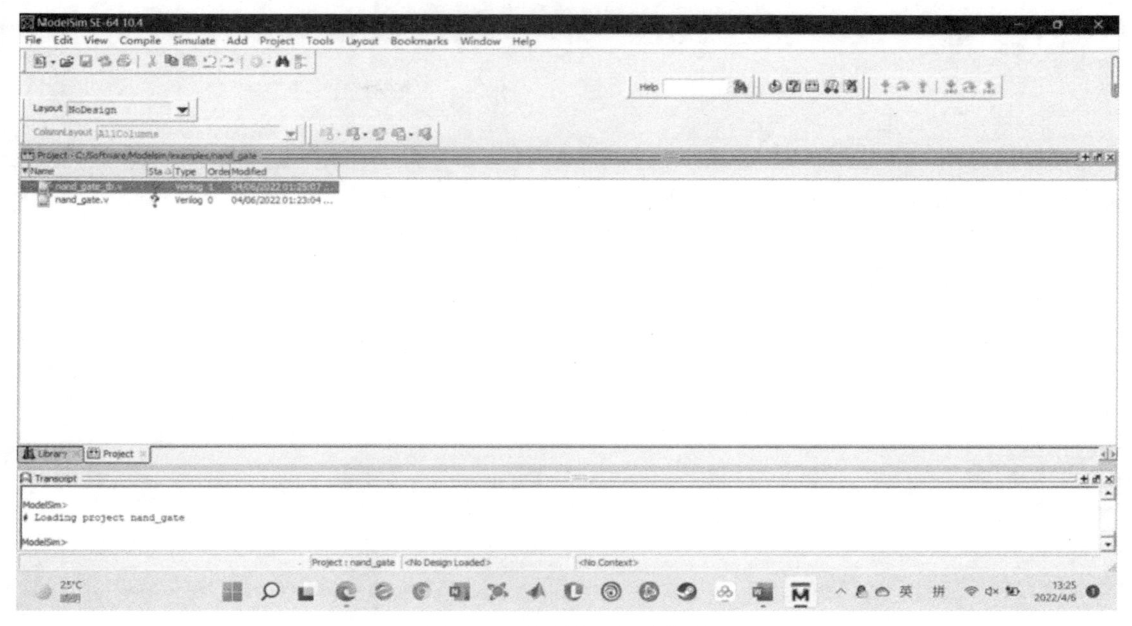

图 2.6　工程建立完成界面

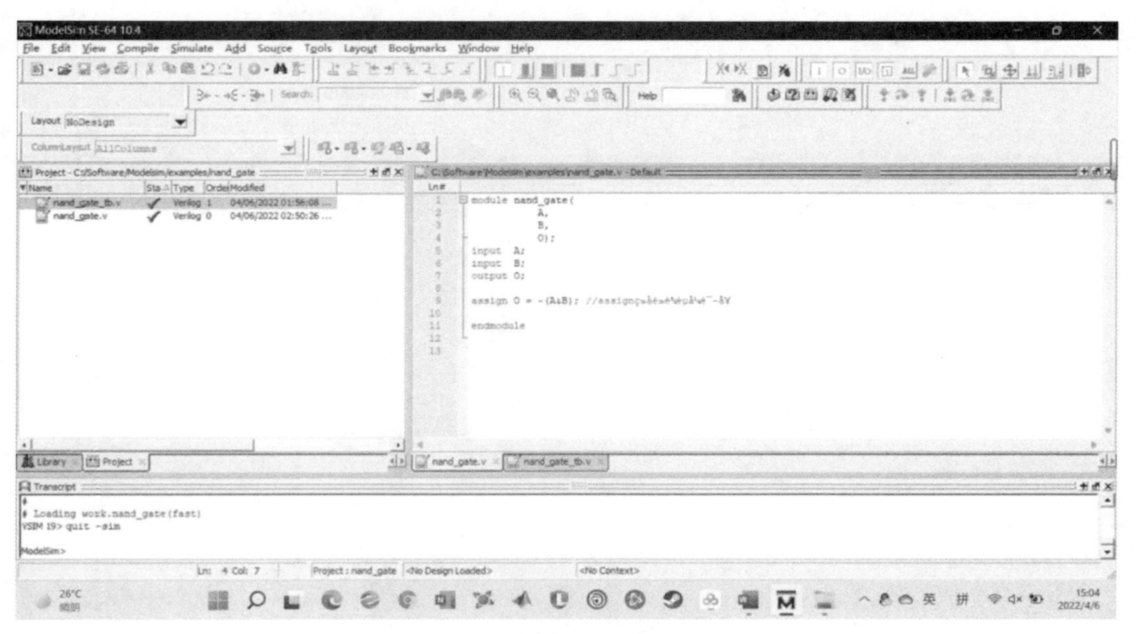

图 2.7　设计代码编写界面

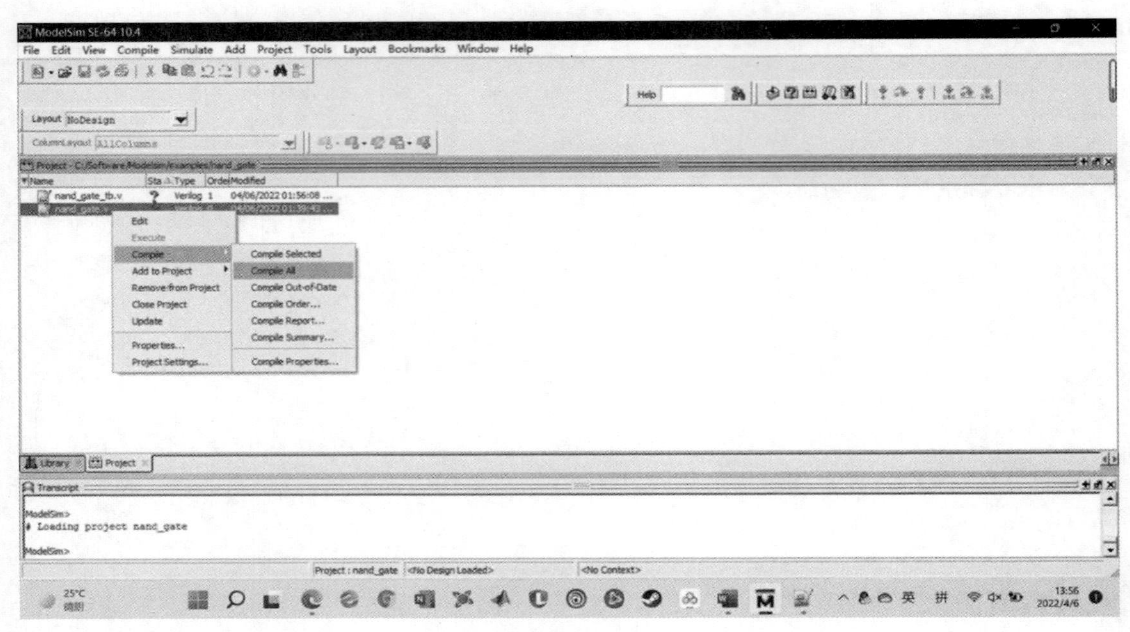

图 2.8　编译代码界面

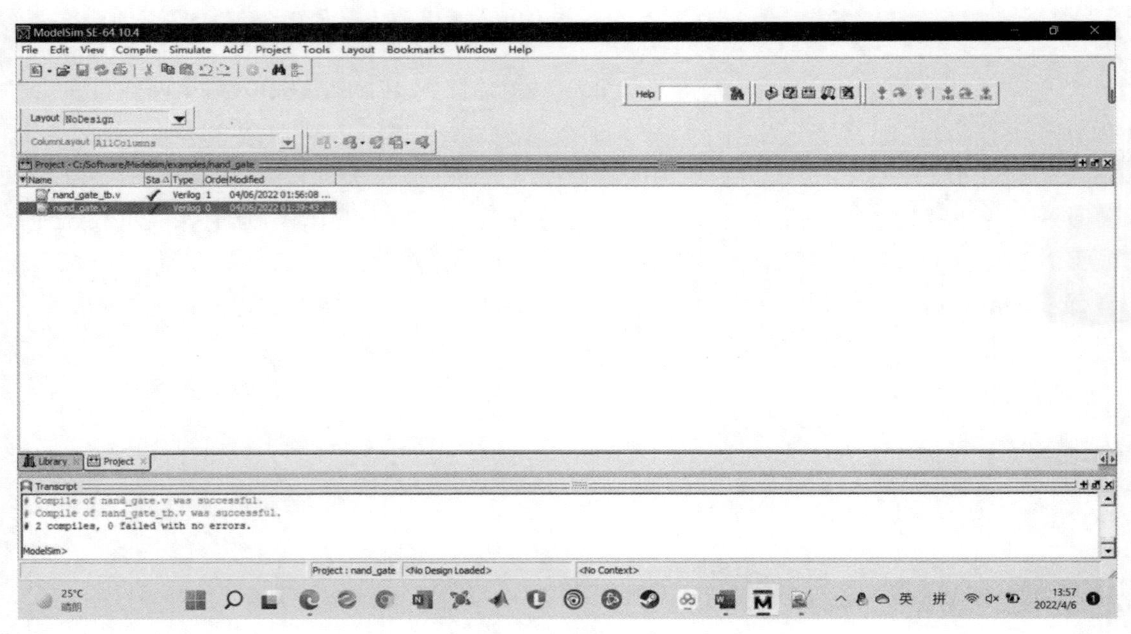

图 2.9　编译完成界面

步骤 4　运行仿真

在屏幕左下角的位置有一个 Library 和 Project 的切换窗口，点击 Library，接着点击 work 前的“+”号，将其展开，会看到两个文件，文件名是我们刚刚写入的 nand_gate. v 以及 nand_gate_tb. v 两个文件中的 module 名。仿真不用两个文件都仿真，只需仿真测试激励文件即可，我们选择 nand_gate_tb. v 点击右键，选择 Simulate，如图 2.10 所示。

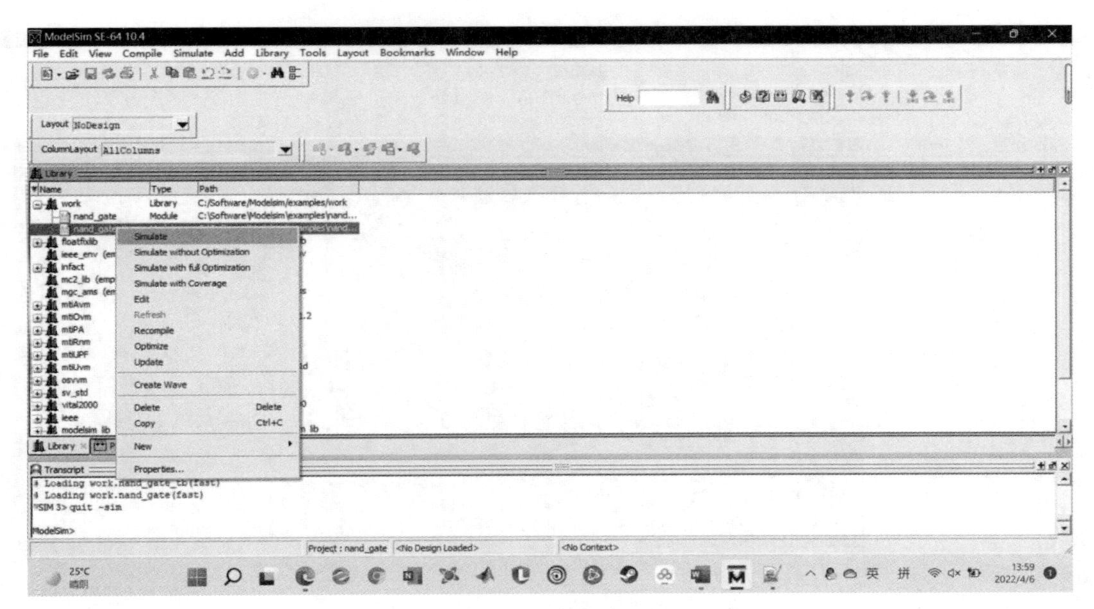

图 2.10　运行仿真界面

之后会出现 Objects 框，选中 o，b，a 三个信号，右键选择 Add To→Wave→Selected Signals，如图 2.11 所示。

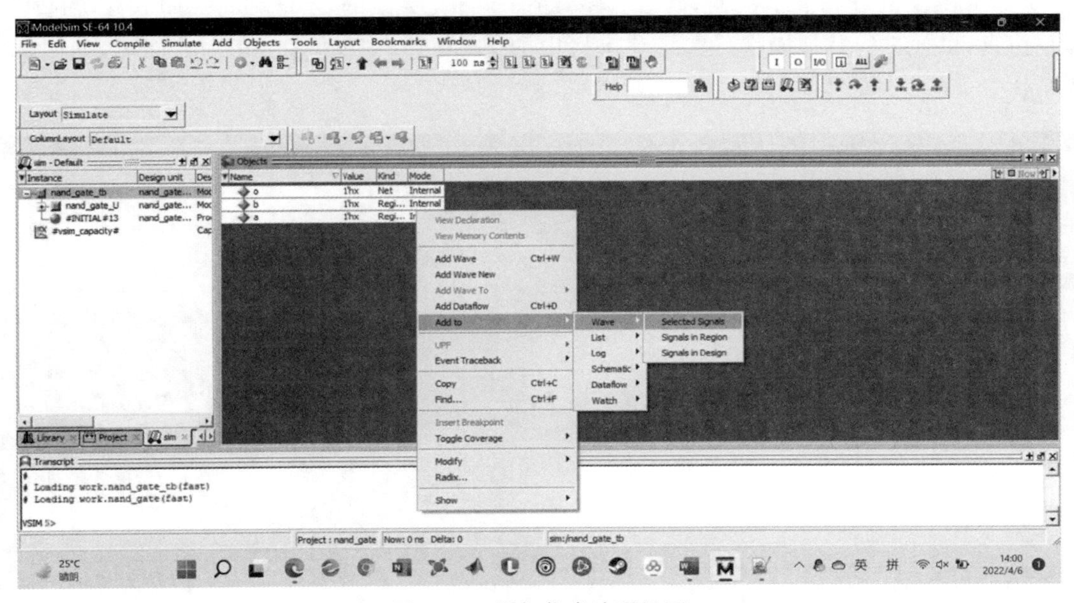

图 2.11　添加仿真波形界面

波形的窗口就会出现，将仿真时间步改成 10ns，然后点击旁边的运行按键，波形就出现。这个仿真波形可以进行放大或缩小等操作，具体见相关菜单，如图 2.12 所示。

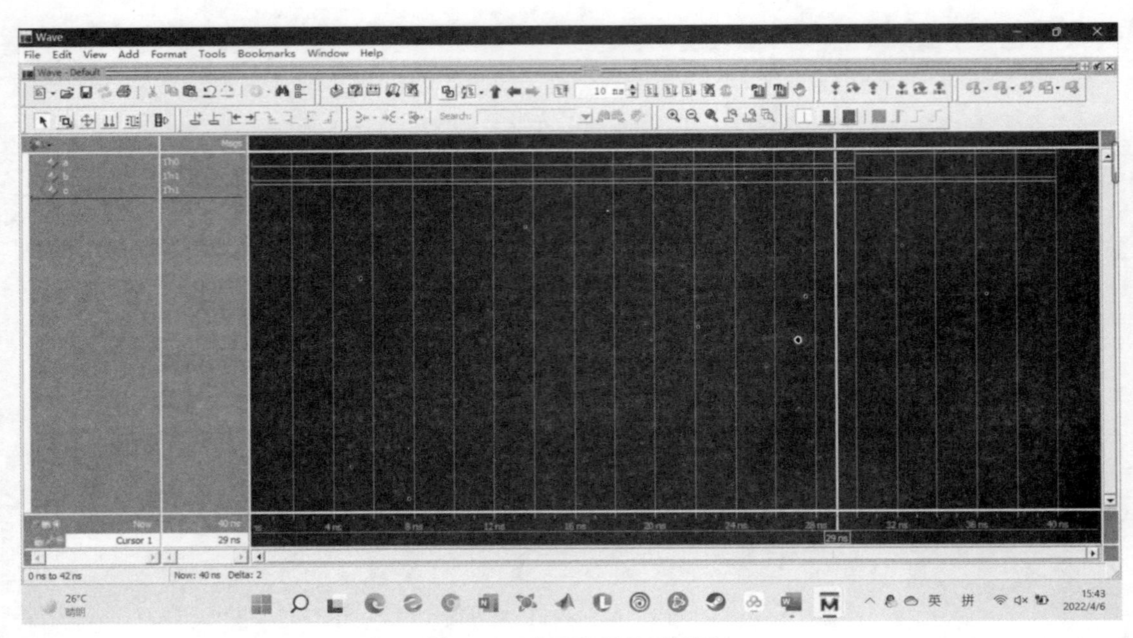

图 2.12　仿真结果显示界面

步骤 5　停止仿真

当 Modelsim 在仿真的时候，修改程序、编译等都是无效的，不能强行关闭软件，需要手动停止仿真，以便进行其他操作。选择菜单栏中的 Simulate→End Simulation 即可，如图 2.13 所示。

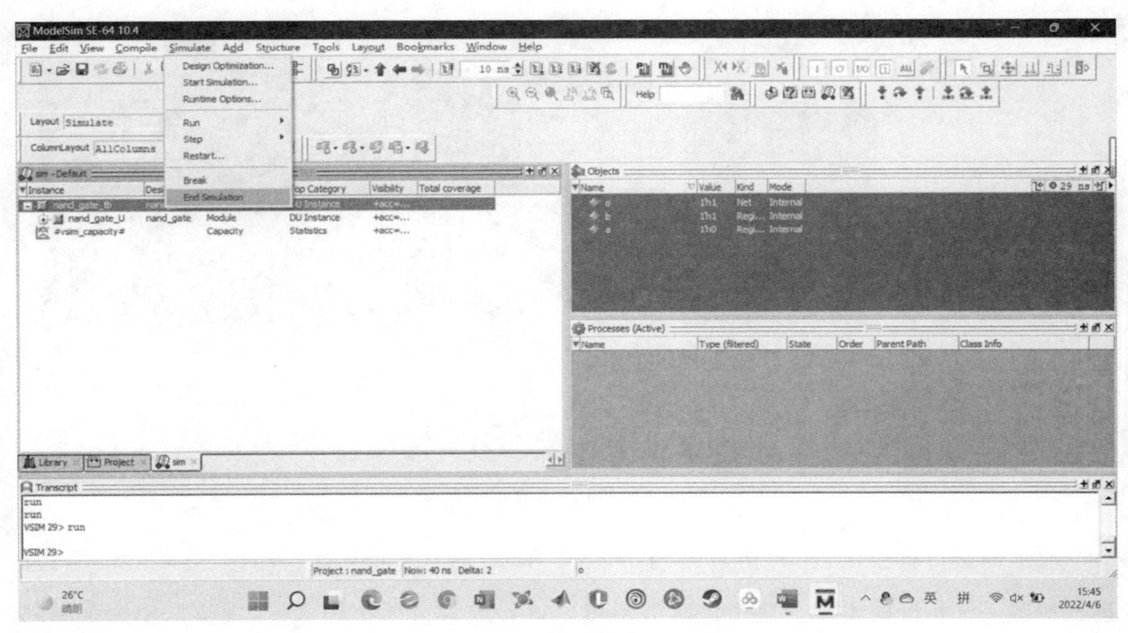

图 2.13　停止仿真界面

如果手头已经具有电路和测试激励文件，其仿真步骤与上面描述基本相同，区别只在于步骤 1 建立工程，选择 Add Existing File 而不是 Create New File。此时弹出的窗口如图 2.14所示。

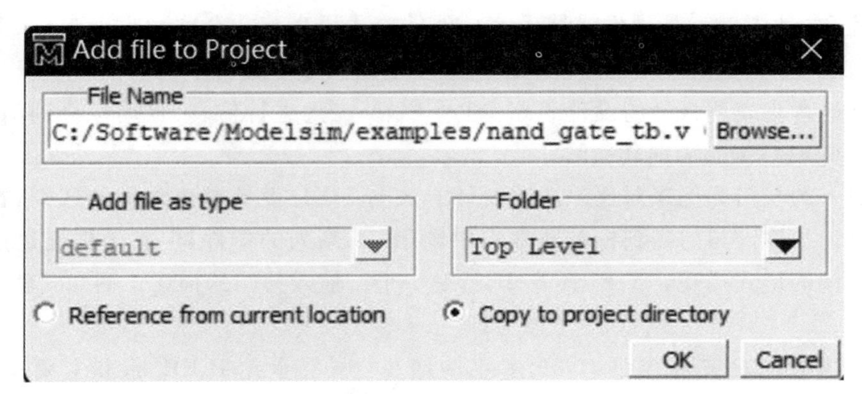

图 2.14　添加文件界面

点击 Browse . . . ，选中已有的电路和测试激励文件，注意选择 Copy to project directory，然后点击 OK。后续的代码编译、仿真等步骤均相同，不再赘述。

首先，当安装 Modelsim 软件时，Modelsim 必须安装在盘符的根目录下，而且文件夹命名不能有空格或中文字符，否则软件不会正常工作。其次，我们编译代码文件，要把该代码文件先保存再进行编译，如果没有保存文件就进行编译，在工作目录 work 里面会找不到编译后的文件。最后如果在编译时出现 Error loading design，可能是因为点击 Start Simulation 出现的一个对话框，这个对话框不能勾选 Enable optimization，去掉这个选项，应该就不会再出现这个错误报告。在编写代码时，一定要在英文输入法下面输入括号、逗号、分号等标点符号，如果在中文输入法下面输入这些标点符号代码编译会有问题。初学者编写代码主要问题就是来自标点符号的输入问题。另外，逗号和分号的用法要分清楚，在编写测试激励时，比如“＃10 a=0，b=1；”这条语句中，正确的写法为“＃10 a=0；b=1；”，其中要用分号而不是逗号。总之，出现不正常现象都是有原因的，可以在网络上搜索解决办法，增强自己独立解决问题的能力。

2.2　Verilog 硬件描述语言简介

在传统硬件电路的设计方法中，当设计工程师需要设计一个新的硬件、数字电路或数字逻辑系统时，需要为此设计并画出一张电路图，所设计的电路图由线和符号组成，其中线代表线路，符号代表基本设计单元，其取自工程师构造此电路图所使用的元件符号库。对于不同逻辑器件的设计，需要选择对应的符号库，当设计工程师选择标准逻辑器件如 74 系列作为板级设计线路图时，那么此线路图的符号则需要取自该标准逻辑元件符号库。这种传统的原理图设计方法存在许多弊端，当设计者想要实现线路图的逻辑优化时，就需要利用 EDA 工具或者人工进行布尔函数逻辑优化。传统的原理图设计还存在难以验证的缺点，设计工程师想要验证设计，必须通过搭建硬件平台如制作电路板，这给设计验证工作增加很大工作量。

随着设计的集成度、复杂度逐渐加深，传统的设计方法已经无法满足高级设计需求，最终出现借助先进 EDA 工具的一种描述语言设计方法，可以对数字电路和数字逻辑系统进行形式化的描述，这种语言就是硬件描述语言。硬件描述语言英文全称为 Hardware Description Language，简称 HDL，是一种利用编程描述数字电路和数字逻辑系统的语言。设计工程师可以使用这种语言来表述自己的设计思路，通过 EDA 工具进行仿真、自动综合到门级电路，最终在 ASIC 或 FPGA 上实现其功能。

以二输入的与门为例来对比原理图设计方法与 HDL 设计方法之间的区别，在传统的设计方法中设计二输入与门需到标准器件库中调用 74 系列的器件，但在硬件描述语言中“&”就是一个与门的形式描述，“Y = A & B”就是一个二输入与门的描述。而“&”就代表一个与门器件。

硬件描述语言发展至今已有 30 多年的历史，当今业界 IEEE 标准主要有 VHDL 和 Verilog HDL 两种硬件描述语言。VHDL 主要是一种教学语言，高校用得多，而公司企业实际用得多的是 Verilog HDL，本书讲授的是 Verilog HDL 硬件描述语言，接下来着重对其发展历史及主要特点进行介绍。

Verilog HDL 语言最初是在 1983 年由 Gateway Design Automation 公司为其模拟器产品开发的硬件建模语言，当时只是公司产品的专用语言。随着公司模拟、仿真器产品的广泛使用，Verilog HDL 作为一种实用语言逐渐为众多设计者所接受。Verilog 语言于 1995 年成为 IEEE 标准，称为 IEEE Std 1364—1995。2001 年 3 月 IEEE 正式批准 Verilog-2001 标准(IEEE Std 1364—2001)，对 Verilog 1995 标准进行一些补充和扩展，目前较新的版本是 2005 版。每次版本更新都是增修一点小功能，变化其实都不大。大家在阅读代码时，会发现有不一样的描述，其实就是版本变化带来的，都是符合语法规范的，它们是兼容的和可以共存的。

Verilog HDL 是一种用于数字逻辑电路设计的语言，用 Verilog HDL 描述的电路其实是该电路的一种模型。Verilog HDL 既是一种行为描述的语言也是一种结构描述的语言，就是说，既可以用电路的功能描述也可以用元器件及其连接关系构建电路模型。电路模型可以是实际电路的不同级别的抽象，这些抽象的级别及其模型类型大致可分为以下 5 种。

系统级(System)：用高级语言结构实现设计模块的外部性能的模型。

算法级(Algorithm)：用高级语言结构实现设计算法的模型。

RTL 级(Register Transfer Level)：描述数据在寄存器之间流动和如何处理这些数据的模型。

门级(Gate-level)：描述逻辑门以及逻辑门之间连接的模型。

开关级(Switch-level)：描述器件中的三极管和储存节点以及它们之间连接的模型。

至于一个设计该用哪一种抽象级别进行描述，没有特别的要求，取决于个人的编程喜好。我们可以用多种描述方式来描述同一个设计，或者说同一个设计可以有多种不同的描述方式。Verilog 常用的描述方式有：①数据流描述：assign 语句，即连续赋值语句；②行为描述：always 或 initial 语句，即过程赋值语句；③结构化描述：实例化已有的模块，由已设计好的单元模块构成新的设计模块。

一个复杂电路系统的完整 Verilog HDL 模型是由若干个 Verilog HDL 模块构成的，每一个模块又可以由若干个子模块构成。其中有些模块需要综合成具体电路，而有些模块只是与用户所设计的模块交互的激励信号源。利用 Verilog HDL 语言结构所提供的这种功能就可以构造一个模块间的清晰层次结构来描述极其复杂的大型设计，并对所设计的逻辑电路进行严格的验证。

Verilog HDL 作为一种高级的硬件描述编程语言，有着类似 C 语言的风格。其中有许多语句如 if 语句、case 语句等与 C 语言中的对应语句十分相似。如果读者已经具备 C 语言编程基础，那么学习 Verilog HDL 并不困难，我们只要对 Verilog HDL 某些语句的特殊方面着重理解，就能具备复杂数字逻辑电路的设计和描述能力。

2.2.1　Verilog HDL 基本语法

1. 标识符

标识符是用户为程序描述中的设计对象所起的名称。设计对象主要包括模块名、模块的例化名、模块的端口或引脚信号名、模块内的信号或变量名、模块内的连线名等。

标识符必须以英语字母(a-z, A-Z)起头，其中可以包含数字、字母和下横线等。标识符大小写敏感，因此 sel 和 SEL 是两个不同的标识符。大写一般表示常量，小写一般表示变量。需要注意的是，Verilog HDL 定义的一系列的保留字，称为关键字，例如 assign 和 posedge，是不能作为标识符使用的。

2. 保留字

Verilog HDL 语言中已经作为语句使用的词称为关键字或者保留字，是 Verilog HDL 语言中的语法专用词，用来组织 Verilog 语言结构。特别需要注意的是，在 Verilog HDL 中，关键字均是小写的英文单词。下面列出 Verilog HDL 语言中的部分保留字。

assign	always	wire	reg	parameter
module	endmodule	begin	end	posedge
negedge	initial	$ finish	case	endcase
if	else	function	task	#
$	//	/*	*/	$ stop

3. 注释

Verilog HDL 中有两种注释的方式，一种是单行注释“//”，例如：

```
//verilog
```

另一种是多行注释，以“/ * ”开始，以“ * /”结束，例如：

```
/* verilog1,
verilog2,
......
verilogn */
```

4. 语句格式

Verilog HDL 的书写格式是自由的，即一行可写多条语句，一条语句可多行书写，直接换行。一条语句一般以分号结束。空格没有特殊意义。但是为了使写出的 Verilog HDL 代码有更好的可读性，一般建议一条 Verilog 语句写一行。

5. 数值及其表示

Verilog HDL 中规定有 4 种基本的信号取值类型。

0：逻辑 0 或“假”；

1：逻辑 1 或“真”；

X：未知值；

Z：高阻。

其中，X、Z 不区分大小写。

对于总线数据，比如位宽为 8 位的数据总线，即用 8 根信号线的组合来表示一个数据，如何来理解这个数据的数值呢？

在计算机中数据都是以二进制的形式存储和运算的。计算机中的数字电路只能直接识别二进制数，数的正(+)、负(-)号是不能被计算机识别的，为了让计算机能识别正、负号，就必须对符号进行编码，或者说把符号数字化。通常采用二进制数的最高位来表示符号，用“0”表示正数，用“1”表示负数，所以此时数据的最高位称为符号位。一个数据是否规定其最高位为符号位，可以用关键词“signed”进行定义。数据缺省为无符号数，如果数据为有符号数，必须用关键词“signed”进行声明。

在无符号整数中，所有二进制位全部用来表示数的大小。在有符号整数中，用最高位表示数的符号，用其他位表示数的大小。如果用一个字节(8 位)表示一个无符号整数，其取值范围是 0～255；如果用其表示一个有符号整数，其取值范围是 -128～127。

与整数不同，实数一般用浮点数表示，因为它的小数点位置不固定，所以称为浮点数。在电路设计中用得多的是整数型数据，很少用实数型数据，在此不多描述。

整数型数据主要采用基数表示格式。基数表示格式为：[长度]' 基数　数值。

长度表示数据的位宽，表示该数据用多少个比特位来表示，这个参数可以没有，此时相关软件会缺省定义这个长度。基数可以是二进制(b)、十进制(d)、十六进制(h)等。下面是一些具体的实例：

4'b0011　　4 位二进制数

9'd7　　9 位十进制数，这里 9 位表示这个数据的位宽有 9 位，该数据的取值为 7。

十进制数格式定义可带有"＋"或者"－"的符号，例如：

十进制数 45，可表示为"'d45"。

十进制数－45，可表示为"－'d45"。

某 8 位位宽数据用基数表示格式可描述为 8'b11001100，那它对应的具体数值应该是多少呢？这跟该数据采用的具体编码方式有关。如果这个数据是采用二进制补码表示的，8'b11001100 对应的值是－(4＋8＋64)＝－76。就是说，对于一个位宽为 8 位的数据总线，它包含的 8 根信号线对应的电平分别为"高高低低高高低低"，这种物理的电平的状态对应的实际含义，是可以有不同解释的。至于到底该是哪种解释，是由用户来定义和规范的，即是由用户采用的编码方式来确定的。

下面补充一点计算机数据的编码常识。为运算方便，计算机数据常见有 3 种表示法，即原码、反码和补码。

原码是一种计算机中对数字的二进制定点表示法。原码表示法在数值前面增加一位符号位(即最高位为符号位)：正数时该位为 0，负数时该位为 1(0 有两种表示：＋0 和－0)，其余位表示数值的大小。例如，我们用 8 位二进制表示一个数，＋12 的原码为 00001100，－12的原码就是 10001100。在原码表示法中，0 的原码可以表示为 00000000 或 10000000，由于不是唯一的，容易带来问题，这是原码的缺点所在。

一个数字用原码表示是容易理解的，但是需要单独一位来表示符号位，并且在进行加法时，计算机需要先识别某个二进制原码是正数还是负数，识别出来之后再进行相应的运算，这样效率不高。能不能让计算机在进行运算时不用去识别符号位，即让符号位跟数据位一样参与运算而结果不会产生错误？要实现这个功能，我们就要用到反码。对于单个数值而言，对其进行取反操作就是将 0 变为 1，将 1 变为 0。正数的反码和原码一样，负数的反码就是在原码的基础上符号位保持不变，其他位取反。另外，使用反码进行加法运算并不能保证得出正确的结果。为了解决反码出现的运算错误问题，进一步改进就出现下面的补码。

补码是一种用二进制表示有符号数的常见方法，是数字电路中用得最多的数据编码方式，所以要特别重视。正数和 0 的补码就是其本身。负数的补码则是先将其对应正数按位取反再加 1。补码系统的最大优点是可以在加法或减法处理中，不需因为符号位而使用不同的计算方式，在电路设计上相当方便。

下面给出数据的几种不同编码方式，供大家比较它们的不同，如图 2.15 所示。

注意，如果声明一个信号是 signed 类型，这个信号往往采用二进制补码表示，数据表示范围包括负数，其最高位表示符号位；如果声明一个信号是 unsigned 类型，这个信号往往不是采用二进制补码表示的，数据表示范围不包括负数，其最高位不是特别用来表示符号位的。

6. 信号类型

Verilog HDL 中的信号类型或数据类型主要有 wire 型、reg 型以及 parameter 型。一个信号到底该定义为什么类型，由其赋值语句决定。wire 型信号常用来表示以 assign 语句进行赋值的组合逻辑信号。Verilog 程序模块中的默认信号类型为 wire 型，可以不进行声明。就是说，没有特别声明信号类型的信号，缺省为 wire 型。wire 型信号定义格式如下：

UNSIGNED INTEGER

Decimal	Bit Pattern
15	1111
14	1110
13	1101
12	1100
11	1011
10	1010
9	1001
8	1000
7	0111
6	0110
5	0101
4	0100
3	0011
2	0010
1	0001
0	0000

16 bit range:
0 to 65,535

OFFSET BINARY

Decimal	Bit Pattern
8	1111
7	1110
6	1101
5	1100
4	1011
3	1010
2	1001
1	1000
0	0111
-1	0110
-2	0101
-3	0100
-4	0011
-5	0010
-6	0001
-7	0000

16 bit range
-32,767 to 32,768

SIGN AND MAGNITUDE

Decimal	Bit Pattern
7	0111
6	0110
5	0101
4	0100
3	0011
2	0010
1	0001
0	0000
0	1000
-1	1001
-2	1010
-3	1011
-4	1100
-5	1101
-6	1110
-7	1111

16 bit range
-32,767 to 32,767

TWO'S COMPLEMENT

Decimal	Bit Pattern
7	0111
6	0110
5	0101
4	0100
3	0011
2	0010
1	0001
0	0000
-1	1111
-2	1110
-3	1101
-4	1100
-5	1011
-6	1010
-7	1001
-8	1000

16 bit range
-32,768 to 32,767

图 2.15　几种类型编码方式

```
wire  [N-1 : 0]  name1, name2, name3, …, nameM;
```

这里共定义了 M 个信号，每个信号的位宽为 N，这些信号均为 wire 型信号。下面给出几个例子：

```
wire  [9 : 0]  a, b, c;  // a,b,c 都是位宽为 10 位的 wire 型信号
wire  d;   // d 是位宽为 1 位的 wire 型信号
```

reg 型是指寄存器类型的信号。reg 型信号常用来表示以 always 语句或 initial 语句赋值的信号。reg 型信号定义格式如下：

```
reg  [N-1 : 0]  name1, name2, name3, …, nameM;
```

这里共定义了 M 个信号，每个信号的位宽为 N，这些信号均为 reg 型信号。下面给出几个例子：

```
reg  [9 : 0]  a, b, c;  // a,b,c 都是位宽为 10 位的 reg 型信号
reg  d;  // d 是位宽为 1 位的 reg 型信号
```

在 Verilog HDL 中可以用 parameter 来定义常量，即 parameter 可以定义一个标识符来表示常数。parameter 型信号定义格式如下：

```
parameter 标识符 = 数据;
```

下面给出几个例子：

```
parameter  s1 = 1;
parameter  [3 : 0]  s2 =4'h4;
```

一般情况下，assign 语句赋值的信号需定义为 wire 型，always 语句赋值的信号需定义为 reg 型，缺省的数据类型为 wire 型。wire 型的信号可以不予声明。对于一个与非门的电路，其完整表述应该为：

```
module nand_gate( A, B, O);
input   A;
input   B;
output O;
wire    A, B, O;    //信号类型声明。因为它们都是 wire 型,故这行语句可以省略。
assign  O = ~(A&B);  //assign 组合逻辑赋值语句
endmodule
```

2.2.2　运算符

1. 算术运算符

在 Verilog 中,算术运算符又称为二进制运算符,有以下 5 种:

+　加法运算符,如 s1+s2

-　减法运算符,如 s1-s2

*　乘法运算符,如 s1 * s2

/　除法运算符,如 s1/2

%　模运算符,如 s1%2

2. 逻辑运算符

Verilog 中有 3 种逻辑运算符:

&&　逻辑与

||　逻辑或

!　逻辑非

例如:

```
a = 4'b1001;
b = 4'b1100;
则 a& &b 的结果为 1。
```

3. 位运算符

Verilog 可以用位运算符来描述电路中的与、或及非操作,有以下 7 种位运算符:

&　与

|　或

~　非

^　异或

^~　同或

~&　与非

~|　或非

例如：

```
a = 4'b1001;
b = 4'b1100;
则 a&b 的结果为 4'b1000。
```

4. 缩减运算符

缩减运算符是对单个操作数进行与或非运算，最后的运算结果是一个一位的二进制数。

&　与

|　或

^　异或

^~　同或

例如：

```
wire [4:0] a;
wire b;
assign b= &a;
```

上述语句与下面的语句等效：

```
assign  b = (a[0] & a[1]) & a[2]) & a[3]) & a[4]);
```

5. 关系运算符

＞　　大于

＜　　小于

＞=　大于等于

＜=　小于等于

==　逻辑等

!=　逻辑不等

6. 连接运算符

连接运算符与缩减运算符相反，主要功能是将两个及以上的信号的某些位拼接在一起。拼接运算不消耗逻辑资源，只是单纯的连线逻辑。使用方法如下：

{信号 1 的某些位，信号 2 的某些位，… ，信号 n 的某些位}

例如：

```
{a, b[3:0], c, 2'b01};
上式等效为:{a, b[3], b[2], b[1], b[0], c, 1'b0, 1'b1};
```

其他还有移位运算符："＜＜""＜＜＜""＞＞""＞＞＞"。它们有的用于有符号数的移位运算，有的用于无符号数的移位运算。

7. 条件运算符

表达式为：表达式 1 ？ 表达式 2：表达式 3

求解表达式 1,若其值为真(非 0)则将表达式 2 的值作为整个表达式的取值,否则(表达式 1 的值为 0)将表达式 3 的值作为整个表达式的取值。

例如:

```
max= (a>b) ? a : b;
就是将 a 和 b 二者中较大的一个赋给 max。
```

2.2.3　描述语句

1. 赋值语句

在 Verilog 中,信号有两种赋值方式,非阻塞赋值(<=)与阻塞赋值(=)。一般 assign 语句采用阻塞赋值,always 语句赋值要分情况,如果是边沿触发的 always 语句,即 always 语句的敏感信号列表里有 posedge 或 negedge 关键字,一般采用非阻塞赋值(<=),否则采用阻塞赋值(=)。initial 语句一般采用阻塞赋值(=)。下面给出阻塞赋值与非阻塞赋值的例子:

```
always @ (posedge clock) begin
   a < = b;
   b < = c;
end
assign b = a;
initial begin
   b = 1'b1;
   a = 1'b0;
end
```

2. 结构说明语句

(1)initial 语句块

在进行仿真时,initial 块从 0 时刻开始执行,并且在整个仿真过程中只执行一次。如果仿真中有多个 initial 块,则这些 initial 块同时开始执行。

initial 语句块是面向仿真的,是不可综合的,通常用来描述测试模块的初始化等功能,使用阻塞赋值(=),其格式为:

```
initial
     begin
     <语句块 1>
     <语句块 2>
     …
     <语句块 n>
     end
```

其中,begin...end 块中定义的语句是串行执行的,例如:

```
initial
  begin
    a=0; b=0;
    #5
    b=1;
    #5
    a=1; b=0;
    #5
    b=1;
    #20 $stop;
end
```

上述程序描述的功能为：在0时刻时，reg型变量a与b均被初始化为0；持续5个时间单位后，b被置为1，而a仍为0；再过5个时间单位，a被置为1，而b被置为0；再过5个时间单位，b再次被置为1，而a仍为1；再过20个时间单位，仿真停止。

(2)always语句块

always语句块一般格式为：

```
always @(敏感事件列表)
begin
<语句块1>
<语句块2>
…
<语句块n>
end
```

敏感事件列表，即模块触发条件的列表，主要有电平触发和边沿触发，以下为电平触发和边沿触发的例子：

```
always @(a or b or c) //电平触发
begin
  f = a & b & c;  //只要a或b或c信号发生变化，就会执行本条语句，一般用阻塞赋值
end
always @(posedge clk) //边沿触发
begin
  f <= a&b&c;//只有时钟上升沿来临，才会执行本条语句，一般用非阻塞赋值
end
```

3. 控制语句

(1)条件语句或分支语句

主要有if-else和case语句。注意，使用这些语句时，一定要有always语句这个外围语句，不能单独使用。

If-else语句的格式定义为：

```
if(condition1)
<语句块 1>
else if (condition2)
<语句块 2>
else
<语句块 n>
```

如果条件 1 满足，则执行语句块 1，如果条件 2 满足，则执行语句块 2，如果所有条件都不满足，则执行 else 后的语句块。else if 分支语句可视实际情况而定，else 可省略，但是可能生成不期望的锁存器。下面给出一个 if-else 语句的例子。

```
module mux2to1 (a,b,s,y);
input     a,b,s;
output    y;
reg   y;
always @ (a or b or s)
  begin
     if (s)
       y = b;
    else
       y=a;
  end
endmodule
```

case 语句的格式定义为：

```
case(表达式)
value1:<语句块 1>;
value2:<语句块 2>;
...
...
valuen:<语句块 n>;
default:<默认语句块>;
endcase
```

case 语句是一个多路的条件分支语句，下面给出一个 case 语句的例子。

```
module mux2to1 (a,b,s,y);
input     a,b,s;
output    y;
reg   y;
always @ (a or b or s)
  case (s)
     1'b0: y = a;
     1'b1: y = b;
     default:  y = a;
```

```
    endcase
endmodule
```

(2)循环语句

Verilog 循环语句有 4 种类型,分别是 while、for、repeat 和 forever 循环。循环语句一般在 always 或 initial 块中使用。

while 循环语句格式如下:

```
while (condition) begin
    …
end
```

while 循环中止条件为 condition 为假。

如果开始执行到 while 循环时 condition 已经为假,那么循环语句一次都不会执行。当然,执行语句只有一条时,关键字 begin 与 end 可以省略。下面代码执行时,counter 将执行 11 次。

```
//while 循环语句
'timescale 1ns/1ns
module test ;
    reg [3 : 0]       counter ;
    initial begin
        counter = 'b0 ;
        while (counter<=10) begin
            #10 ;
            counter = counter + 1'b1 ;
        end
    end
    //stop the simulation
    always begin
        #10 ;  if ($time >= 1000) $finish ;
    end
endmodule
```

for 循环语句格式如下:

```
for(initial_assignment; condition ; step_assignment)   begin
    …
end
```

initial_assignment 为初始条件。condition 为终止条件,condition 为假时,立即跳出循环。step_assignment 为改变控制变量的过程赋值语句,通常为增加或减少循环变量计数。

```
// for  循环语句
integer        i ;
reg [3 : 0]      counter2 ;
initial begin
```

```
        counter2 = 'b0 ;
        for (i=0; i<=10; i=i+1) begin
            #10 ;
            counter2 = counter2 + 1'b1 ;
        end
    end
```

repeat 循环语句格式如下：

```
repeat (loop_times) begin
    ...
end
```

repeat 的功能是执行固定次数的循环，不像 while 循环那样用一个逻辑表达式来确定循环是否继续执行。repeat 循环的次数必须是一个常量、变量或信号。如果循环次数是变量信号，则循环次数是开始执行 repeat 循环时变量信号的值。即便执行期间，代表循环次数的变量信号的值发生了变化，repeat 执行的次数也不会改变。下面 repeat 循环例子，实现与 while 循环中的例子一样的效果。

```
// repeat 循环语句
reg [3 : 0]     counter3 ;
initial begin
    counter3 = 'b0 ;
    repeat (11) begin  //重复 11 次
        #10 ;
        counter3 = counter3 + 1'b1 ;
    end
end
```

2.2.4　系统任务

在编写测试激励时，往往要用到一些系统任务，方便电路仿真结果的调试和诊断等。系统任务属于行为级建模，系统任务的调用要出现在 initial 或 always 结构中。所有的任务都以 $ 开头。Verilog 提供一些系统任务和系统函数，主要包括如下内容。

$ time：给出当前仿真时间。

$ display：用于信息的显示和输出。

$ monitor：监测任务，用于持续监测指定变量，只要这些变量发生变化，就会立即显示对应的输出语句。

$ stop，$ finish：仿真控制任务。$ stop 为暂停仿真任务，$ finish 为结束仿真任务。

$ readmemb 和 $ readmemh：用于从文件中读取数据到存储器中，可以在仿真的任何时刻使用。

$ random：这个系统函数提供一个产生随机数的手段。当函数被调用时返回一个随机数，即一个带符号的整数。

Verilog HDL 语言的学习过程应该是：首先了解基本的语法要点和规范，然后多看例程，了解代码的常见使用方法，最后要自己动手去编写和调试程序。一开始编写代码难免漏洞百出或举步维艰，但容易犯的错误就那么几种，入门之后就可以海阔凭鱼跃、天高任鸟飞。学习一门编程语言没有什么诀窍或捷径，更没有什么高深的理论，要勤于动手，要亲自去试，不要总浮于表面，这样才能建立起编写程序的信心或能力。

本章习题

1. 安装 Modelsim 软件，并走通本章描述的实例。

2. 用 Modelsim 观察信号波形时，如何放大或缩小波形？如何改变信号的数据格式（format）？

3. 通过查找资料，简单描述 Verilog HDL 语言和 VHDL 语言的不同。如何分别用这两种语言来描述一个二输入与非门电路？

4. 下面给出标识符的几个例子，判断其命名合法性。

```
shift_reg_a          34net
Busa_index           a * b_net
bus263               n@263
assign               posedge
```

5. 试回答以下问题：

(1)将十进制数 123 用 8 位二进制数表示出来。

(2)一个 8 位的十六进制数，各位均为未知值状态 x。

(3)将十进制数 −2 用 8 位二进制数表示出来。

(4)一个无位宽说明的十六进制数 1234。

6. 声明下面的变量：

(1)一个名为 a_in 的 8 位线类型的信号。

(2)一个名为 address 的 32 位寄存器类型的信号，第 31 位为最高有效位，并将这个信号设置为十进制数 3。

(3)定义一个含有 256 个字的存储器 MEM，每个字的字长为 16 位。

(4)一个值为 512 的参数 cache_size。

7. 数据的主要编码方式有哪些，假设有个数据信号用 8 位位宽来表示，对应的 8 位比特表示为“8'b11001100”，试描述在 unsigned integer、offset binary、sign and magnitude 和 two's complement 等 4 种编码方式下对应的具体数值。

8. a=8'b00001111，b=8'b10101010，它们的含义是什么？它们表示的具体数据又是多少？

9. 设 a = 4'b0001,则！a、~a、&a、|a 分别为多少？

10. 分析并画出下列 initial 语句描述的信号 a 和 b 的波形。在 Modelsim 仿真时,系统任务 $ finish 和 $ stop 有什么不同？

```
initial
begin
a=1; b=0;
#5
a=0;b=1;
#5
a=1; b=0;
#5
b=1;
#20 $ finish;
end
```

11. 用多种建模方式来描述一个二选一数据选择器电路,体会一个设计可以采用多种不同代码描述。

设计代码 1：

```
module mux2to1 (a,b,s,y);
input     a,b,s;
output    y;
assign    y = s ? b : a;
endmodule
```

设计代码 2：

```
module mux2to1 (a,b,s,y);
input     a,b,s;
output    y;
assign    y = ( (a&(~s)| (b&s) );
endmodule
```

设计代码 3：

```
module mux2to1 (a,b,s,y);
input     a,b,s;
output    y;
reg   y;
always @ (a or b or s)
        y = s ? b : a;
endmodule
```

设计代码 4：

```
module mux2to1 (a,b,s,y);
input      a,b,s;
output     y;
reg   y;
always @ (a or b or s)
  begin
     if (s)
       y = b;
     else
       y=a;
  end
endmodule
```

设计代码 5：

```
module mux2to1 (a,b,s,y);
input      a,b,s;
output     y;
reg   y;
always @ (a or b or s)
case (s)
      1'b0 : y = a;
       1'b1 : y = b;
       default :   y = a;
   endcase
endmodule
```

第 3 章　组合逻辑电路设计

本章首先给出组合逻辑电路的概念，然后给出常见组合逻辑电路的设计实例、测试激励编写实例等。接着重点描述测试激励编写注意事项，让大家了解测试激励编写与设计代码编写的不同之处，掌握测试激励的基本组成部分和编写方法。最后给出延时、竞争冒险和 glitch 等基本概念的描述，帮助大家了解组合逻辑电路存在的一些实际问题。

3.1　组合逻辑电路

3.1.1　简介

数字电路设计的核心是逻辑设计。通常数字电路的逻辑值只有“1”和“0”，表征的是模拟电压或电流的离散值，一般，“1”代表高电平，“0”代表低电平。高、低电平取决于判决电平，当信号的电压值高于判决电平时，我们就认为该信号表征高电平，即为“1”，反之亦然。当前的数字电路中存在多种电平标准，比较常见的有 TTL、CMOS、LVTTL、LVCMOS、ECL 等，这些电平的详细指标请参考其他资料，比如 TTL 的判决电平一般比 CMOS 器件的判决电平高。

数字电路可分为组合逻辑电路和时序逻辑电路。一般，数字设计教材对组合逻辑电路和时序逻辑电路的定义分别为：组合逻辑电路的输出仅与当前的输入有关，而时序逻辑电路的输出不但与输入有关，还与系统上一个状态有关。但是在设计中，我们一般以时钟的存在与否来区分该电路的性质。由时钟沿驱动即边沿触发的电路为时序逻辑电路，而由电平触发的电路往往为组合逻辑电路。

组合逻辑电路在逻辑功能上的特点是任意时刻的输出仅仅取决于该时刻的输入，与电路原来的状态无关。组合逻辑电路的特点在于输入、输出之间没有反馈延迟通道，电路中无寄存器、触发器等记忆单元。

3.1.2　基本门电路及其描述

组合逻辑电路由任意数目的逻辑门电路组成。用于实现基本逻辑运算的单元电路称为门电路。常用的门电路在逻辑功能上有与门、或门、非门、与非门、或非门、异或门和同或门几种。它们的电路符号和输出表达式如图 3.1 所示。

输入 A B \ 输出 Y		与 (AND) $Y=A\cdot B$	或 (OR) $Y=A+B$	非 (NOT) $Y=\bar{A}$	与非 (NAND) $Y=\overline{A\cdot B}$	或非 (NOR) $Y=\overline{A+B}$	异或 (XOR) $Y=A\bar{B}+\bar{A}B$	同或 (XNOR) $Y=\bar{A}\bar{B}+AB$
0 0		0	0	1	1	1	0	1
0 1		0	1	1	1	0	1	0
1 0		0	1	0	1	0	1	0
1 1		1	1	0	0	0	0	1
电路符号	国内	A, B, & , Y	A, B, ≥1, Y	A, 1, Y	A, B, &, Y	A, B, ≥1, Y	A, B, =1, Y	A, B, =, Y
	国外							

图 3.1 门电路的电路符号和输出表达式

门电路是最基本的数字电路设计单元，如何用 Verilog 语言描述这些门电路呢？从上一章中我们知道，模块描述包含 4 个部分：模块声明、端口声明、信号类型声明和逻辑功能块描述。下面以与非门为例，学习门电路的 Verilog 语言描述。

描述方式一：

```
module yufeimen(a,b,y);
input   a, b;
output   y;
assign   y = ! (a && b);
endmodule
```

描述方式二：

```
module yufeimen(a,b,y);
input   a, b;
output   y;
reg   y;              //这一行能不能省略呢？
always @(a or b)   //这一行可以改写为 always @(a,b)
   y = ! (a && b);
endmodule
```

描述方式三：

```
module yufeimen(a,b,y);
input   a, b;
output   y;
wire x;             //这一行不能省略，x 是新增的中间信号，必须先声明再使用。
AND   u0(.A(a), .B(b), .Y(x));
NOT   u0(.A(x), .Y(y));
endmodule
```

请注意，在程序模块中出现的 AND、OR、NOT 都是 Verilog 语言的保留字，由 Verilog 语言的语法/原语规定它们的接口顺序和用法，分别表示与门、或门、非门，还可以用小写的 and、or、not 表示。如：

not　　　u1(y, a);　//表示将 a 进行非运算，y 为 a 非运算后的值，u1 相当于逻辑元件非门。

上面描述方式三是用一个与门 AND 和非门 NOT 构成一个与非门，是一种基于电路原理图的描述方式，即结构化描述方式，是一种常见的描述方式。可以看出，只要遵循 Verilog 模块的编写要求，同一个电路可以用不同的代码来描述。下面再举几个例子。

例 1：三态门的描述。三态门只有当使能信号有效时，数据才能正常传递，否则输出为高阻状态 z。参考代码如下：

```
module tri_gate ( din, en, dout );
   input      din;
    input     en;
   output     dout;
/*
    //数据流描述
    assign dout = en ? din : 1'bz;   */
    //RTL 描述
    reg  dout;
always @ (din, en)
       if(en)
             dout = din;
       else
             dout = 1'bz;
endmodule
```

例 2：实现一个组合逻辑电路，其逻辑表达式为 f = ～(ab)|(bcd)。参考代码如下：

```
module simple_comb( a, b, c, d, f );
input a, b, c, d;
output f;
/*
//门级描述
wire  f1, f2;
nand (f1,a,b);
and (f2,b,c,d);
or (f,f1,f2);
//assign 赋值方式描述
assign f = ~(a & b) | (b & c & d);
 */
//always 赋值方式描述
reg f;
```

```
always @ (a,b,c,d)
    begin
        f = ~(a & b) | (b & c & d);
    end
endmodule
```

3.2 常见组合逻辑电路

常见组合逻辑电路包括编码器/译码器、多路数据选择器、加法器、数值比较器等，下面分别举例说明。

3.2.1 编码器/译码器

编码器有 2^n 个数据输入端和 n 个数据输出端，某时刻只能对一个输入信号进行编码。常见的编码器有二进制编码器、二—十进制编码器、优先编码器等。以 4-2 线编码器为例，假设其真值表如表 3.1 所示，其中 D0-D3 为输入，Q0-Q1 为输出。

表 3.1　4-2 线编码器真值表

D3	D2	D1	D0	Q1	Q0
0	1	1	1	1	1
1	0	1	1	1	0
1	1	0	1	0	1
1	1	1	0	0	0

参考代码如下：

```
module encoder4_2 (
  input  [3 : 0] d,
  output  reg [1 : 0] q );
  always@ *
    begin
      case(d)
        4'b0111: q=2'b11;
        4'b1011: q=2'b10;
        4'b1101: q=2'b01;
        4'b1110: q=2'b00;
        default: q=2'b00;
      endcase
    end
endmodule
```

下面给出一个 8-3 线优先编码器的参考代码示例。

```
module encoder8to3 (
input en,
input [7:0] din,
output  reg  [2:0]  y
);
always @ (en,din)
begin
  if (en == 0)
    y=3'd0;
  else
    begin
      casex(din)
        8'b1xxx_xxxx: y = 3'd7;
        8'b01xx_xxxx: y = 3'd6;
        8'b001x_xxxx: y = 3'd5;
        8'b0001_xxxx: y = 3'd4;
        8'b0000_1xxx: y = 3'd3;
        8'b0000_01xx: y = 3'd2;
        8'b0000_001x: y = 3'd1;
        8'b0000_0001: y = 3'd0;
        default: y=3'd0;
      endcase
    end
  end
endmodule
```

译码器是将输入的二进制代码译为相应的状态信息，可分为两种类型：变量译码器和显示译码器。变量译码器：唯一地址译码器，常用于计算机中将一个地址代码转换为一个有效信号。显示译码器：主要用于驱动数码管显示数字或字符。下面给出七段数码管显示电路。数码管是一种半导体发光器件，七段数码管示意图如图 3.2 所示。

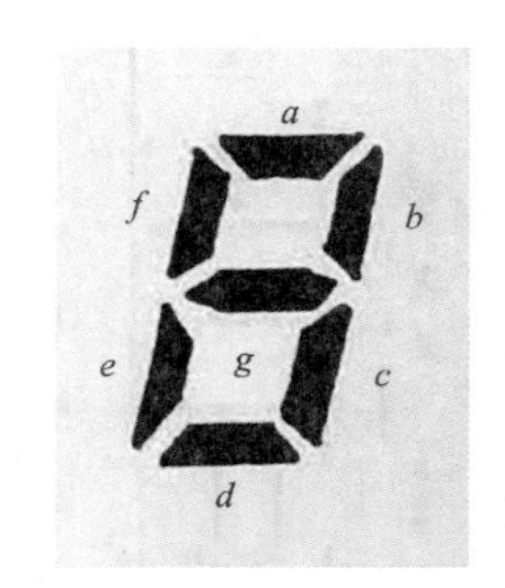

图 3.2　七段数码管示意图

七段数码管输入是 4 位 BCD 码，输出是数码管的七段控制信号，下面给出它的一种参考代码。该代码描述的是共阴极七段显示数码管，即当电平为高时，该段数码管才会点亮。

```
module seg7_decoder(
   input       d0, d1, d2, d3,
   output  reg   a, b, c, d, e, f, g
);
always @ ( * )   //*表示电路所有的输入信号
```

```
    begin
        case ( {d3,d2,d1,d0} )  //位拼接:输入端口
            4'd0: {a,b,c,d,e,f,g} = 7'b111_1110;
            4'd1: {a,b,c,d,e,f,g} = 7'b011_0000;
            4'd2: {a,b,c,d,e,f,g} = 7'b110_1001;
            4'd3: {a,b,c,d,e,f,g} = 7'b111_1001;
            4'd4: {a,b,c,d,e,f,g} = 7'b011_0011;
            4'd5: {a,b,c,d,e,f,g} = 7'b101_1011;
            4'd6: {a,b,c,d,e,f,g} = 7'b001_1111;
            4'd7: {a,b,c,d,e,f,g} = 7'b111_0000;
            4'd8: {a,b,c,d,e,f,g} = 7'b111_1111;
            4'd9: {a,b,c,d,e,f,g} = 7'b111_1011;
            default: {a,b,c,d,e,f,g} = 7'b000_0000;
        endcase
     end
   end
endmodule
```

假设它是共阳极七段显示数码管,即当对应电平为低时,该段数码管才会点亮,此时又该如何修改以上代码呢?

3.2.2 多路数据选择器

数据选择器是指经过选择,把多个输入通道中的某个输入通道数据传到唯一的输出数据通道上。实现数据选择功能的逻辑电路称为数据选择器,它的作用相当于多个输入的单刀多掷开关。在多路数据传送过程中,需要根据控制信号选择其中任意一路信号输出,还可以称为多路选择器或多路开关,如图 3.3 及图 3.4 所示。

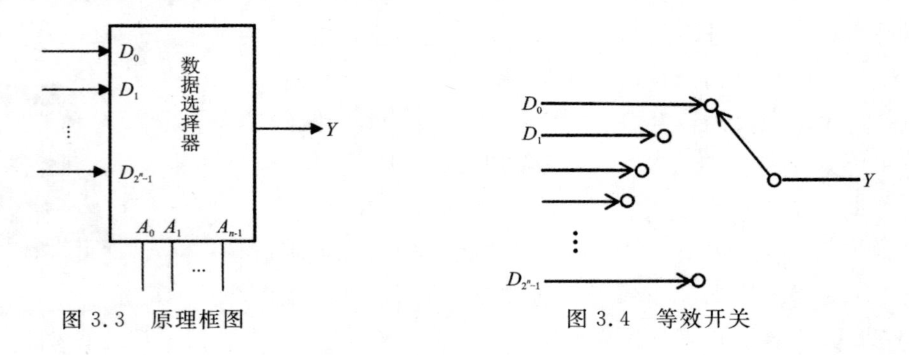

图 3.3 原理框图　　　　图 3.4 等效开关

比较简单的就是 2 选 1 数据选择器。假设某 2 选 1 数据选择器,输入信号为 a 和 b,输出信号为 y,控制信号为 s,且当 s=0 的时候,输出为 a,当 s=1 的时候,输出为 b,其参考代码如下:

```
module mux(a,b,s,y);
   input a,b,s;
```

```
  output y;
  reg y;
  always @(a or b or s)
    case(s)
      0: y=a;
      1: y=b;
      default: y=a;
    endcase
endmodule
```

在以上 2 选 1 数据选择器中，假设输入、输出数据均为 8 位位宽数据信号，又该如何描述呢？其参考代码如下，注意与上面代码的不同之处。注意控制信号只用 1 位位宽即可。

```
module mux2_1 (a, b, s, y);
  input            s;
  input   [7:0]    a, b;
  output  [7:0]    y;
  reg     [7:0]    y;
  always @(a or b or s)
    case(s)
      0:  y=a;
      1:  y=b;
      default:  y=a;
    endcase
endmodule
```

下面再举一个设计实例。

例 1：分析以下电路代码，描述其电路功能。

```
module mux4to1(enable, a, b, c, d, s, y);
    input         enable;
    input         a, b, c, d;
    input  [1:0]  s;
    output  reg  y;
always @ (*)
   begin
      if(enable == 1)
         y = 0;
      else
         case (s)
               2'd0: y = a;
               2'd1: y = b;
               2'd2: y = c;
               2'd3: y = d;
```

```
            default: y=a;
        endcase
    end
endmodule
```

显然，以上代码描述的是 4 选 1 数据选择器，受使能信号 enable 和控制信号 s 控制。由于有 4 路输入信号，其控制信号必须有 2 位位宽，见代码“ input [1:0] s; ”。

3.2.3 加法器

加法器是构成算术运算电路的基本单元。按是否考虑低位进位可分为半加器和全加器。半加器只考虑本位的两个数相加。而全加器还要考虑低位向本位的进位，相当于 3 个数相加。

1. 一位半加器

两个二进制数(不考虑低一位的进位信号)相加叫作半加器。其中一位半加器是指两个加数即输入信号的位宽均为 1 位，其真值表如表 3.2 所示，其中 S 为相加后的和，C 为进位值。

表 3.2 一位半加器的真值表

A	B	S	C
0	0	0	0
0	1	1	0
1	0	1	0
1	1	0	1

可以根据一位半加器的真值表，得到其组合逻辑电路如图 3.5 所示。

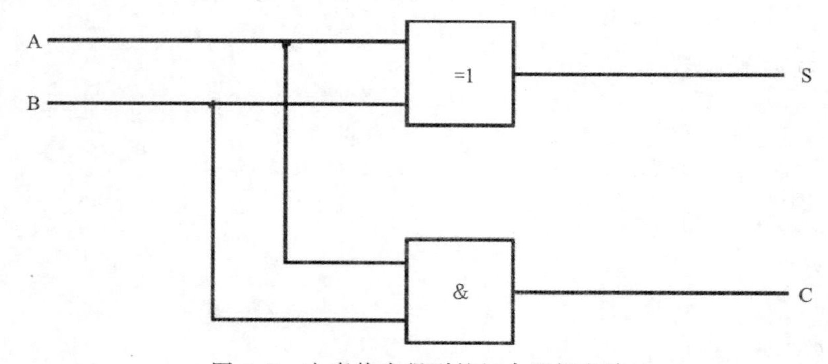

图 3.5 由真值表得到的组合逻辑电路

根据该电路图，我们可以得到一位半加器的描述代码。

```
module   halfadder (A, B, S, C);
input      A, B;
output    S, C;
assign      S = A ^ B;
assign      C = A & B;
endmodule
```

以下是该半加器的其他几种描述，供大家参考和比较。

描述方式一：

```
module   halfadder (A, B, S, C);
input      A, B;
output    S, C;
assign   { C, S } = A + B;
endmodule
```

描述方式二：

```
module   halfadder (A, B, S, C);
input      A, B;
output    S, C;
reg        S, C;
always @ ( * )
      { C, S } = A + B;
endmodule
```

2. 一位全加器

一位全加器的真值表如表 3.3 所示，其中 A_i 为被加数，B_i 为加数，低位来的进位数为 C_{i-1}，输出本位和为 S_i，向高位的进位数为 C_i。全加器和半加器的区别在于：半加器不管低位的进位，而全加器考虑低位的进位运算。

表 3.3　一位全加器的真值表

输入			输出	
C_{i-1}	A_i	B_i	S_i	C_i
0	0	0	0	0
0	0	1	1	0
0	1	0	1	0
0	1	1	0	1
1	0	0	1	0
1	0	1	0	1
1	1	0	0	1
1	1	1	1	1

从真值表可以推出，其电路结构如图 3.6 所示。

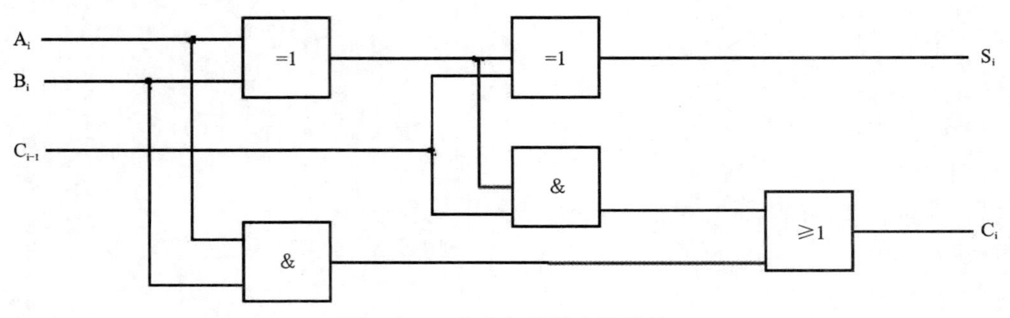

图 3.6　一位全加器的电路结构

根据该电路图，我们可以得到一位全加器的结构化描述代码。

```
module   fulladder (Ai, Bi, Ci, So, Co);
input    Ai, Bi, Ci;
output   So, Co;
wire     s1, s2, s3;
assign    s1 = Ai ^ Bi;
assign    s2 = Ai & Bi;
assign    s3 = s1 & Ci;
assign    So = s1 ^ Ci;
assign    Co = s2 | s3;
endmodule
```

当然还可以采取其他描述方式：

```
module   fulladder (Ai, Bi, Ci, So,Co);
input    Ai, Bi, Ci;
output   So, Co;
assign{ Co, So } = Ai + Bi + Ci;
endmodule
```

或者

```
module   fulladder (Ai, Bi, Ci, So,Co);
input    Ai, Bi, Ci;
output   So, Co;
reg      So, Co;
always @ ( * )
{ Co, So } = Ai + Bi + Ci;
endmodule
```

以上加法器代码的输入信号均为 1 位的位宽，下面给出 8 位位宽的半加器和全加器的描述。

8 位位宽半加器描述：

```
module half_adder8 ( a, b, sum, co );
input    [7 : 0]  a,  b;
output   [7 : 0]  sum;
output            co;
assign { co, sum } = a +b;
endmodule
```

8 位位宽全加器描述：

```
module full_adder8 ( a, b, ci,sum, co );
input             ci
input    [7 : 0]  a, b;
output   [7 : 0]  sum;
output            co;
assign  { co, sum } = a + b + ci;
endmodule
```

关于多位加法器的具体实现电路，可以是串行进位结构的加法器，还可以是超前进位的加法器，它们在工作速度、面积、功耗等方面有区别。至于该代码最终综合出来的是哪一种结构的加法器，是由用户施加的约束条件决定的。

3.2.4　数值比较器

在数字电路中，有时需要判断两个数据信号的大小，用来实现这一功能的逻辑电路称为数值比较器。假设有两个输入信号 A 和 B，它们都是 1 位位宽。当 A 大于 B 时，F1 输出为 1，否则为 0。当 A 等于 B 时，F2 输出为 1，否则为 0。当 A 小于 B 时，F3 输出为 1，否则为 0。其真值表如表 3.4 所示。

表 3.4　数值比较器的真值表

A	B	F1	F2	F3
0	0	0	1	0
0	1	0	0	1
1	0	1	0	0
1	1	0	1	0

至少有两种描述数值比较器的方法，一种方法是首先通过其真值表化简来得到逻辑电路图，然后通过电路结构来描述，其电路结构如图 3.7 所示。另一种方法就是本书所阐述的硬件设计语言描述的方法。

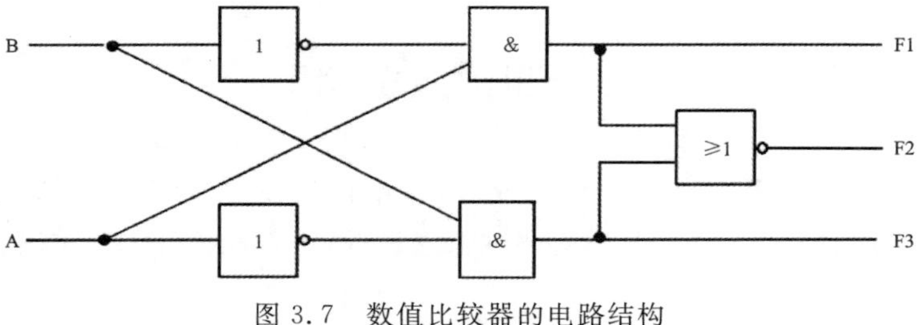

图 3.7　数值比较器的电路结构

我们根据其电路结构，可以写出其 Verilog 代码，如下所示：

```
module  comparor (A, B, F1, F2, F3);
input     A, B;
output   F1, F2,  F3;
wire      s1, s2;
assign     s1 = ! A;
assign     s2 = ! B;
assign     F1 = s2 && A;
assign     F2 = ! (F1 || F3);
assign     F3 = s1 && B;
endmodule
```

还可以根据它的逻辑关系写出其 Verilog 代码，如下所示：

```
module  comparer (A, B, F1, F2, F3);
input     A, B;
output   F1, F2, F3;
assign     F1 = (A > B) ? 1 : 0;
assign     F2 = (A == B) ? 1 : 0;
assign     F3 = (A < B) ? 1 : 0;
endmodule
```

假设有两个输入信号 A 和 B，它们都是 16 位位宽。当 A 大于 B 时，F1 输出为 1，否则为 0。当 A 等于 B 时，F2 输出为 1，否则为 0。当 A 小于 B 时，F3 输出为 1，否则为 0。这个多比特输入信号的数值比较器又该怎么描述呢？试着自己修改上述代码来得到一个 16 位位宽的数值比较器电路。注意，为了测试 16 位位宽的数值比较器电路功能，需要在代码中确定数据的编码方式，如数据采用二进制补码表示，则必须声明 A、B 信号为有符号数，此时参考代码如下所示。大家可以编写测试激励，看看如果没有声明 A、B 信号为有符号数，输出结果是否有所不同。

```
module  comparer (A, B, F1, F2, F3);
input  [15 : 0]  A, B;
output  F1, F2, F3;
wire  signed  [15 : 0]  A, B;  //有没有这行代码，仿真结果会有什么不同吗？
   assign     F1 = (A > B) ? 1 : 0;
   assign     F2 = (A == B) ? 1 : 0;
   assign     F3 = (A < B) ? 1 : 0;
endmodule
```

3.3 测试激励编写

电路模块的 Verilog HDL 代码设计完成后，并不代表设计工作的结束，还要对设计代码进行功能上的仿真验证，即还要掌握如何调试自己设计的 Verilog HDL 代码。可以毫不夸张地说，对于稍微复杂的 Verilog 设计，如果不进行仿真，即便是经验丰富的老手，99%以上的设计都不会正常工作。不能说仿真比设计更加重要，但一般来说，仿真花费的时间会比设计花费的时间要多。因为要考虑各种应用场景，测试激励（testbench）的编写有时会比 Verilog 设计更加复杂。所以数字电路行业会具体划分为设计工程师和验证工程师。

对于小型设计来说，最好的测试方式便是编写测试激励，然后应用 Modelsim 仿真器来验证其功能正确性。设计代码与其对应的测试激励共同组成仿真模型，应用这个模型就可以测试该模块是否符合自己的设计要求。通常编写测试文件的目的为：产生输入信号激励，将产生的输入信号激励加入到待测试模块中并观察其响应，将输出响应与期望值比较，从而判断电路功能正确性。如果设计较简单，依据输入、输出信号的波形就可以确定设计是否正确。如果输出数据较复杂，有时肉眼观察并不能对设计的正确性进行一个有效判定，有时需要把输出数据存储为一个文件，便于电脑分析；有时需要加入一个自校验模块，让电脑去自动比对。

一般，testbench 需要包含这些部分：实例化待测试设计、给出输入信号的数值、将结果输出到终端或波形窗口便于可视化观察、比较实际结果和预期结果。图 3.8 是一个标准的 HDL 验证流程示意图。

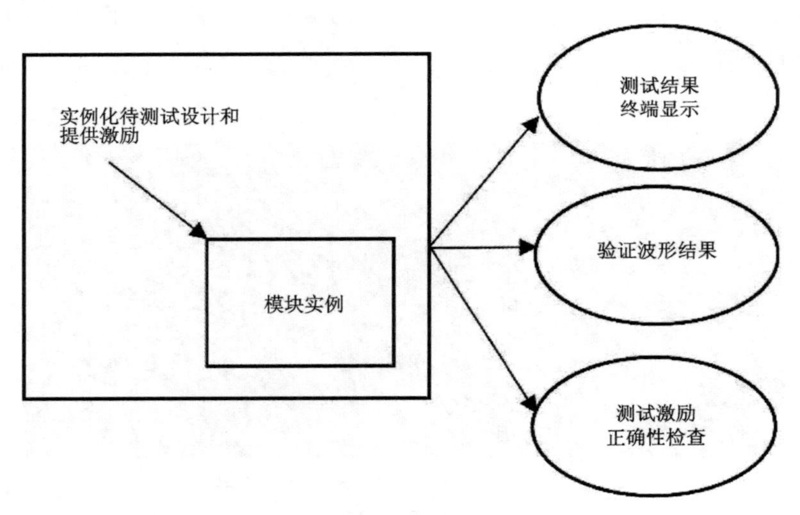

图 3.8　HDL 验证流程示意图

testbench 可以用 VHDL 或 Verilog、SystemVerilog 编写，在用 Verilog 语言编写 testbench 时，我们一般使用 initial 语句块与 always 语句块描述输入信号/激励信号。

下面以一位半加器为例，给出其设计代码：

```
module half_adder ( a, b, sum, co );
input   a, b;
output  sum, co;
assign  { co, sum } = a + b;
endmodule
```

其测试激励可以描述如下：

```
module half_adder_tb ();
reg  a, b;
wire sum, co;
half_adder  U0 ( .a(a), .b(b), .sum(sum), .co(co) );
// half_adder  U0 ( a, b, sum, co );
initial
begin
a=0; b=0;
#10  b=1;
#10  a=1;
#10  a=0; b=0;
#10  $stop;     // $finish;
end
endmodule
```

代码中的“half_adder　U0 (.a(a), .b(b), .sum(sum), .co(co));”这句代码是引用待测试电路模块,引用时首先给出模块名称 half_adder,接着还必须给出它的例化名称,这里取名为 U0,可以取为任何你想要的名字。U0 后面的括号是对端口引用的说明,.a(a)是指将半加器电路中的 a 端口接入测试激励模块的 a 端口。从图 3.9 中可以看出设计模块和测试激励的连接关系。

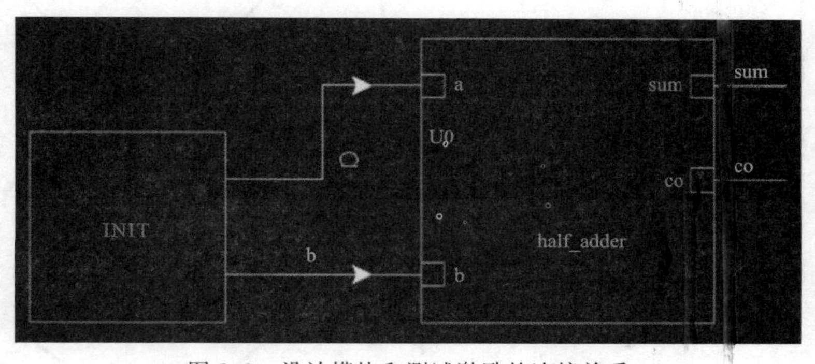

图 3.9　设计模块和测试激励的连接关系

假设电路设计代码不变,而把测试激励的信号名称都进行改变,如下所示。

其测试激励改为如下描述,注意测试激励中信号名称都取为新的名称。

```
module half_adder_tb ();
reg  aaa, bbb;
wire summm, cooo;
half_adder  U000 ( .a(aaa), .b(bbb), .sum(summm), .co(cooo) );
// half_adder  U0 ( aaa, bbb, summm, cooo );
initial
begin
aaa=0; bbb=0;
```

```
    #10  bbb=1;
    #10  aaa=1;
    #10  aaa=0; bbb=0;
    #10  $stop;      //$finish;
  end
  endmodule
```

此时，设计模块和测试激励的连接关系就如图 3.10 所示。试比较它与图 3.9 的不同，看看改变了哪些信号名称。我们编写测试激励代码时，实际上都尽可能沿用电路设计时的信号名称。

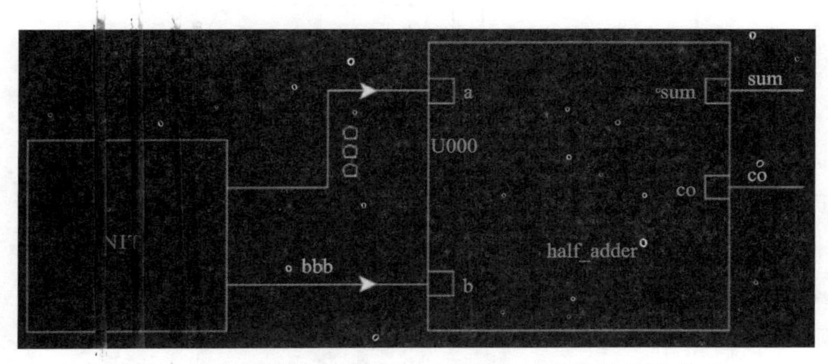

图 3.10　设计模块和改变名称后的测试激励的连接关系

initial begin 以及它后面代码的意思是：a、b 的初始值是 0、0，经过 10 个时间单位，b 变成 1，a 还是 0，再经过 10 个时间单位，a 变成 1，b 还是 1，以此类推。$stop 代表着仿真暂停，如果用 $finish，则表示仿真结束/退出，会直接关闭仿真软件。只有将仿真结果自动保存为文件，一般才用 $finish 系统任务，否则还是用 $stop 为好。通过 Modelsim 仿真软件得到波形如图 3.11 所示，符合半加器的真值表，从而验证了设计功能的正确性。

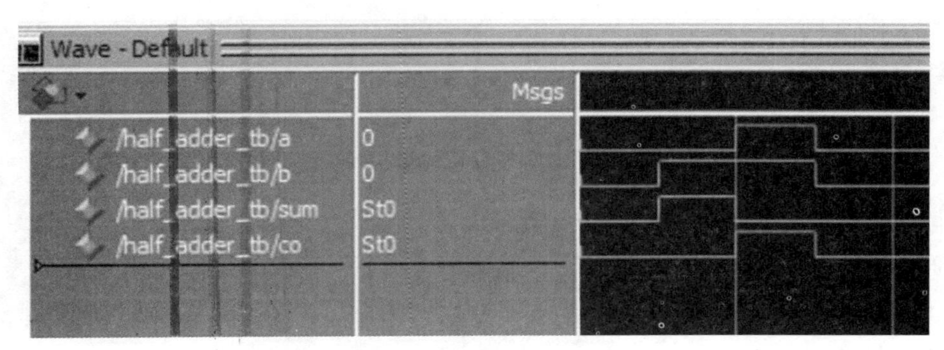

图 3.11　仿真后的波形

编写一个 testbench 代码和编写一个电路模块设计代码有类似的地方，也有不同的地方，测试激励的编写也是以 module 开始，以 endmodule 结束，一般分为四步：

(1)给测试模块命名，端口信号应为空。

(2)进行信号或变量声明，其中待测试电路中输入信号声明为 reg 型，待测试电路中输出信号声明为 wire 型。

(3)引入或例化待测试电路设计模块。注意待测试电路模块不同的引用或例化方法。

(4)使用 initial 或 always 等语句来产生输入激励信号,其他可能还包括监控和比较输出响应之类的代码。

编写测试激励时,难点是如何使用 initial 或 always 等语句来产生输入信号波形。下面给定几个信号波形,如图 3.12 所示,大家尝试给出其描述代码。

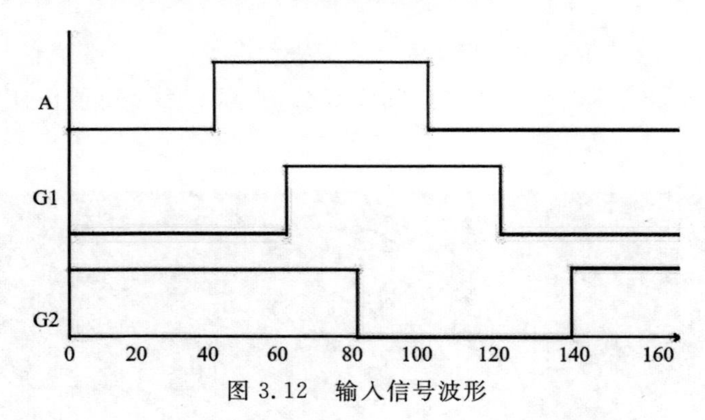

图 3.12　输入信号波形

其参考代码如下所示:

```
module testbench();
    reg A,G1,G2;
    initial begin
        A = 0;
        G1 = 0;
        G2 = 1;
        #40 A = 1;
        #20 G1 = 1;
        #20 G2 = 0;
        #20 A = 0;
        #20 G1 = 0;
        #20 G2 = 1;
    end
endmodule
```

我们还可以用 3 个 initial 语句分别来描述 A、G1 和 G2 这 3 个输入信号,其参考代码如下所示。它们的效果都是一样的。

```
module testbench();
    reg A,G1,G2;
    initial begin
        A = 0;
        #40 A = 1;
        #60 A = 0;
    end
```

```
    initial begin
        G1 = 0;
        #60 G1 = 1;
        #60 G1 = 0;
    end
    initial begin
        G2 = 1;
        #80 G2 = 0;
        #60 G2 = 1;
    end
endmodule
```

测试激励描述模板如下：

```
module test_bench();   //通常端口列表是空的,无输入输出信号
//信号或变量声明定义
//待测电路中输入信号声明为 reg 型
//待测电路中输出信号声明为 wire 型
    reg   key_in;   //逻辑设计中输入对应 reg 型
    reg   rst_n;
    reg   clk;
    reg [7:0] cnt;
    wire key_out;   //逻辑设计中输出对应 wire 型
//引入或例化待测试电路设计模块
key_noshake   key_noshake_inst
(
    .key_in(key_in),
    .rst_n(rst_n),
    .clk(clk),
    .key_out(key_out)
);
//使用 initial 或 always 语句产生输入信号/激励信号
//其他可能还包括监控和比较输出响应之类的语句
//观察仿真后的输出波形即可
endmodule
```

3.4　门电路的延时和竞争冒险

3.4.1　门电路的延时

我们平时所看到的方波或者根据逻辑真值表画出来的波形，都是理想情况下的输出波

形，而实际的波形中，上升沿和下降沿并不是瞬间变化的，而是存在一个变化过程，下面以逻辑非门为例分析，如图 3.13 所示。

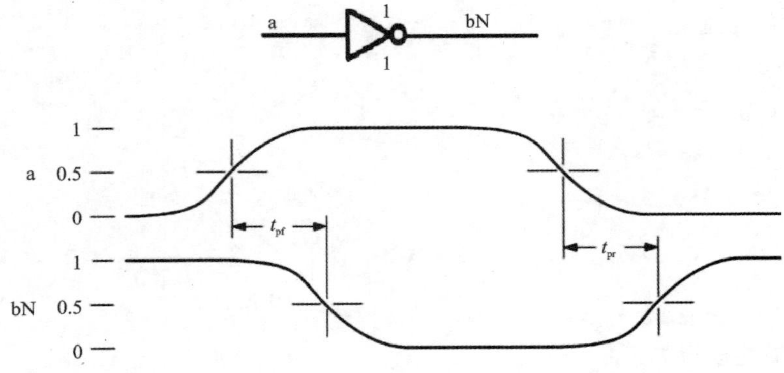

图 3.13　逻辑非门的延迟

从图 3.13 可以看到，输入端为 a，输出端为 bN。用逻辑 0 表示低电平，用逻辑 1 表示高电平。实际电路中从 0 跳变到 1 有了 t_{pf}的时间延时，同样地，从 1 跳变到 0 也有t_{pf}的时间延时。

3.4.2　竞争冒险的产生

由于信号传输与状态变换时都会有一定的延时，因此在组合逻辑电路中不同路径的输入信号传输到同一电路节点时，时间上就有先后，这种先后所形成的时间差称为竞争(competition)。由于竞争的存在，输出信号需要经过一段时间才能达到期望状态，过渡时间内可能产生瞬间的错误输出，例如尖峰脉冲等，这种现象称为冒险(hazard)。

竞争不一定有冒险，但冒险一定会有竞争。例如，对于下面给定的逻辑 F＝A & A′，电路如图 3.14 所示。当考虑到反相器延时后，实际输出信号 F 的波形如图 3.15 所示。

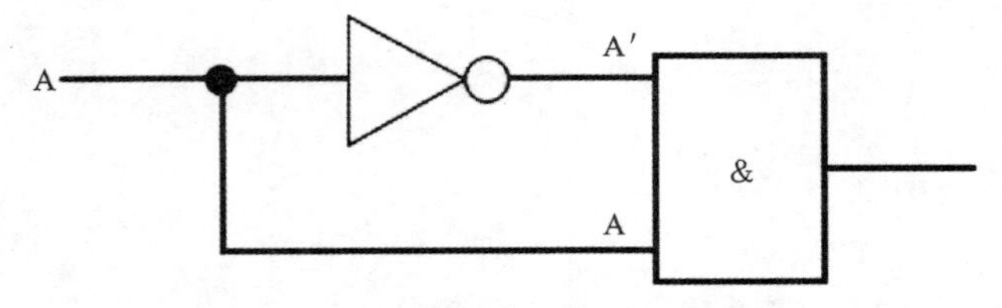

图 3.14　F＝A & A′的逻辑电路

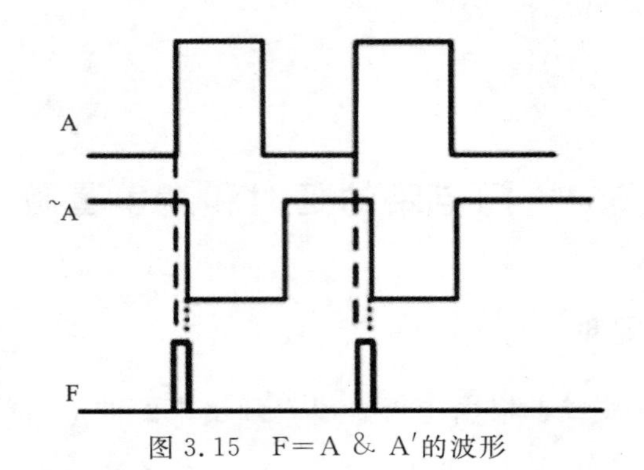

图 3.15　F＝A & A′的波形

由于反相器电路的存在，信号 A′传递到与门输入端的时间相对于信号 A 会滞后，这就可能寻致与门最后的输出结果 F 会出现干扰脉冲，如图 3.15 所示。从图中可以看到，实际上输出信号 F 应该一直为逻辑 0，但是由于非门的延迟，导致 F 出现 2 个毛刺，这里的毛刺叫作 glitch。glitch 的出现会对电路功能产生负面影响。

实际电路中，只要门电路各个输入端延时不同，就有可能产生竞争与冒险。例如一个简单的与门，输入信号源不一定是同一个信号变换所来，由于硬件工艺、其他延迟电路的存在，可能产生竞争与冒险，如图 3.16 所示。输入端 A 的初值为 0，输入端 B 的初值为 1，当同时改变 A、B 的值时，即在某一时刻 A 从逻辑 0 跳变到 1，B 从逻辑 1 跳变到 0，由于输入端有延迟，导致跳变过程中逻辑表达式判决的结果有一段毛刺出现，即会产生干扰脉冲。

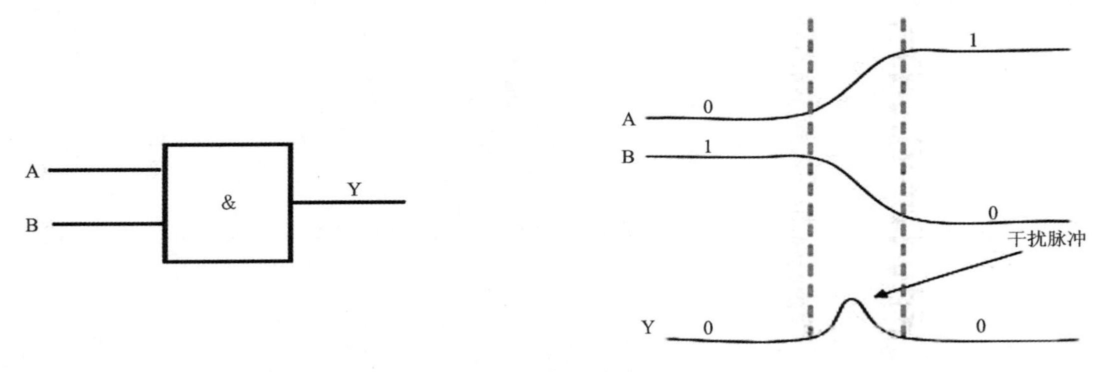

图 3.16　Y＝A & B 的竞争与冒险

可以采取多种措施消除或避免竞争冒险现象的发生，比如修改逻辑设计、增加冗余项，或者利用 D 触发器打一拍，对于 D 触发器的输入端，只要毛刺不出现在时钟的上升沿并且不满足数据的建立和保持时间，就不会对系统造成危害。

我们在编写电路的设计代码时，一般不去考虑电路存在的这些实际问题，而是首先要保证电路功能的正确性。当将这些代码运用工具软件编译成具体的电路或版图时，电路仿真结果中会呈现这些实际问题，到时候再采用修改代码或版图等手段解决这些实际问题。

本章习题

1. 用 4 种方式描述一个 2 输入的或非门电路。

2. 分别用 case 语句和 if－else 语句设计一个 4 选 1 多路选择器。选通控制端有 2 个输入：s0、s1。当且仅当 s1＝0、s0＝0 时：y＝a；当 s1＝0、s0＝1 时：y＝b；当 s1＝1、s0＝0 时：y＝c；当 s1＝1、s0＝1 时：y＝d。

3. 分别用 case 语句和 if－else 语句设计一个 3-8 译码器电路。

4. 试用结构化方式描述以下电路(图 3.17)。

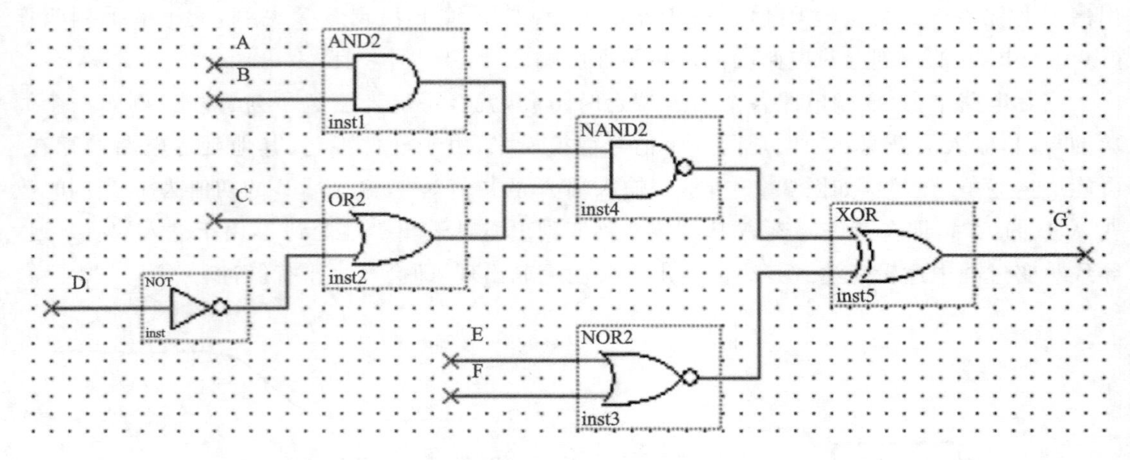

图 3.17　组合逻辑电路

5. 分析以下代码，并描述该代码完成的电路功能。并用参考测试激励，仿真验证自己的看法。

```
'define  PLUS     3'd0
'define  MINUS    3'd1
'define  BAND     3'd2
'define  BOR      3'd3
'define  BINV     3'd4
module alu(
  output  reg  [7:0]  out,
  input        [2:0]  opcode,
  input        [7:0]  a, b
  );
always @ (a, b, opcode)
begin
  case(opcode)
    'PLUS: out = a + b;
    'MINUS:out = a - b;
    'bAND: out = a & b;
    'bOR:  out = a | b;
    'BINV: out = ~a;
    default:out = 8'h0;
  endcase
end
endmodule
```

其参考测试激励如下：

```
'timescale 1ns/100ps
module alu_tb;
reg [7 : 0] a,b;
reg [2 : 0] opcode;
wire[7 : 0] out;
localparam times = 5;
alu U1(
    .out(out),
    .opcode(opcode),
    .a(a),
    .b(b)
    );
initial begin
    a = {$random}%256;
    b = {$random}%256;
opcode = 3'd0;
repeat(times) begin
     #100 a = {$random}%256;
      b = {$random}%256;
      opcode=opcode+1;
  end
  #100 $finish;
end
endmodule
```

6. 分析以下代码，并描述该代码完成的电路功能，并编写该代码的测试激励来仿真验证。

```
module ROM
  #(
  parameter addr_width = 16, // store 16 elements
  addr_bits = 4, // required bits to store 16 elements
  data_width = 7 // each element has 7bits
  )
  (
  input wire [addr_bits-1 : 0] addr,
  output reg [data_width-1 : 0] data // reg (not wire)
  );
  always @ ( * )
  begin
  case(addr)
  4'b0000 : data = 7'b1000000;
```

```
    4'b0001 : data = 7'b1111001;
    4'b0010 : data = 7'b0100100;
    4'b0011 : data = 7'b0110000;
    4'b0100 : data = 7'b0011001;
    4'b0101 : data = 7'b0010010;
    4'b0110 : data = 7'b0000010;
    4'b0111 : data = 7'b1111000;
    4'b1000 : data = 7'b0000000;
    4'b1001 : data = 7'b0010000;
    4'b1010 : data = 7'b0001000;
    4'b1011 : data = 7'b0000011;
    4'b1100 : data = 7'b1000110;
    4'b1101 : data = 7'b0100001;
    4'b1110 : data = 7'b0000110;
    default : data = 7'b0001110;
    endcase
    end
endmodule
```

7. 什么是竞争冒险现象？它是如何产生的？试举例来说明。

第 4 章　时序逻辑电路设计

本章首先给出时序逻辑电路的概念以及常见时序逻辑电路的一些描述实例、测试激励编写实例等。接着描述流水线的概念以及锁存器和寄存器的区别，还介绍寄存器的建立时间setup time和维持时间hold time的概念，以加深大家对时序逻辑电路的认识。

4.1　时序逻辑电路

数字电路通常分为时序逻辑电路和组合逻辑电路两大类，时序逻辑电路是由组合逻辑电路构成的，区分组合逻辑电路和时序逻辑电路的唯一标准就是电路呈现的特征。组合逻辑电路的特征是输入信号的变化直接导致输出信号的变化，其输出信号的状态仅取决于输入信号的当前状态，与输入信号过去的旧有的或初始的状态无关。时序逻辑电路的输出信号不仅与输入信号当前的状态有关，还与输入信号过去的旧有的或初始的状态有关。

组合逻辑电路是没有记忆的，就是说在任何时刻产生的输出信号仅取决于该时刻电路的输入信号值，而与它以前的输入信号值无关。而在有的时候，是需要电路具有一定的记忆功能，比如自动售货机，买一瓶水需要 3 块钱，当你依次投入一块钱的硬币时，只有投入 3 次之后，自动售货机才会吐出一瓶水，这种功能就是依靠时序逻辑电路来实现的。时序电路具有记忆功能，它在任何时刻的输出，不仅与该时刻的输入信号有关，而且还与该时刻以前的输入信号有关。常见的基本存储单元电路有两类，一类是锁存器，另一类是触发器。两者所采用的电路结构形式不同，信号的触发方式不同，其中采用电平触发方式的叫作锁存器，采用脉冲边沿触发方式的叫作触发器，后面再进行详细描述。概括而言，时序逻辑电路就是指包含触发器元件的电路。

4.2　基本时序逻辑电路及其设计

时序逻辑电路应用广泛，种类比较多，主要包括 D 触发器、计数器、分频器、移位寄存器等，以及由这些基本单元组成的其他各种比较复杂的设计。

4.2.1　D 触发器

D 触发器是一个具有记忆功能的、具有两个稳定状态的信息存储器件，是构成多种时序电路的最基本逻辑单元，是数字逻辑电路中一种重要的单元电路。D 触发器的电路图和示意图如图 4.1 所示。

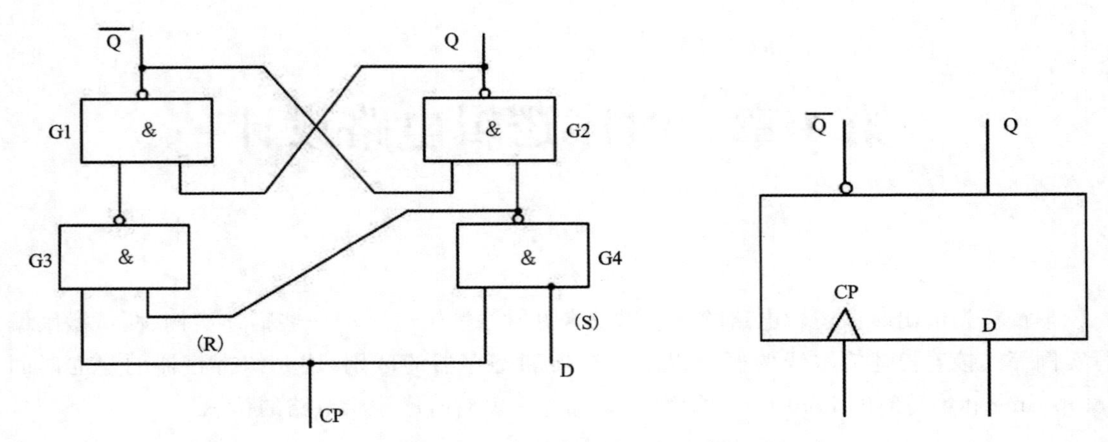

图 4.1　D 触发器的电路图和示意图

D 触发器是边沿触发的，其存储特性表现为在边沿来时数据更新，否则输出还是上一个值，因而具有延时作用。D 触发器的 Verilog 代码描述如下：

```
module d_ff ( clk, d, q);
input     clk, d;
output  q;
reg       q;
always   @ ( posedge clk )
  q <= d;
endmodule
```

为了测试这个电路，主要要构建周期性的时钟信号 clk。下面给出它的一种测试激励：

```
'timescale 1ns/1ps
moduled_ff_tb();
  reg clk, d;
  wire q;
  initial begin
    clk=0;
    d=0;
    #33;
    d=1;
    #20;
    d=0;
    #20;
    d=1;
    #50;
    $stop;
  end
```

```
  always #(5) clk =~clk;
d_ff U1(
     .clk(clk),
     .d(d),
     .q(q));
endmodule
```

它的 Modelsim 仿真结果如图 4.2 所示。显然，这种 D 触发器的缺点是没有复位信号，导致最初的输出信号是不确定的。

图 4.2　未带复位信号的 D 触发器仿真结果波形

带复位信号的 D 触发器的 Verilog 代码描述如下：

```
module d_ff ( clock, reset, d, q);
input  clock, reset, d;
output  q;
reg      q;
always @ ( posedge clock or posedge reset )
begin
if(reset == 1'b1)
     q <= 1'b0;      //reset
else
     q <= d;
end
endmodule
```

它的测试激励跟上面例子相似，可以通过稍加修改得到。这时，由于添加复位信号，D 触发器的输出就没有不定态出现，如图 4.3 所示。

图 4.3　带复位信号的 D 触发器仿真结果

下面对以上带复位信号的 D 触发器代码进行两处修改，得到如下代码，请问本代码与上面代码在功能上有什么不同？

```
module d_ff ( clock,reset, d, q);
input  clock,reset, d;
output  q;
reg      q;
```

```
always  @ ( posedge clock ornegedge reset )
begin
if(reset == 1'b0)
    q <= 1'b0;   //reset
else
    q <= d;
end
endmodule
```

仿真可以发现，本代码是 reset 信号为低时复位，为高时正常工作。而上面代码是 reset 信号为高时复位，为低时正常工作。

下面再对以上带复位信号的 D 触发器代码进行修改，得到如下代码，请问本代码与修改前代码在功能上有什么不同？

```
module d_ff ( clock,reset, d, q);
input  clock, reset, d;
output  q;
reg     q;
always  @ ( posedge clock )  // posedge reset 没有放在敏感变量列表中。
begin
if(reset == 1'b1)
    q<= 1'b0;   //reset
else
    q <= d;
end
endmodule
```

这时的复位信号只有在时钟上升沿来的时刻才起作用，即复位信号是受时钟信号控制的，这种复位方式称为同步复位，否则称为异步复位。同步复位代码在过程语句敏感信号表中只有“posedge clock”，复位信号只有在时钟上升沿来时才起作用。异步复位是指无论时钟沿是否到来，只要复位信号有效，就对系统进行复位。在过程语句敏感信号表中逻辑表述“posedge reset”用于高电平复位，而“negedge reset”用于低电平复位。总之，关于复位，大家要分清楚什么是高电平复位，什么是低电平复位，什么是同步复位，什么是异步复位，特别要注意异步复位时低电平复位和高电平复位的描述方式，这个是语言规范方面的要求。

除了 1 位位宽的 D 触发器，我们还会用到多位位宽的 D 触发器电路，例如 16 位位宽的 D 触发器用 Verilog 代码可描述如下：

```
module reg_16 ( reset, clock, din, dout);
input          reset,  clock;
input    [15 : 0]   din;
output  [15 : 0]   dout;
reg       [15 : 0]   dout;
always  @ ( posedge clock or posedge reset )
```

```
begin
if (reset == 1'b1)
    dout<= 16'b0;
else
    dout <=din;
end
endmodule
```

电路的触发方式有电平触发和边沿触发两种。电平触发是在高或低电平保持的时间内触发，而边沿触发是由高到低或由低到高这一瞬间触发。比较以下两段代码实现电路的不同，掌握电平触发和边沿触发的不同。边沿触发的电路一定有 posedge 或 negedge 关键字。注意，电平触发一般用“=”赋值，边沿触发一般用“<=”赋值。

电平触发的代码描述如下：

```
reg c1;
always @ ( a or b )
  c1 = a & b;
```

边沿触发的代码描述如下：

```
reg c2;
always @ ( posedge clk )
  c2 <= a & b;
```

如图 4.4 所示，在输入信号 a、b 相同时，它们的输出信号 c1 和 c2 有明显不同。其中输出信号 c1 是电平触发结果，当输入信号电平变化时，输出信号随之变化。而输出信号 c2 是边沿触发结果，当输入信号电平变化时，输出信号不一定随之变化。只有在时钟的上升沿到来的那个时刻的输入信号电平，才影响和决定输出信号结果。边沿触发是 D 触发器具有的特征，正是因为边沿触发特征，电路才有可能在时钟控制下协调一致地工作。

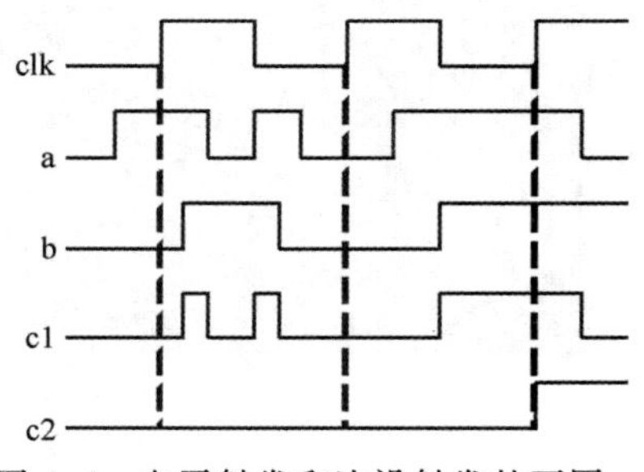

图 4.4　电平触发和边沿触发的不同

编写时序逻辑电路的测试激励，必须了解如何描述一个时钟信号。下面给出几种不同的时钟信号描述，大家至少要掌握一种描述方式。

一是 forever 语句描述的时钟信号，如下所示：

```
initial
begin
  clk = 1'b0;
forever
   #5 clk = ~clk;
end
```

二是 always 语句描述的时钟信号，如下所示：

```
// generate clock
always   //no sensitivity list, so it always executes
  begin
    clk = 1; #5; clk = 0; #5;   //10ns period
  end
```

当然还有其他的描述方式，在此就不一一介绍。

4.2.2 D触发器的延时作用

D触发器的工作原理是：输入数据D，下一个时钟周期就输出到输出端Q。即输出端Q在时钟上升沿采样输入数据D，并更新数据内容。除了在时钟上升沿来的时刻之外，无论D如何变化，都不会存储或更新到输出端Q。可见，当前输出端Q的数据总是上一个时钟周期的数据。以3个D触发器级联为例，看看输出端Q的数据特征。图4.5是3个D触发器级联的电路，用Verilog代码描述如下：

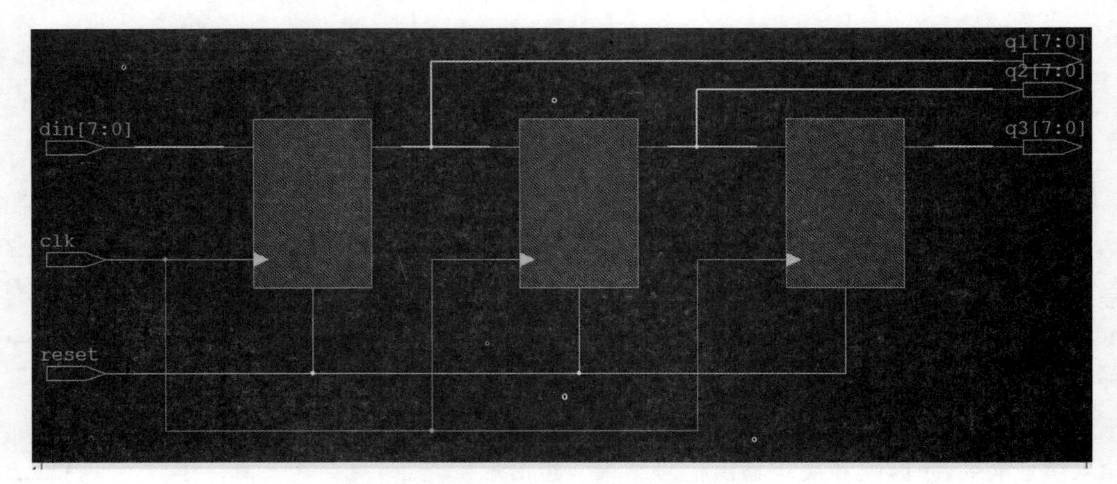

图4.5　3个D触发器级联的电路

```
module   dff3 (reset, clk, din, q1, q2, q3);
input              reset, clk;
input     [7:0]    din;
output    [7:0]    q1, q2, q3;
reg       [7:0]    q1, q2, q3;
always @ ( posedge clk or posedge reset)
if ( reset )
   q1 <= 0;
else
   q1 <= din;
always @ ( posedge clk or posedge reset)
if ( reset )
```

```
        q2 <= 0;
    else
        q2 <= q1;
    always @ ( posedge clk or posedge reset)
    if ( reset )
        q3 <= 0;
    else
        q3 <= q2;
endmodule
```

其测试激励描述如下：

```
module dff3_tb;
reg            reset, clk;
reg   [7:0]    din;
wire  [7:0]    q1, q2, q3;
dff3 U0(reset, clk, din, q1, q2, q3);
always
begin
  clk=0;
  #5 clk=1;
  #5;
end
initial
begin
  reset = 1;
  #17 reset=0;
end
always @ ( posedge clk or posedge reset)
if ( reset )
    din <= 8'b0;
else
    din <= din + 1;
endmodule
```

3 个 D 触发器级联的仿真结果如图 4.6 所示。可见，如果把 din 数据表示为 d(n)，则通过第一个触发器的输出信号 q1 可表示为 d(n－1)，通过第二个触发器的输出信号 q2 可表示为 d(n－2)，通过第三个触发器的输出信号 q3 可表示为 d(n－3)。它们分别是输入数据的不同单位时间的延时输出。比如在输入信号 din 为 8'h04 时，q1 为 8'h03，是输入信号 din 的前一个时间周期的输入值。q2 为 8'h02，是输入信号 din 的前两个时间周期的输入值。q3 为 8'h01，是输入信号 din 的前三个时间周期的输入值。

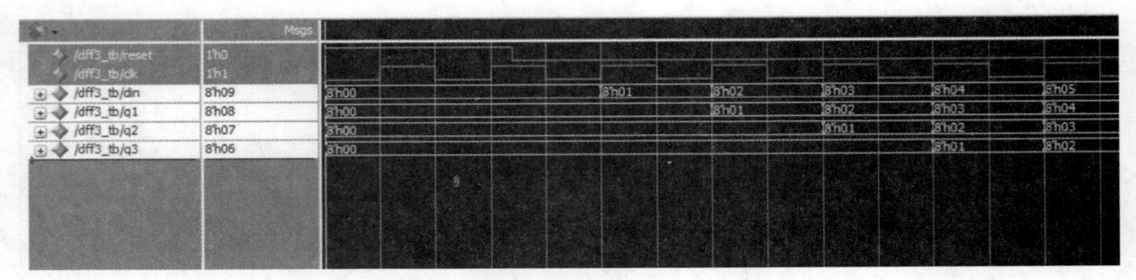

图 4.6　3 个 D 触发器级联的仿真结果

4.2.3　计数器

计数器在数字系统中主要是对脉冲的个数进行计数，以实现计数和定时等功能。计数器由基本的计数单元和一些控制门组成，计数单元则由一系列具有存储信息功能的各类触发器构成，这些触发器有 RS 触发器、T 触发器、D 触发器等。以模 8 计数器为例，用 Verilog 代码描述如下：

```
module  counter ( reset, clk, out);
input           clk, reset;
output  [2:0]  out;
reg     [2:0]  out;
always @ ( posedge clk or posedge reset)
if ( reset )
   out <= 0;
else
   out <= out + 1;
endmodule
```

其测试激励的 Verilog 描述如下：

```
module counter_tb;
reg             clk, reset;
wire  [2:0]   out;
counter  U0(reset, clk, out,);
always
begin
  clk=0;
   #5 clk=1;
   #5;
end
initial
begin
  reset = 1;
   #17 reset=0;
```

```
end
endmodule
```

模 8 计数器的仿真结果如图 4.7 所示。

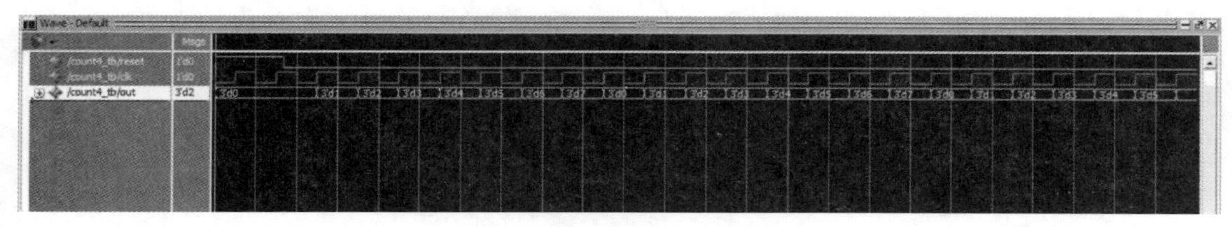

图 4.7　模 8 计数器仿真结果

对上述计数器代码进行修改，得到以下代码，看看这个计数器跟上述计数器有什么不同。

```
module   counter1 ( reset, enable,clk, out);
input    clk, reset, enable;
output  [3 : 0]   out;
reg        [3 : 0]   out;
always @ ( posedge clk or posedge reset)
begin
if ( reset )
   out <= 0;
elseif (enable)    //使能信号,可理解为开关
   out <= out + 1;
else
  out <= out;
endmodule
```

显然，这是一个带使能控制和复位功能的 16 进制计数器。那么，如何设计一个带使能控制和复位功能的 6 进制递减计数器呢？其参考代码如下：

```
module counter2 (reset, enable, clk, out);
input                 reset, clk, enable;
output [2 : 0]   out;
reg       [2 : 0]   out;
always @(posedge clk or posedge reset)
  begin
     if(reset)
         out <= 3'd5;
     else if(enable)
       begin
          if(out==3'b0)
             out <= 3'd5;
          else
             out <= out - 1'b1;
```

```
        end
    else
        out <= out;
    end
endmodule
```

其测试激励如下：

```
module counter2_tb;
reg          reset, clk, enable;
wire  [2:0]  out;
counter2 counter2(.reset(reset),
                  .enable(enable),
                  .clk(clk),
                  .out(out));
always #5 clk = ~clk;
initial
begin
reset = 1'b1;
clk = 1'b0;
enable = 1'b0;
#17 reset = 1'b0;
#17 enable = 1'b1;
#770 $stop;
end
endmodule
```

模 6 递减计数器的仿真结果如图 4.8 所示。

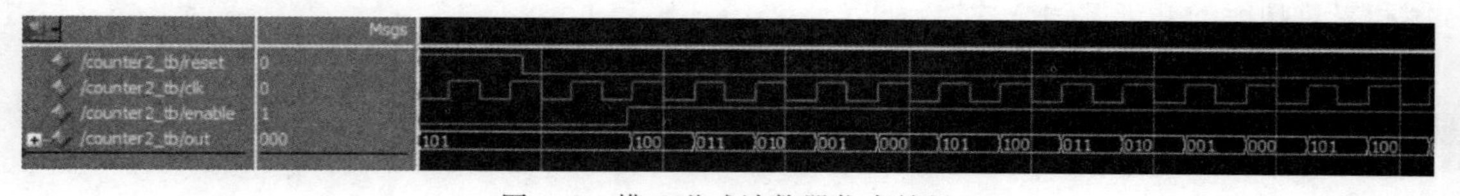

图 4.8　模 6 递减计数器仿真结果

4.2.4　分频器

分频器是指使输出信号频率为输入信号频率整数分之一的电路。许多电子设备如电子钟、频率合成器等，需要各种不同频率的信号协同工作，常用的方法是以稳定度高的晶体振荡器为输入参考时钟，然后通过分频等变换得到所需要的各种频率，分频器是一种主要的频率变换手段，分频逻辑往往通过计数逻辑完成。此外，分频时钟的占空比应保持在 50%。

最简单的就是二分频器。其参考代码如下：

```
module clk_div2(rst, clk_in, clk_out);
input   rst, clk_in;
```

```
output  clk_out;
reg     clk_out;
always @ (posedge clk_in or negedge rst)
if (rst= = 0)
  clk_out < =  0;
else
  clk_out < =  ~ clk_out;
endmodule
```

其测试激励如下：

```
module clk_div2_tb;
reg   rst, clk_in;
wire  clk_out;
clk_div2  U0(rst, clk_in, clk_out);
always
begin
  clk_in=0;
  #5 clk_in=1;
  #5;
end
initial
begin
  rst = 0;
  #17 rst=1;
end
endmodule
```

二分频器的仿真结果如图 4.9 所示。

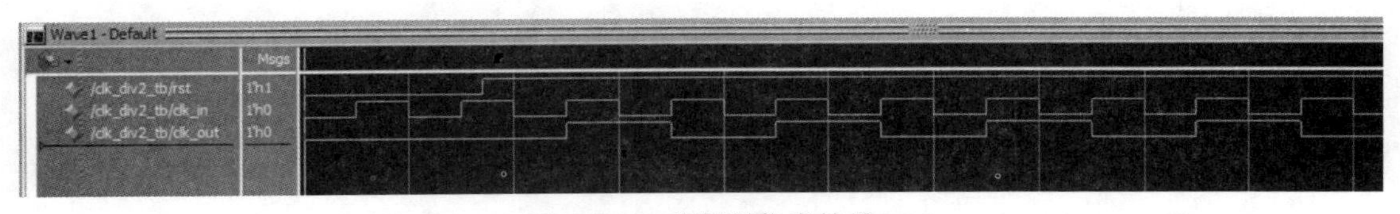

图 4.9　二分频器仿真结果

例 1：假设要对一个输入时钟信号进行六分频，且分频后的时钟信号占空比要保持为 50%，其参考代码如下：

```
module clk_div6(clk_out, clk, rst_n);
input clk, rst_n;
output clk_out;
reg clk_out;
reg [2 : 0] cnt;
always @(posedge clk or negedge rst_n)
```

```
if(! rst_n)
    begin
    cnt <= 3'b0;
    clk_out <= 1'b0;
    end
else if(cnt == 3'd2)
    begin
    cnt <= 3'b0;
    clk_out <= ~clk_out;
    end
else  cnt <= cnt + 1'b1;
endmodule
```

其测试激励如下：

```
module clk_div6_tb;
reg   clk, rst_n;
wire  clk_out;
clk_div6  U0(clk_out, clk, rst_n);
always
begin
  clk = 0;
  #5 clk = 1;
  #5;
end
initial
begin
  rst_n = 0;
  #17 rst_n=1;
end
endmodule
```

50%占空比的六分频器仿真结果如图 4.10 所示。

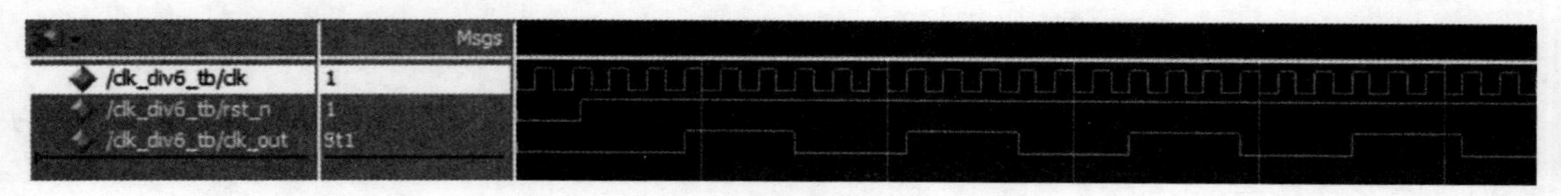

图 4.10　六分频器仿真结果

现在假设要对一个输入时钟信号进行三分频，且分频后的时钟信号占空比要保持为50%。请大家自行给出设计代码和仿真结果。

4.2.5 移位寄存器

移位寄存器的数据可以在时钟信号作用下依次左移或右移。移位寄存器不仅可以存储数据，还可以实现数据的串并转换，以及构成序列码发生器、序列码检测器等，它是数字系统应用广泛的时序逻辑部件之一，一定要熟练掌握。

移位寄存器可以按照数据移位方向分为左移寄存器、右移寄存器，还可以根据数据输入、输出方式分为并行输入/串行输出、串行输入/并行输出移位寄存器等。

下面给出一个移位寄存器设计示例。它描述一个位宽为 8 位的寄存器，复位时它的 8 位取值均为 0。当加载信号 load 有效时，该寄存器将加载数据 data。该寄存器的移位与否受信号 sel 控制。当 sel 为"00"时，该寄存器保持原有的值不变。当 sel 为"01"时，该寄存器数据进行左移。当 sel 为"10"时，该寄存器数据进行右移。

```
module shift_reg (clock, reset, load, sel, data, shiftreg);
input clock;
input reset;
input load;
input [1 : 0] sel;
input [7 : 0] data;
output [7 : 0] shiftreg;
reg [7 : 0] shiftreg;
always @ (posedge clock)
begin
    if (reset)
        shiftreg<= 0;
    else if (load)
        shiftreg <= data;
    else
        case (sel)
            2'b00 : shiftreg <= shiftreg;
            2'b01 : shiftreg <= shiftreg << 1;
            2'b10 : shiftreg <= shiftreg >> 1;
            default : shiftreg <= shiftreg;
        endcase
end
endmodule
```

下面给出上述设计的 testbench 示例，大家可自行验证其功能。

```
module testbench; // 申明 testbench 名称
reg clock;
reg load;
reg reset; //申明信号
```

```
wire [7 : 0] shiftreg;
reg [7 : 0] data;
reg [1 : 0] sel;
//申明移位寄存器设计单元
shift_reg dut(.clock (clock),
    .load (load),
    .reset (reset),
    .shiftreg (shiftreg),
    .data (data),
    .sel (sel));
initial begin   //建立时钟
    clock = 0;
    forever #50 clock = ~clock;
end
initial begin   //提供激励
    reset = 1;
    data = 8'b00000000;
    load = 0;
    sel = 2'b00;
    #200
    reset = 0;
    load = 1;
    #200
    data = 5'b00001;
    #100
    sel = 2'b01;
    load = 0;
    #200
    sel = 2'b10;
    #1000 $stop;
end
initial begin   //打印结果到终端
    $timeformat(-9,1,"ns",12);
    $display(" Time Clk Rst Ld SftRg Data Sel");
    $monitor("%t %b %b %b %b %b %b", $realtime,
    clock, reset, load, shiftreg, data, sel);
end
endmodule
```

下面再给出一个串行输入/并行输出移位寄存器的设计实例。输入信号 din 在输入信号时钟 clk1 控制下每 1 比特串行输入，然后在输出信号时钟 clk2 控制下每满 4 比特就进行并行输出。注意，输入信号时钟 clk1 的频率应该是输出信号时钟 clk2 的频率的 4 倍。

```
module   serial2paral (reset, clk1, clk2, din, dout);
input              reset, clk1, clk2, din;
output   [3 : 0]   dout;
reg      [3 : 0]   temp;
always @ ( posedge clk1 or posedge reset)
if ( reset )
   temp <= 4'b0;
else
   temp <= {temp[2 : 0],din};
reg      [3 : 0]   dout;
always @ ( posedge clk2 or posedge reset)
if ( reset )
   dout <= 4'b0;
else
   dout <= temp;
endmodule
```

其测试激励用 Verilog 代码描述如下：

```
module   shifter_tb;
reg   reset, clk1, clk2, din;
wire  [3 : 0]   dout;
serial2paral U0(reset, clk1, clk2, din, dout);
always
begin
  clk1=0;
  #5 clk1=1;
  #5;
end
always
begin
  clk2=0;
  #20 clk2=1;
  #20;
end
initial
begin
  reset = 1;
  #43 reset=0;
end
always
```

```
begin
  din=0;
  repeat(1) @(negedge clk1);
  din=0;
  repeat(1) @(negedge clk1);
  din=1;
  repeat(1) @(negedge clk1);
  din=1;
  repeat(1) @(negedge clk1);
  din=0;
  repeat(1) @(negedge clk1);
  din=1;
  repeat(1) @(negedge clk1);
  din=0;
  repeat(1) @(negedge clk1);
  din=1;
  repeat(1) @(negedge clk1);
end
endmodule
```

该移位寄存器的仿真结果如图 4.11 所示。

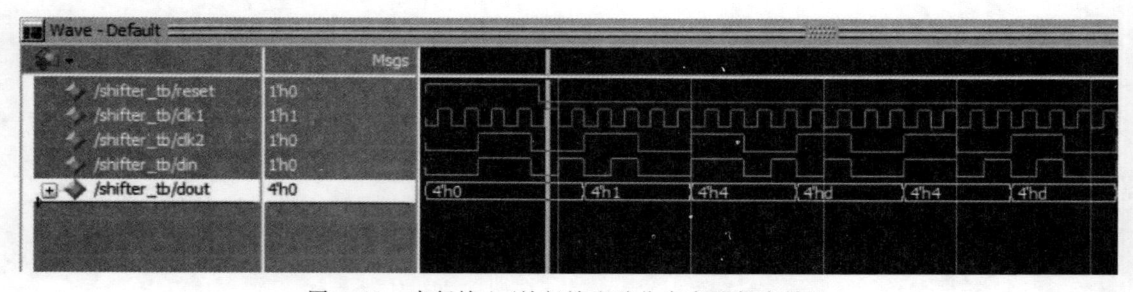

图 4.11　串行输入/并行输出移位寄存器仿真结果

4.2.6　随机序列产生器

$ random 是 Verilog 中用来产生伪随机数的系统函数，如果需要生成可综合的随机数发生器，需要选取合适的随机数产生电路然后将其转化为对应的 RTL 代码。随机二进制序列(PRBS)可以作为数字通信中的一个信号源，用于检测数字通信系统错码的概率，即误码率。PRBS 不仅具有随机序列的一些统计特性和高斯噪声的良好自相关特性，而且具有某种特定的编码规则，便于重复产生和处理，因而在通信领域应用广泛。PRBS 序列中“0”和“1”的出现并不是完全随机的，当电路和初始码确定之后，每一个周期内部的码流顺序是固定的，所以又称为伪随机二进制序列。伪随机二进制序列具有以下 3 个基本特性：

(1)在序列中“0”和“1”出现的相对频率分别为 1/2。

(2)在序列中连 0 或连 1 称为游程,连 0 或连 1 的个数称为游程的长度,序列中长度为 1 的游程数占游程总数的 1/2;长度为 2 的游程数占游程总数的 1/4;长度为 3 的游程数占游程总数的 1/8;长度为 n 的游程数占游程总数的 $1/2^n$(对于所有有限的 n)。此性质我们简称为随机序列的游程特性。

(3)如果将给定的随机序列位移任意个元素,则所得序列和原序列的对应元素有一半相同,一半不同。

随机序列产生器电路一般采用线性反馈移位寄存器(LFSR)方式实现。电路由触发器和异或门组成,其中触发器组成移位寄存器,异或门用于寄存器输入端数据的运算。LFSR 的工作原理:给定所有寄存器一个初始值,当移位脉冲到来时,将最后一级寄存器的值输出,同时将第 i 级的寄存器内容存储到第 $i+1$ 级中,此外将每一级的寄存器输出按照一定的线性运算规则计算出一个值,并将该值存储到第一级寄存器中。随着移位脉冲的不断到来,LFSR 的输出可以组成一个序列,称为移位寄存器序列。以四级移位寄存器为例,其电路原理图如图 4.12 所示。

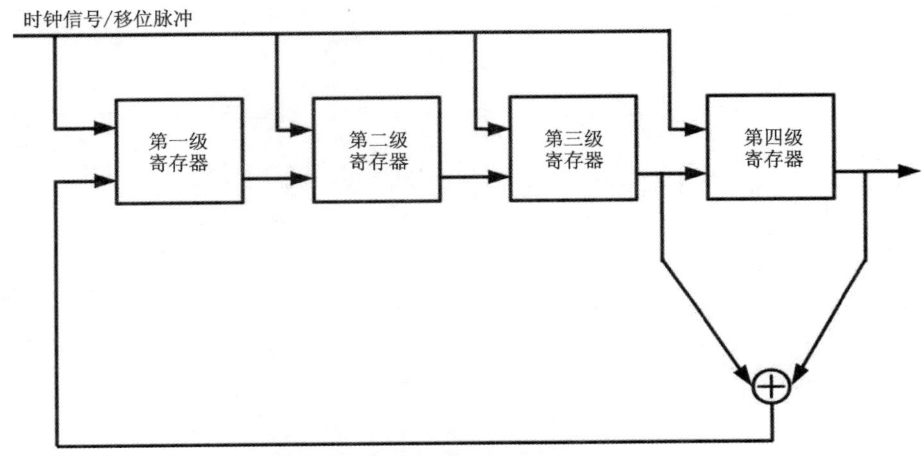

图 4.12　LFSR 的电路原理图

PRBS 电路根据反馈多项式进行设计。由于反馈多项式阶数和形式的不同,产生的随机序列的周期数和顺序会不同。对于一个任意给定的移位寄存器长度 n,可以产生的随机序列最大长度为 2^n-1。如果采用不同的反馈多项式,可能得到不足 2^n-1 的序列,当然能够产生最大长度随机序列的反馈多项式可能并不是唯一的。可以根据表 4.1 中给出的反馈多项式进行设计。

随机序列产生器不仅与反馈多项式有关,还与自身初始值有关。下面以 16 位移位寄存器为例进行设计。该设计中反馈多项式采用 $G(x)=x^{16}+x^{14}+x^{13}+x^{11}+1$;初始值设为 16 'hFFFF;enable 为暂停信号。设计代码如下:

表 4.1 PRBS 的反馈多项式列表

触发器个数	反馈多项式	周期	触发器个数	反馈多项式	周期
2	x^2+x+1	3	10	$x^{10}+x^7+1$	1023
3	x^3+x^2+1	7	11	$x^{11}+x^9+1$	2047
4	x^4+x^3+1	15	12	$x^{12}+x^{11}+x^{10}+x^4+1$	4095
5	x^5+x^3+1	31	13	$x^{13}+x^{12}+x^{11}+x^8+1$	8191
6	x^6+x^5+1	63	14	$x^{14}+x^{13}+x^{12}+x^2+1$	16 383
7	x^7+x^6+1	127	15	$x^{15}+x^{14}+1$	32 767
8	$x^8+x^6+x^5+x^4+1$	255	16	$x^{16}+x^{14}+x^{13}+x^{11}+1$	65 535
9	x^9+x^5+1	511	17	$x^{17}+x^{14}+1$	131 071

```
module random_sequence(
input        clk          ,
input        rst          ,
input        enable          ,
output reg out
);
localparam LFSR_INIT = 16'hFFFF;
reg  [15:0] lfsr;
wire [15:0] lfsr_next;
assign lfsr_next[0 ] = lfsr[15]^ lfsr[13] ^ lfsr[12] ^ lfsr[10];
assign lfsr_next[1 ] = lfsr[0];
assign lfsr_next[2 ] = lfsr[1];
assign lfsr_next[3 ] = lfsr[2];
assign lfsr_next[4 ] = lfsr[3];
assign lfsr_next[5 ] = lfsr[4];
assign lfsr_next[6 ] = lfsr[5];
assign lfsr_next[7 ] = lfsr[6];
assign lfsr_next[8 ] = lfsr[7];
assign lfsr_next[9 ] = lfsr[8];
assign lfsr_next[10] = lfsr[9];
assign lfsr_next[11] = lfsr[10];
assign lfsr_next[12] = lfsr[11];
assign lfsr_next[13] = lfsr[12];
assign lfsr_next[14] = lfsr[13];
assign lfsr_next[15] = lfsr[14];
always@(posedge clk or posedge rst)
```

```
begin
    if(rst)
            lfsr <= LFSR_INIT;
    else if(enable)
            lfsr <= lfsr;
    else
            lfsr <= lfsr_next;
end
always@(posedge clk or posedge rst)
begin
    if(rst)
            out <= 1'b0;
    else
            out <= lfsr[15];
end
endmodule
```

大家可以根据这个示例，设计一个 7 位移位寄存器的随机序列产生器电路，假设其生成多项式为 x^7+x^6+1，移位寄存器的初始值为 8'd3。注意，移位寄存器的初始值不能为全零，否则电路不能正常工作。

4.2.7　存储器设计

存储器的主要功能是存储程序和各种数据，是计算机或嵌入式处理器必不可少的组成部分。存储器可分为两大类：只读存储器(ROM)和随机存储器(RAM)。ROM 的存储数据往往是事先烧录的，只能读取。ROM 所存数据稳定，断电后所存数据不会改变。RAM 的存储数据可以随时改写和随时读出，所存数据可以随时变化。断电后 RAM 不能保留数据。如果需要保存数据，RAM 就必须把它们写入一个长期的存储设备中(例如硬盘)。RAM 和 ROM 相比，两者的最大区别是 RAM 断电后保存在上面的数据会自动消失，而 ROM 的数据不会自动消失，可以长时间断电保存。

ROM 内部的数据是在 ROM 的制造工序中用特殊的方法烧录进去的，其中的内容只能读不能改，一旦烧录进去，用户只能验证写入的数据是否正确，不能进行任何修改。如果发现数据有任何错误，则只有舍弃不用，重新制造一份。由于 ROM 制造和升级的不便，后来发明了 PROM(Programmable ROM，可编程 ROM)。最初从工厂中制作完成的 PROM 内部并没有数据，用户可以用专用的编程器将自己的数据写入，但是这种机会只有一次，一旦写入就无法修改，若是出现错误，已写入的芯片只能报废。接着出现了 EPROM(Erasable Programmable ROM，可擦除可编程 ROM)芯片，可以重复擦除和写入，能够解决 PROM 芯片只能写入一次的弊端。EPROM 芯片有一个很明显的特征，即在其正面的陶瓷封装上，开有一个玻璃窗口，透过该窗口，可以看到其内部的集成电路，紫外线透过该窗口照射内部芯片就可以擦除其内部的数据，完成芯片擦除的操作要用到 EPROM 擦除器。鉴于 EPROM 操作的不便，后来的

ROM芯片采用EEPROM（Electrically Erasable Programmable ROM，电可擦除可编程ROM）。EEPROM的擦除不需要借助于其他设备，它以电子信号来修改其内容，而且以字节为最小修改单位，不必将数据全部洗掉才能写入，能够彻底摆脱EPROM Eraser和编程器的束缚。FLASH ROM则属于真正的单电压芯片，它的读和写操作都在单电压下进行，利用专用程序即可方便地修改其内容，很适合用来存放程序码，广泛用于主板的BIOS ROM。

RAM可以进一步分为静态RAM(SRAM)和动态RAM(DRAM)两大类。所谓的“静态”，是指这种存储器只要保持通电，里面存储的数据就可以永远保持。而DRAM每隔一段时间，就要刷新充电一次，否则内部的数据随即会消失。DRAM是最常见的系统内存。DRAM只能将数据保持很短时间。为了保持数据，DRAM使用电容存储，所以必须每隔一段时间刷新一次，如果存储单元没有被刷新，存储的信息随即会丢失。

下面分别给出16×8的ROM的一种设计示例和测试激励供大家参考。该ROM存储单元有16个，每个存储单元存储的数据位宽为8位。每个存储单元存储的数据在代码中有硬性规定。

```
module ROM_16x8(addr, data, en);
    input [3:0] addr;//地址选择信号
    input en;         //使能端
    output reg [7:0] data;//数据输出端
    reg[7:0] data1 [15:0];
    always @(*)
        begin
            data1[0]  = 8'b1010_1001;
            data1[1]  = 8'b1111_1101;
            data1[2]  = 8'b1110_1001;
            data1[3]  = 8'b1101_1100;
            data1[4]  = 8'b1011_1001;
            data1[5]  = 8'b1100_0010;
            data1[6]  = 8'b1100_0101;
            data1[7]  = 8'b0000_0100;
            data1[8]  = 8'b1110_1100;
            data1[9]  = 8'b1000_1010;
            data1[10] = 8'b1100_1111;
            data1[12] = 8'b1100_0001;
            data1[13] = 8'b1001_1111;
            data1[14] = 8'b1010_0101;
            data1[15] = 8'b0101_1100;
            if (en)
                begin
                    data[7:0] = data1[addr];
                end
```

```
                else
                    begin
                        data[7:0] = 8'bzzzzzzzz;
                    end
            end
endmodule
```

其测试激励如下：

```
'timescale 1 ps/ 1 ps
module ROM_16x8_tb();
    reg [3:0] addr;
    reg en;
    wire [7:0]  data;
    ROM_16x8 i1 (
        .addr(addr),
        .data(data),
        .en(en)
    );
    initial
        begin
            addr = 4'd0;
            en   = 1'b0;
            #10 addr = 4'd5;
            en   = 1'b1;
            #10 addr = 4'd9;
            #10 addr = 4'd12;
            #10 addr = 4'd15;
            $display("Running testbench");
        end
endmodule
```

下面用 Verilog 实现一个深度为 16、位宽为 8 位的单端口 RAM，并搭建一个仿真环境，完成 RAM 数据初始化，以及进行 RAM 读写操作的仿真验证。

```
module mini_sp_ram #(
    parameter ADDR_BITS=4
)(
    input               clk,
    input         [7:0] addr,
    input         [7:0] din,
    input               ce,
    input               we,
    output reg [7:0] dout
```

```
);
localparam MEM_DEPTH= 1<<ADDR_BITS;
reg [7:0] mem[MEM_DEPTH-1:0];
integer i;
initial begin
    for(i=0; i<MEM_DEPTH;i=i+1) begin
        mem[i] = 8'h00;
    end
end
always @(posedge clk) begin
    if(ce & we) begin
        mem[addr] <= din;
    end
end
always @(posedge clk) begin
    if(ce && (! we)) begin
        dout <= mem[addr];
    end
end
endmodule
```

其测试激励如下：

```
'timescale 1ns / 1ps
module mini_sp_ram_tb;
  reg [3 : 0] addr;
  reg [7 : 0]data_in;
  reg clk;
  reg we;
  reg ce;
  wire [7 : 0] data_out;
  integer i;
  //clock generation
  initial begin
      clk = 0;
      forever
          #4 clk = ~clk;
  end
  initial begin
      ce = 1'b0;
      we = 1'b0;
      addr = 4'd0;
```

```
        data_in = 8'h00;
        #20
        @(negedge clk)//read
        ce = 1'b1;
        for (i = 0; i<16; i=i+1) begin
          @(negedge clk)
            addr = i;
        end
        @(negedge clk)//write
          we = 1'b1;
        for (i = 0; i<16; i=i+1) begin
          @(negedge clk) begin
            addr = i;
            data_in = data_in + 'h01;
          end
        end
        @(negedge clk)//read
          we = 1'b0;
        for (i = 0; i<16; i=i+1) begin
          @(posedge clk)
              addr = i;
        end
        @(negedge clk)
          ce = 1'b0;
        //#100 $finish;
        #100 $stop;
    end
    mini_sp_ram #( .ADDR_BITS(4) ) u_sram(
    .clk(clk),
    .ce(ce),
    .we(we),
    .addr(addr),
    .din(data_in),
    .dout(data_out)
    );
endmodule
```

4.2.8　FIFO 设计

FIFO(First In First Out)是异步数据传输时经常使用的存储器。该存储器的特点是数据先进先出(后进后出)。FIFO 主要用于以下几个方面:①跨时钟域数据传输;②将数据发送到芯片之前进行缓冲,如发送到 DRAM 或 SRAM;③存储数据以备后用。FIFO 是异步数据传输时常用的存储器,无论是从快时钟域到慢时钟域,还是从慢时钟域到快时钟域,都可以使用 FIFO 处理。FIFO 的存储结构一般为双口 RAM,允许读写同时进行。典型 FIFO 结构如图 4.13 所示。

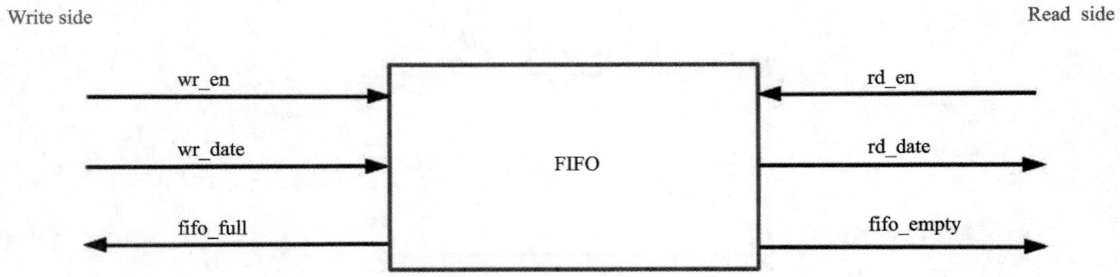

Write side
Read side
wr_en
wr_date
fifo_full
FIFO
rd_en
rd_date
fifo_empty

图 4.13　FIFO 结构

复位之后,在写时钟和状态信号的控制下将数据写入 FIFO 中。RAM 的写地址从 0 开始,每写一次数据,写地址指针加 1,指向下一个存储单元。当 FIFO 写满后,数据将不能再写入,否则数据会因覆盖而丢失。FIFO 数据为非空或满状态时,在读时钟和状态信号的控制下,可以将数据从 FIFO 中读出。RAM 的读地址从 0 开始,每读一次数据,读地址指针加 1,指向下一个存储单元。当 FIFO 读空后,就不能再读出数据,否则读出的数据是错误的。不管怎样,在正常读写 FIFO 的时间段,如果读写同时进行,则要求写 FIFO 的速率不能大于读速率。

FIFO 设计中重要的参数有深度、宽度、空标志、满标志、读时钟、读指针、写时钟和写指针等。一个比较形象的比喻是:把 FIFO 比作汽车进入一个单向行驶的隧道,隧道两端都有一个门进行控制,FIFO 的宽度就是这个隧道单向有几个车道,FIFO 的深度就是一个车道能容纳多少辆车。当隧道内停满车辆时,这就是 FIFO 的满标志,当隧道内没有车辆时,这就是空标志。FIFO 设计的核心便是空/满的判断。如何判断 FIFO 是否写满(或读空),这里我们可以利用地址指针。每写入一次数据,写地址指针加 1,每读取一次数据,读地址指针加 1。当读地址指针追上写地址指针,FIFO 便是读空状态。同理,当写地址指针再次追上读地址指针,FIFO 便是写满状态。

FIFO 可以分为同步 FIFO 和异步 FIFO。所谓同步 FIFO,就是 FIFO 的读写时钟是同源的或同步的。所谓异步 FIFO,就是 FIFO 的读写时钟不是来自同一个时钟域,是异步的。下面举一个同步 FIFO 的 Verilog 代码及其测试激励,供大家学习。至于异步 FIFO 设计,大家可以自行阅读相关资料。

```
module syn_fifo(clk, rstn, wr_en, rd_en, wr_data, rd_data, fifo_full, fifo_empty);
    //参数定义
    parameter   width = 8;
    parameter   depth = 8;
    parameter   addr  = 3;
```

```
//输入信号
input   clk;     //时钟信号
input   rstn;   //下降沿复位
input   wr_en;  //写入使能
input   rd_en;  //读取使能
//数据信号
input   [width - 1 : 0] wr_data;     //写数据
output  [width - 1 : 0] rd_data;     //读数据
reg [width - 1 : 0] rd_data;
//空满判断信号
output  fifo_full;
output  fifo_empty;
//定义一个计数器,用于判断空满
reg [$clog2(depth):0] cnt;
//定义读写地址
reg [depth - 1 : 0] wr_ptr;
reg [depth - 1 : 0] rd_ptr;
//定义一个宽度为 width,深度为 depth 的 fifo
reg [width - 1 : 0] fifo [depth - 1 : 0];
//写地址操作
always @ (posedge clk or negedge rstn) begin
    if(! rstn)
        wr_ptr <= 0;
    else if(wr_en && ! fifo_full)    //写使能,且 fifo 未写满
        wr_ptr <= wr_ptr + 1;
    else
        wr_ptr <= wr_ptr;
end
//读地址操作
always @ (posedge clk or negedge rstn) begin
    if(! rstn)
        rd_ptr <= 0;
    else if(rd_en && ! fifo_empty)   //读使能,且 fifo 不为空
        rd_ptr <= rd_ptr + 1;
    else
        rd_ptr <= rd_ptr;
end
//写数据
integer i;
always @ (posedge clk or negedge rstn) begin
```

```
        if(! rstn) begin //复位清空 fifo
            for(i = 0; i < depth; i = i + 1)
                fifo[i] <= 0;
        end
        else if(wr_en)  //写使能时将数据写入 fifo
            fifo[wr_ptr] <= wr_data;
        else    //否则保持
            fifo[wr_ptr] <= fifo[wr_ptr];
    end
    //读数据
    always @ (posedge clk or negedge rstn) begin
        if(! rstn)
            rd_data <= 0;
        else if (rd_en)
            rd_data <= fifo[rd_ptr];    //从 fifo 中读取数据
        else
            rd_data <= rd_data;
    end
    //辅助计数,用于判断空满
    always @ (posedge clk or negedge rstn) begin
        if(! rstn)
            cnt <= 0;
        else if (wr_en && ! rd_en && ! fifo_full) //有效的只写入
            cnt <= cnt + 1;
        else if (! wr_en && rd_en && ! fifo_empty) //有效的只读取
            cnt <= cnt - 1;
        else
            cnt <= cnt;
    end
    //空满判断
    assign fifo_full = (cnt == depth)? 1 : 0;
    assign fifo_empty = (cnt == 0) ? 1 : 0;
endmodule
```

其参考测试激励如下:

```
module syn_fifo_tb;
    reg clk, rstn;
    reg wr_en, rd_en;
    wire fifo_full, fifo_empty;
    reg [7 : 0] wr_data;
    wire    [7 : 0] rd_data;
```

```
    //生成波形
    initial begin
        $fsdbDumpfile("wave.fsdb");
        $fsdbDumpvars(0, myfifo);
        $fsdbDumpon();
    end
    //例化
    syn_fifo myfifo(
        .clk(clk),
        .rstn(rstn),
        .wr_en(wr_en),
        .rd_en(rd_en),
        .fifo_full(fifo_full),
        .fifo_empty(fifo_empty),
        .wr_data(wr_data),
        .rd_data(rd_data)
    );
    initial begin
        rstn = 1;
        wr_en = 0;
        rd_en = 0;
        repeat(2) @(negedge clk);
        rstn = 0;
        @(negedge clk);
        rstn = 1;
        @(negedge clk);
        wr_data = {$random}%60;
        wr_en = 1;
        repeat(2) @ (negedge clk);
        wr_data = {$random}%60;
        @(negedge clk);
        wr_en = 0;
        rd_en = 1;
        repeat(4) @ (negedge clk);
        rd_en = 0;
        wr_en = 1;
        wr_data = {$random}%60;
        repeat(5) @ (negedge clk);
        wr_data = {$random}%60;
        repeat(2) @ (negedge clk);
```

```
            wr_en = 0;
            rd_en = 1;
            repeat(2) @ (negedge clk);
            rd_en = 0;
            wr_en = 1;
            wr_data = {$random}%60;
            repeat(3) @ (negedge clk);
            wr_en = 0;
            #50 $finish;
        end
        initial begin
            clk = 0;
            forever #5 clk = ~clk;
        end
    endmodule
```

4.3 流水线

流水线设计就是将组合逻辑系统地分割，在各个部分（分级）之间插入寄存器，并暂存中间数据的方法。其目的是将一个大操作分解成若干小操作，每一步小操作的时间较短，所以能提高频率，各小操作能并行执行，所以能提高数据吞吐率即提高处理速度。

分别使用流水线技术和非流水线技术设计实现 y = a1 + a2 + a3 +a4 这个表达式。下面是关于非流水线技术和流水线技术的代码对比，非流水线技术的代码描述如下：

```
module  liushuixian1 (reset, clk, d1, d2, d3, d4, y);
input           reset, clk;
input   [7:0]   d1, d2, d3, d4;
output  [7:0]   y;
reg     [7:0]   y;
always @ ( posedge clk or posedge reset)
if ( reset )
y <= 0;
else
y <= d1 + d2 + d3 + d4;
endmodule
```

这段代码未使用流水线设计，数据一次进行 3 次加法运算直接得到结果，其中 reset 为复位。可以看出直接进行相加，代码十分简单，结构是最简单的一种，所以运算速度不会很快。

流水线技术要求通过 3 个时钟周期的计算得到输出结果。在第一个时钟周期时计算 a1+a2的值，在第二个时钟周期时再计算 a1+a2 的值与 a3 之和，在第三个时钟周期时再计算 a1+a2+a3 的值与 a4 之和。编写测试激励进行验证，并贴出仿真图形。编写测试激励时，要求输入数据随着新的时钟周期的到来均发生变化即有新值。

下面给出两段代码，其中一个是错误的，另一个是正确的，大家比较一下其中的区别，并找出哪一种才是正确的流水线代码。

代码一：

```
module  liushuixian2 (reset, clk, d1, d2, d3, d4, y);
input              reset, clk;
input   [7 : 0]   d1, d2, d3, d4;
output  [7 : 0]   y;
reg     [7 : 0]   temp1, temp2, y;
always @ ( posedge clk or posedge reset)
if ( reset )
temp1 <= 0;
else
temp1 <= d1 + d2;
always @ ( posedge clk or posedge reset)
if ( reset )
temp2 <= 0;
else
temp2 <= temp1 + d3;
always @ ( posedge clk or posedge reset)
if ( reset )
y <= 0;
else
y <= temp2 + d4;
endmodule
```

代码二：

```
module  liushuixian3 (reset, clk, d1, d2, d3, d4, y);
input              reset, clk;
input   [7 : 0]   d1, d2, d3, d4;
output  [7 : 0]   y;
reg         [7 : 0]   temp1, temp2, y;
always @ ( posedge clk or posedge reset)
if ( reset )
temp1 <= 0;
else
temp1 <= d1 + d2;
reg         [7 : 0]   d3_delay1;
always @ ( posedge clk or posedge reset)
if ( reset )
d3_delay1 <= 0;
```

```
else
d3_delay1 <= d3;
always @ ( posedge clk or posedge reset)
if ( reset )
temp2 <= 0;
else
temp2 <= temp1 + d3_delay1;
reg  [7:0]  d4_delay1, d4_delay2;
always @ ( posedge clk or posedge reset)
if ( reset )
begin
d4_delay1 <= 0;
d4_delay2 <= 0;
end
else
begin
d4_delay1 <= d4;
d4_delay2 <= d4_delay1;
end
always @ ( posedge clk or posedge reset)
if ( reset )
  y <= 0;
else
  y <= temp2 + d4_delay2;
endmodule
```

通过比较,我们可以很清楚地看出代码一仅仅进行了加法运算,虽然完成了 4 个数据的相加,但是我们需要认真地思考一下,temp1 和 temp2 对应的 d2 和 d3 是否是同一个时刻的数据。很明显,如果我们不使用寄存器来记录上一个时刻的数据,那么加法运算所使用的数据是不同时刻的数据。这正是流水线设计的一个易错点。在代码二中,我们使用 d3_delay1、d4_delay1、d4_delay2 三个寄存器记录数据,这样就可以保证每一次加法运算所使用的数据是同一时间流入的。我们可以自己设置一些简单的激励来验证一下,如果将输入数据设置成 1,2,3,4,5,…,那么输出结果应该是 4,8,12,16,20,…,但是用第一段代码,数据运行出来是 1,3,7,11,15,…,从图 4.14 和图 4.15 可以很明显地看出其中的问题所在。

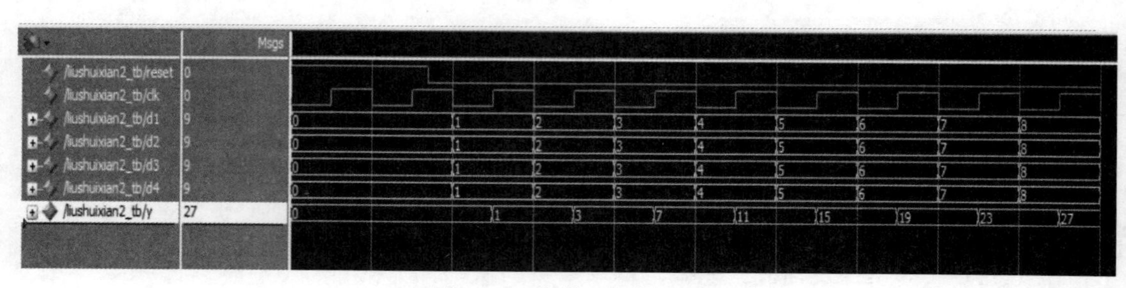

图 4.14　代码一仿真结果

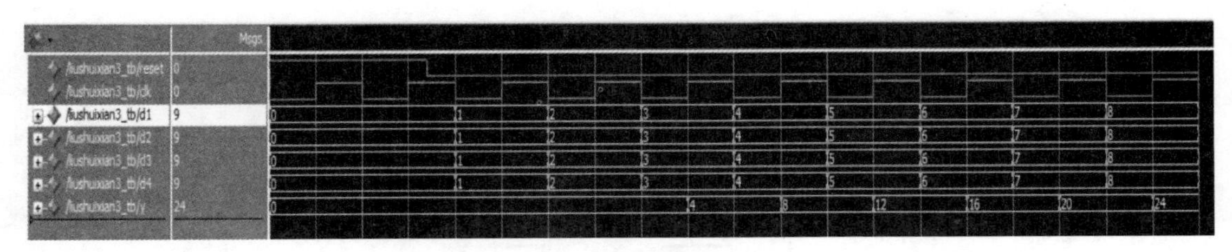

图 4.15　代码二仿真结果

4.4　锁存器和触发器

锁存器和触发器都是用来存储电路状态的单元。电平触发的存储单元称为锁存器，边沿触发的存储单元称为触发器。在实际的数字系统中，通常把能够用来存储 1bit 二进制数值的同步时序逻辑电路称为寄存器。由于触发器能够存储 1bit 数据，因此利用触发器可以方便构成寄存器。

4.4.1　锁存器

如图 4.16 所示是 RS 锁存器电路。根据置位端 S 与复位端 R 的输入，电路交叉耦合连接的反馈结构使得其输出存在两个稳定的状态：0 和 1。一旦由输入条件确定一个输出值，该值将保持不变，直到有新的输入条件产生时输出值才会发生变化。其真值表描述当电路输入作用时由该锁存器所处的某一给定状态产生新的状态。在实际应用中，应避免 SR 输入端的值同时为 0，因为此时该锁存器的输出在逻辑上并不是相反的，且当输入由 00 变为 11 时，会在实际电路中引发竞争，将导致不确定的仿真结果，如表 4.2 所示。

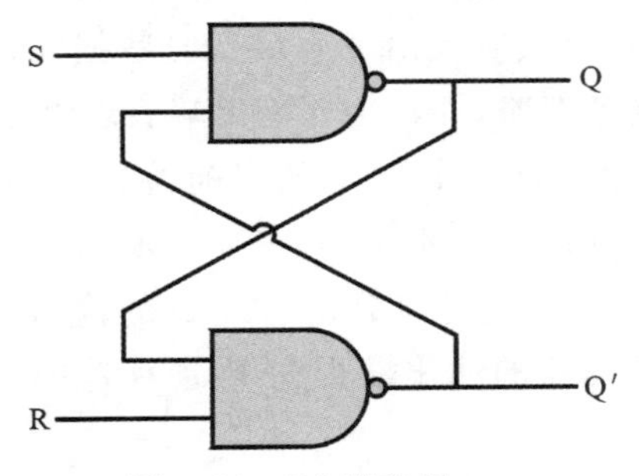

图 4.16　RS 锁存器

表 4.2　RS 锁存器状态表

S	R	Q_{next}	Q'_{next}	
0	0	1	1	禁止
0	1	1	0	置位
1	0	0	1	复位
1	1	Q	Q′	保持

对基本的 RS 锁存器稍加改动就可以得到 D 锁存器。图 4.17 所示电路对 RS 锁存器增加两个与非门，并用一个信号作为门控输入，即由 Enable 决定 R 和 S 是否会对电路产生影响，当 Enable 无效时，该电路就不会受到 R 值和 S 值的影响。此外，该电路还将 Data 的非信号传送给锁存器的输入端，这样就确保不会出现不稳定条件。当 Enable 有效时，Q_out 将随着 Data 的值变化而变化；当 Enable 无效时，由于存在反馈电路，将 Q_out 的值固定在其当前值的状态，称之为被锁存，并将保持锁存状态直到 Enable 再次有效。图 4.18 所示波形说明电路的锁存特性。

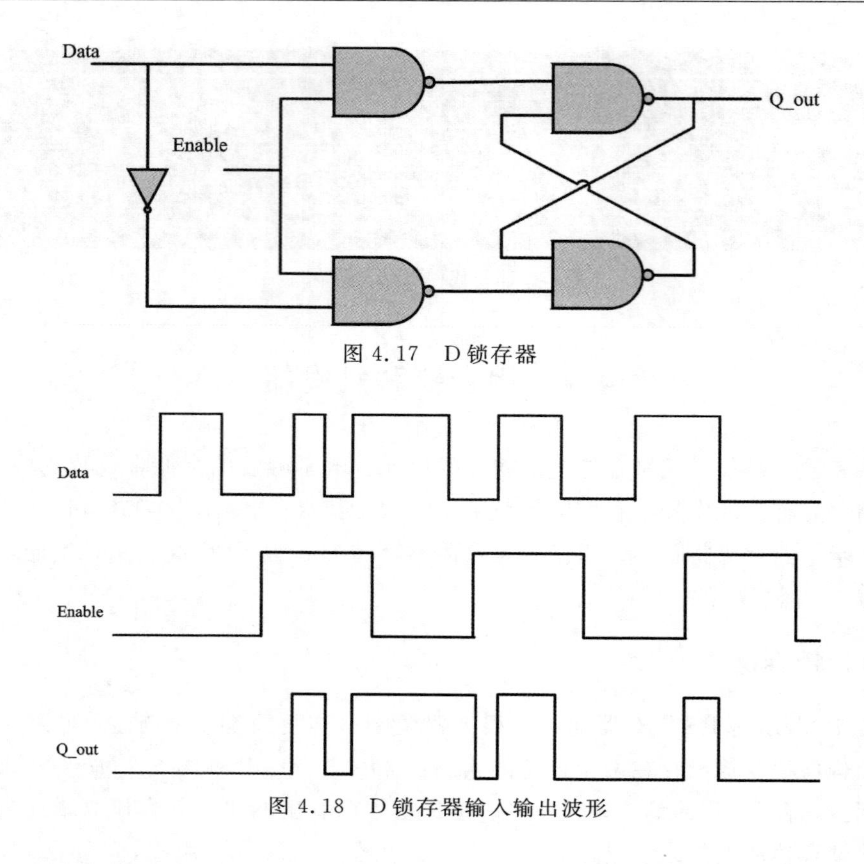

图 4.17　D 锁存器

图 4.18　D 锁存器输入输出波形

4.4.2　触发器

触发器是边沿敏感的存储元件，数据存储的动作是由某一信号的上升沿或下降沿进行同步的，该信号通常称为时钟信号。所存储的数据就是时钟在其有效沿发生跳变时数据输入端的数据值，在所有其他时间，输入端的数据值及其变化均被忽略，即不会在输出端表现出来。

D 触发器是一种简单的触发器，在每个时钟的有效沿存储 D 输入端的当前值，这个值与之前已存储数据值无关。D 触发器的方框图以及真值表分别如图 4.19 和表 4.3 所示。真值表中包括 D 触发器当前状态 Q 和时钟信号 clk 下一个有效沿处对应数据输入 D 的输出状态 Q_{next}。D 触发器的输出波形如图 4.20 所示。显然，D 触发器的输出波形与 D 锁存器的输出波形截然不同。

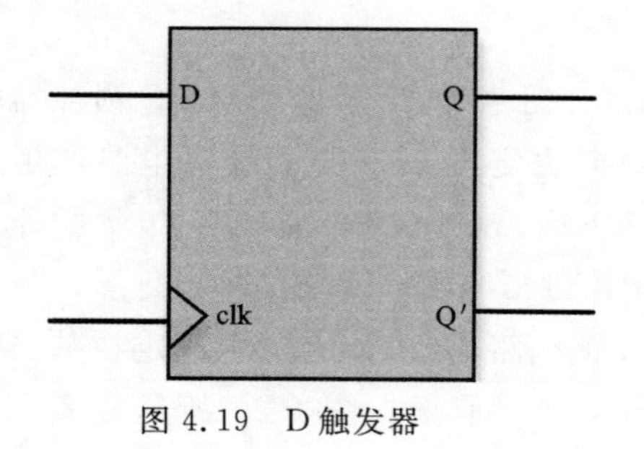

图 4.19　D 触发器

表 4.3　D 触发器真值表

D	Q	Q_{next}
0	0	0
0	1	0
1	0	1
1	1	1

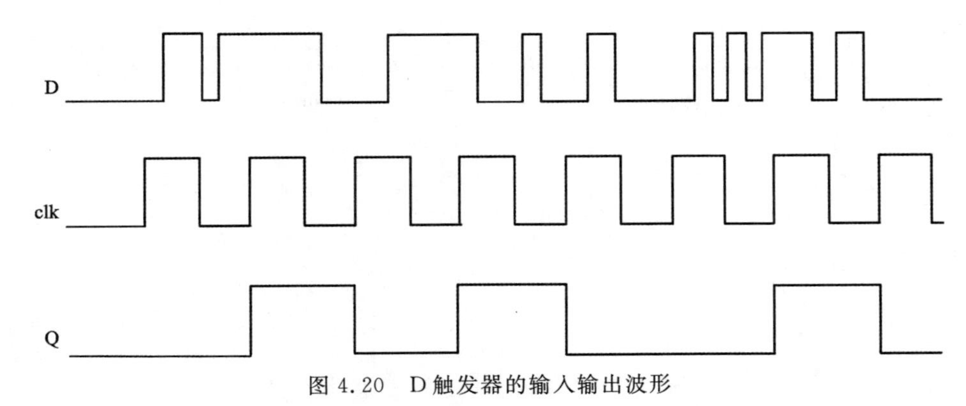

图 4.20　D 触发器的输入输出波形

下面给出 D 锁存器和 D 触发器的代码描述，以及测试激励，大家自行仿真以体会二者差异。

D 锁存器代码：

```
module d_latch(d,clk,q);
    input d;
    input clk;
    output q;
    reg q;
    always @ (d,clk)
      if(clk)
       q <= d;
endmodule
```

测试激励：

```
module d_latch_tb;
    reg clk,d;
    wire q;
    d_latch u1(.d(d),.clk(clk),.q(q));
    initial
    begin
        clk = 1;
        d <= 0;
        forever
        begin
            #60 d <= 1;//人为生成毛刺
        #22 d <= 0;
        #2  d <= 1;
        #2  d <= 0;
        #16 d <= 0;//维持 16ns 的低电平，然后周期循环
        end
```

```
    end
    always #20 clk <= ~clk;//半周期为 20ns,全周期为 40ns 的一个信号
endmodule
```

D 触发器代码：

```
module d_flip_flop(d,clk,q);
    input d;
    input clk;
    output q;
    reg q;
    always @ (posedge clk)//我们用正的时钟沿作为它的敏感信号
    begin
        q <= d;//上升沿有效的时候,把 d 捕获到 q
    end
endmodule
```

测试激励：

```
'timescale 1ns / 1ns
module d_flip_flop_tb;
    reg clk,d;
    wire q;
    d_flip_flop u1(.d(d),.clk(clk),.q(q));
    initial
    begin
        clk = 1;
        d <= 0;
        forever
    begin
        #60 d <= 1;//人为生成毛刺
        #22 d <= 0;
        #2  d <= 1;
        #2  d <= 0;
        #16 d <= 0;//维持 16ns 的低电平,然后周期循环
    end
  end
  always #20 clk <= ~clk;//半周期为 20ns,全周期为 40ns 的一个信号
endmodule
```

总之,D 触发器的输出只有在时钟有效沿到来时才可能发生改变,即输出信号至少会保持一个时钟周期;而 D 锁存器的输出波形在使能信号有效时就可能出现变化,这就导致 D 锁存器的输出可能会有窄脉冲(毛刺)。在数字系统中,毛刺信号对电路系统有很大危害,因此应该避免使用锁存器。在使用 Verilog 描述组合逻辑时,如果条件描述不全就会产生锁存器,

以下两种情况下均可能产生锁存器。

一是 if 语句中缺少 else 语句：

```
always @( * )
begin
    if(en==1)
        q <= d;
end
```

二是 case 语句中没有遍历全部情况。sel 有 2bit，应该有 4 种可能，下面只给出 2 种情况下的赋值。

```
always @( * ) begin
    case(sel)
            2'b00:  q = data1 ;
            2'b01:  q = data2 ;
    endcase
end
```

4.5　触发器的建立时间和保持时间

时序逻辑电路由时钟的上升沿或下降沿驱动工作，其实真正被时钟沿驱动的是电路中的触发器，又称为寄存器。触发器的相关参数如图 4.21 所示。

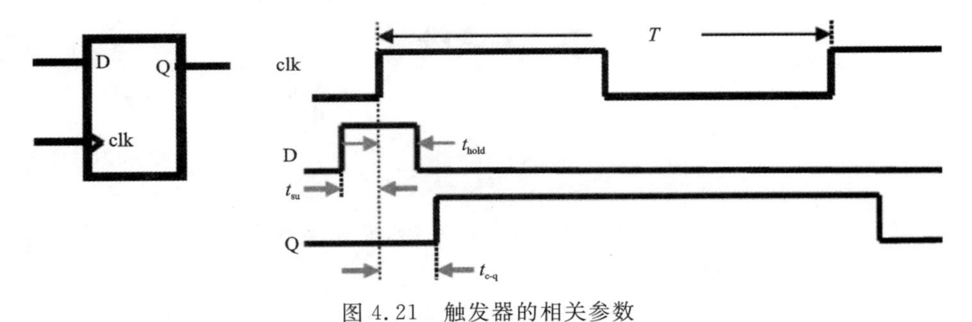

图 4.21　触发器的相关参数

图 4.21 中 t_{su} 为建立时间，是在时钟有效沿到来之前触发器数据输入应保持稳定的时间，如果建立时间不够，数据将不能在这个时钟沿被打入触发器。它间接约束了组合逻辑的最大延时。t_{hold} 为保持时间，是触发器数据输入引脚的数据在系统时钟有效沿到来之后需要保持稳定的时间，如果保持时间不够，数据同样不能被打入触发器。它间接约束了组合逻辑的最小延时。$t_{c\text{-}q}$ 为触发器从时钟有效沿到来到输出数据有效的最大时间。如果在时钟沿的前后，输入端的数据不能保持稳定，则触发器的输出状态是不确定的，可能是“0”“1”“Z”或“X”，即亚稳态。每个触发器都有其规定的建立时间和保持时间参数，该参数放在厂商提供的工艺库中。

如图 4.22 所示的两个触发器级联中，触发器 F1 和触发器 F2 之间有组合逻辑电路。电路正常工作时，需要确保触发器 F1 上升沿输出的数据可以被触发器 F2 接下来的上升沿捕获。它们需要满足怎样的时序关系呢？

假设 t_F 为触发器 F1 从时钟有效沿到来到输出有效数据的最大时间（t_{c-q}），组合逻辑电路的延迟为 t_c。时钟信号周期为 t_{period}，且触发器 F2 的建立时间为 t_{setup}。要想触发器 F1 上升沿输出的数据可以被触发器 F2 接下来的上升沿捕获，则必须满足：

$$t_F + t_c < t_{period} - t_{setup} \tag{4.1}$$

$t_F + t_c$ 是数据到达触发器 F2 的时间，数据到达的时间必须大于触发器 F2 的保持时间，这样当前的数据并不会干扰前一个数据的采样。就是说，t_F、t_c 和 t_{hold} 的关系需满足式（4.2）。

$$t_F + t_c > t_{hold} \tag{4.2}$$

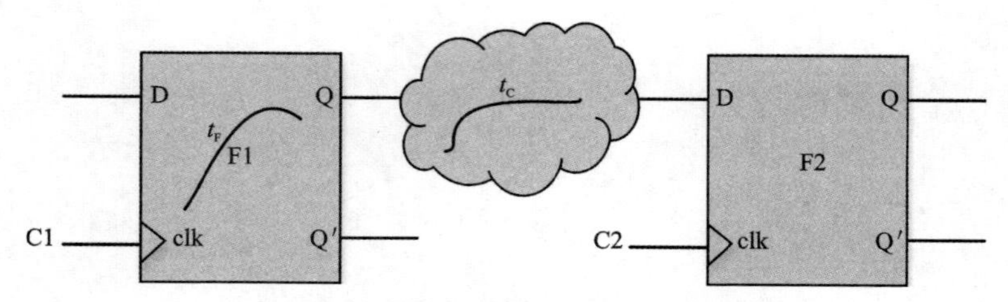

图 4.22　数据在触发器 F1 和 F2 之间传递

本章习题

1. 分别设计一个同步复位和异步复位的 D 触发器，要求复位信号 reset 为低时进行电路的复位操作，为高时进行电路的正常工作。

2. 设计一个 4 位递减计数器。要求编写代码并进行仿真。建议的框架文件已编写如下：

```
module counter (count,clk,reset) ;
input clk, reset;
output [3 : 0]count ;
endmodule
```

3. 设计一个三分频电路，要求占空比为 50%，并编写测试激励进行仿真，截取仿真图形显示电路设计正确性。

4. 设计一个具有左移和右移操作模式的 8 位寄存器。要求编写代码并进行仿真。

5. 用 Verilog 语言描述如图 4.23 所示电路。

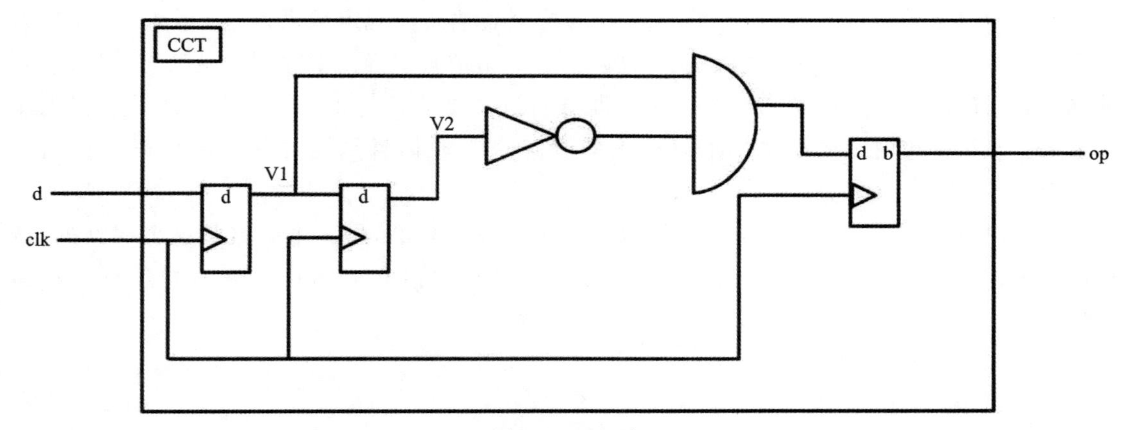

图 4.23　电路

6. 描述受时钟控制的乘法电路。其示意图如图 4.24 所示。

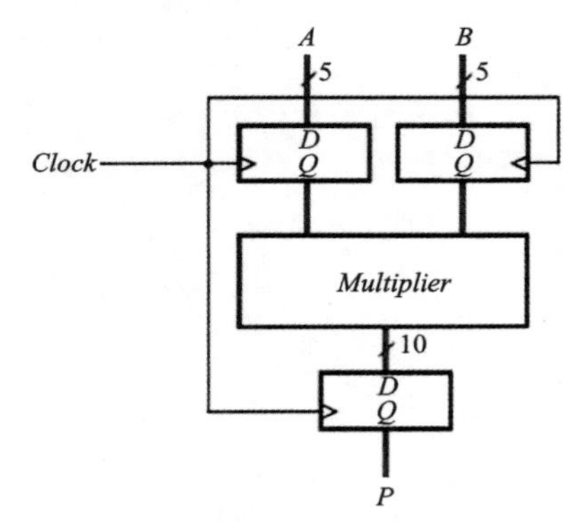

图 4.24　乘法电路

7. 如何实现 y(n)＝x(n)＋x(n－1)这个表达式？规定输入信号 x 为位宽为 8 比特的信号。要求编写其测试激励，用 Modelsim 软件得到其功能仿真的波形图。

8. 如图 4.25 所示，输入和输出信号均为位宽为 16 比特的信号。试编写测试激励，描述本电路完成的功能。

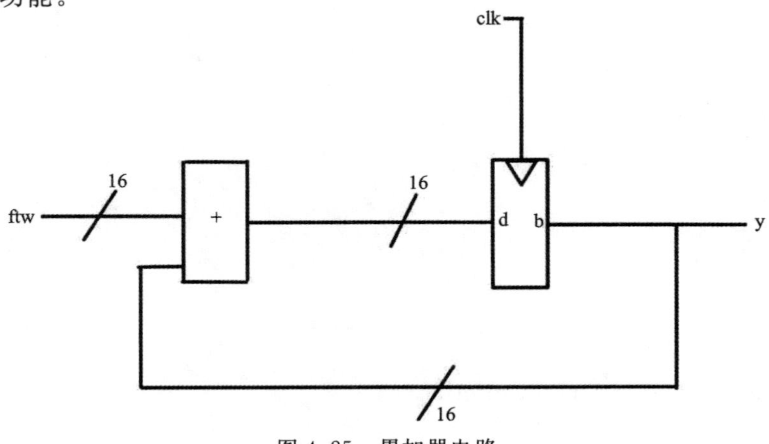

图 4.25　累加器电路

9.按照以下要求设计实现 y=a1+a2+a3 这个表达式。规定输入信号 a1,a2 和 a3 均为位宽为 16bit 的信号。编写测试激励进行验证,并贴出仿真图形。编写测试激励时,要求输入数据随着新的时钟周期的到来均发生变化即有新值。要求通过 2 个时钟周期的计算得到输出结果。在第一个时钟周期时计算 a1+a2 的值,在第二个时钟周期时再计算 a1+a2 的值与 a3 之和。

10.分析以下两个模块,其中一个模块是产生随机序列的,另一个是接收这个序列的,请描述代码是如何产生随机序列的,以及接收时代码是如何完成随机序列的同步和自动检测的。

```
module prbs7x1_gen(
input wire clk,
input wire reset,
output wire prbs_out
);
reg [6:0]   col;
wire        fb;
always@(posedge clk or posedge reset)
begin
    if(reset)
      begin
        col<=7'b1111111;
      end
    else
      begin
        col<={fb,col[6:1]};
      end
end
assign fb=col[0]^col[6];
assign prbs_out=col[6];
endmodule
module prbs7x1_chk(
input wire clk,
input wire reset,
output wire error,
input wire prbs_in
);
reg [6:0] col;
wire        fb;
always@(posedge clk or posedge reset)
begin
```

```
    if(reset)
      begin
        col<=7'b1111111;
      end
    else
      begin
        col<={prbs_in,col[6:1]};
      end
end
assign fb=(col[0]^col[6]);
assign error=(fb^prbs_in);
endmodule
```

11. 设计一个同步 FIFO 电路，其中读、写数据位宽为 8bit，深度为 32。要求给出读空或写满的指示信号。

12. 查找资料，描述什么是 setup 时间，什么是 hold on 时间，并试解释寄存器为什么要满足 setup 时间和 hold on 时间要求？

13. 分析以下 3 个电路的特征或功能。

(1)边沿检测电路。分析以下电路功能，并编写测试激励进行验证。

```
module posedge_detection (
  input  clk,
  input  rst_n,
  input  i_data_in,
  output o_rising_edge
);
reg r_data_in0;
reg r_data_in1;
assign o_rising_edge = ~r_data_in0 & r_data_in1;
always@(posedge clk, negedge rst_n) begin
if (! rst_n) begin
    r_data_in0 <= 0;
    r_data_in1 <= 0;
  end
  else begin
    r_data_in0 <= r_data_in1;
    r_data_in1 <= i_data_in;
  end
end
endmodule
```

(2)上电复位电路。时序电路里面需要复位，特别是异步复位用得比较多。但是异步复位在其上升沿时如果同时遇到时钟的上升沿，就会不满足建立时间和保持时间的要求，从而使电路进入亚稳态。为了避免亚稳态，采用异步复位、同步释放的解决方法，一般对复位做以下处理，试描述它为什么能够消除亚稳态现象。

```
module sys_rst(
  input rst_n,
  input clk,
  output reg rst_s1
);
  reg rst_s0;
  always@(posedge clk or negedge rst_n)begin
    if(! rst_n)begin
      rst_s0 <= 1'b0;
      rst_s1 <= 1'b0;
    end
    else begin
      rst_s0 <= 1'b1;
      rst_s1 <= rst_s0;
    end
  end
endmodule
```

(3)门控时钟电路。我们往往不采用图 4.26 所示的门控时钟的设计，而采用图 4.27 所示的门控时钟的设计。试分析图 4.28 及图 4.29 的门控时钟输出信号，为什么不会受到使能信号 enable 的毛刺影响，以及不受 D 触发器的亚稳态问题影响。

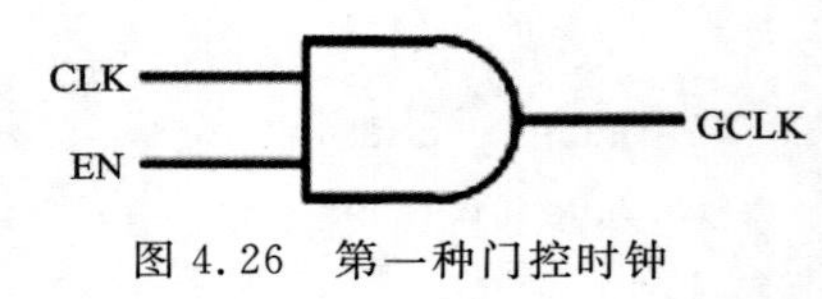

图 4.26　第一种门控时钟

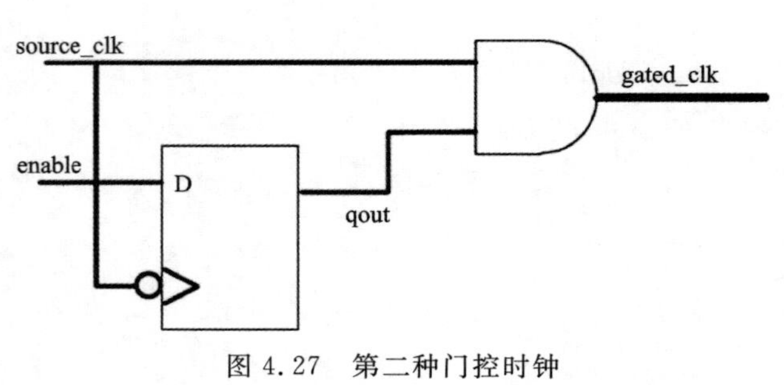

图 4.27　第二种门控时钟

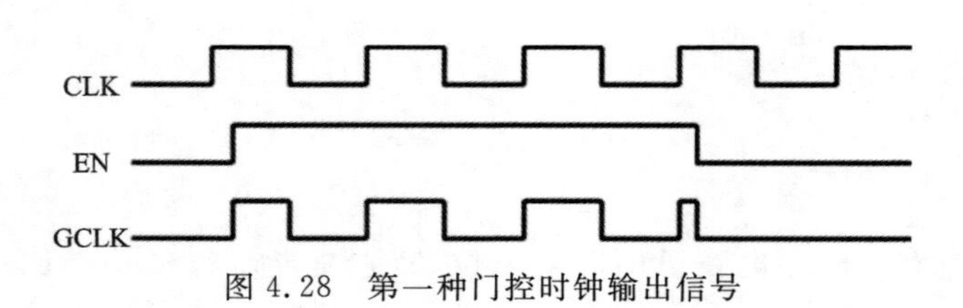

图 4.28　第一种门控时钟输出信号

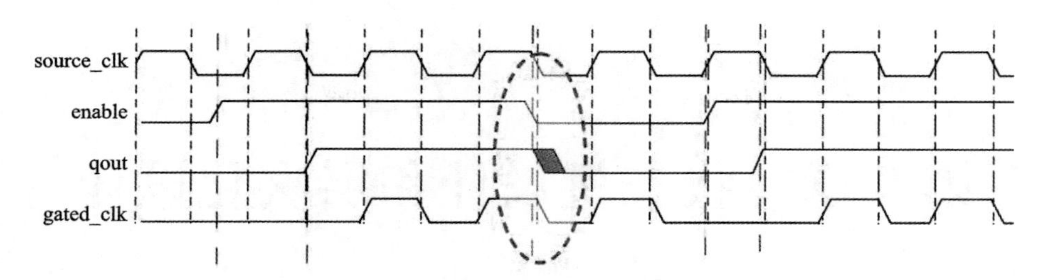

图 4.29　第二种门控时钟输出信号

第5章 状态机设计和层次化设计

本章首先给出状态机的常见描述方法，重点介绍两段法和三段法的描述方法。然后给出层次化设计概念，所谓层次化设计就是如何引用已有的设计，如何由小的设计拼接成大的设计。最后对测试激励的编写进行总结。

5.1 状态机设计

5.1.1 什么是状态机

有限状态机(Finite-State Machine，FSM)，简称状态机，是表示有限个状态以及在这些状态之间的转移和动作等行为的数学模型。状态机不仅是一种电路的描述工具，而且是一种思想方法，在电路设计的系统级和RTL级有着广泛的应用。状态机能够在有限个状态之间按一定要求和规律切换时序电路的状态。状态的切换方向不但取决于各个输入值，还取决于当前所在状态。

状态机可分为2类：Moore型状态机和Mealy型状态机。Moore型状态机的输出只与当前状态有关，与当前输入无关，如图5.1所示。输出会在一个完整的时钟周期内保持稳定，即使此时输入信号有变化，输出仍然不会变化。输入对输出的影响要到下一个时钟周期才能反映出来。

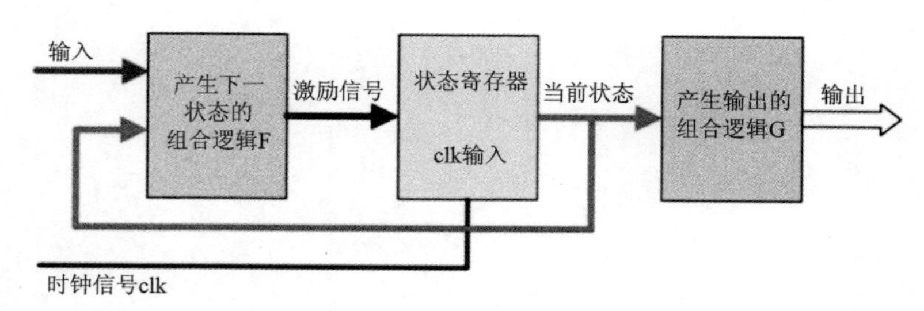

图5.1 Moore型状态机

Mealy型状态机如图5.2所示。Mealy型状态机的输出不仅与当前状态有关，还取决于当前的输入信号。Mealy型状态机的输出在输入信号变化以后立刻发生变化，且输入变化可能出现在任何状态的时钟周期内。因此，同种逻辑下，Mealy型状态机输出对输入的响应会比Moore型状态机早一个时钟周期。一般使用得多的是Moore型状态机。下文将主要描述Moore型状态机设计。

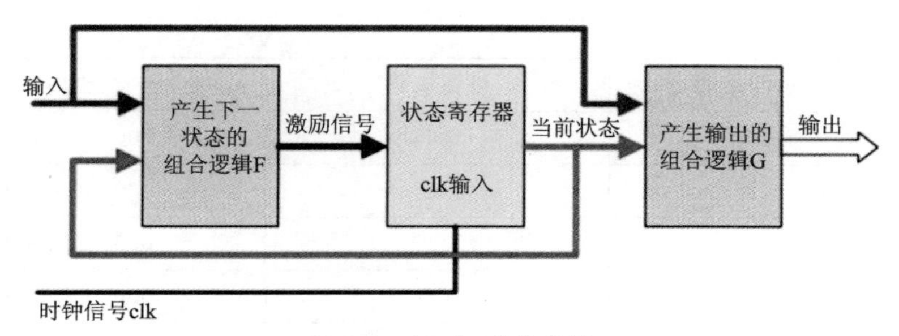

图 5.2　Mealy 型状态机

5.1.2　状态机设计方法

状态机一般采用三段式描述方法。它的具体设计思路：首先，根据状态机的状态个数确定状态编码。接着是状态机第一段，定义当前状态和下一个状态，以及描述状态寄存器的转换。然后是状态机第二段，描述状态之间的具体转换关系，根据当前状态和当前输入，确定下一个状态。最后是状态机第三段，就是给出输出信号的取值。我们可以把状态机的第二段和第三段合在一起描述，这时三段式描述方法就变换为两段式描述方法。还可以把三段合为一段进行描述，此时称为一段法。为了代码的可读性和电路的稳定性，我们一般采用三段法或两段法的描述。

首先需要确定状态机应该具有的状态个数，用 parameter 语句或 define 语句给各状态进行状态编码。状态编码可以采用二进制编码、格雷编码或独热编码。其中二进制编码利用 n 位的二进制数形成 2^n 个组合，每个组合就是一个二进制编码。这种编码的优点是使用的状态向量最少，编码方式最简单。格雷编码的特点是两个相邻的码值仅有一位不同，这样不仅能消除状态转换时由多条状态信号线的传输延迟所造成的毛刺，又可以降低功耗。独热编码对于任意给定的状态，状态寄存器中只有 1 位为 1，其余位都为 0。独热编码的最大优势在于状态比较时仅仅需要比较 1 比特，一定程度上简化了比较逻辑，减少了毛刺产生的概率(表 5.1)。

表 5.1　常见状态编码表

No	二进制编码	格雷编码	独热编码
0	0000	0000	0000000000000001
1	0001	0001	0000000000000010
2	0010	0011	0000000000000100
3	0011	0010	0000000000001000
4	0100	0110	0000000000010000
5	0101	0111	0000000000100000
6	0110	0101	0000000001000000
7	0111	0100	0000000010000000
8	1000	1100	0000000100000000

续表 5.1

No	二进制编码	格雷编码	独热编码
9	1001	1101	0000001000000000
10	1010	1111	0000010000000000
11	1011	1110	0000100000000000
12	1100	1010	0001000000000000
13	1101	1011	0010000000000000
14	1110	1001	0100000000000000
15	1111	1000	1000000000000000

我们利用宏定义语句'define 或符号常量 parameter 定义所有的状态及其对应的编码之后，还要定义现态及次态变量 current_state 和 next_state，然后就是三段式中的第一段描述，任何状态机的第一段描述都是相似的。注意，一个完备的状态机(健壮性强)应该具备初始化状态和默认状态。当芯片加电或者复位后，状态机应该进入初始化状态。同时，状态机应该包含一个默认(default)状态，当转移条件不满足或者状态发生突变时，要能保证逻辑不会陷入“死循环”。当然，默认(default)状态可以就是初始化状态。

```
parameter s0=2'b00, s1=2'b01, s2=2'b10, s3=2'b11;
reg[1:0] current_state, next_state;
always @ (posedge clk or posedge reset)
begin
  if(reset)
      current_state <= state_0;  //初始化状态设置
  else
      current_state <= next_state;   //注意,使用的是非阻塞赋值
end
```

三段式中的第二段描述是状态转换的逻辑描述。状态转换的逻辑描述是状态机的核心部分，用于控制整个状态机在状态之间的切换。第二段描述往往采用组合逻辑 always 模块描述状态转换规律。举例如下：

```
always @ (current_state or inputs) //电平触发
  begin
    case(current_state)
      ST0:描述 FSM 的函数 NS = f(ST0, I);
      ST1:描述 FSM 的函数 NS = f(ST1, I);
      ...
      STn:描述 FSM 的函数 NS = f(STn, I);
      default:描述 FSM 在缺省情形下的 NS 取值情形;
    endcase
  end
```

三段式中的第三段描述是输出信号的描述。第三段描述往往采用组合逻辑 always 模块描述信号输出。利用 case 语句判别现态的值,完成现态下的信号输出。

```
always  @ ( * )
  begin
    case (current_state)
      ST0:此种状态下的输出信号取值;
      ST1:此种状态下的输出信号取值;
      ...
      STn-1: 此种状态下的输出信号取值;
      default: 缺省情形下的输出信号取值;
   end
```

5.1.3 状态机设计举例

二进制序列检测器用来检测一串输入的二进制代码,当二进制代码与事先设定的二进制代码一致时,检测电路输出高电平,否则输出低电平。序列检测器广泛用于日常生产和生活中,如安全防盗、密码认证等加密场合,以及帧头检测等。

序列检测器中最主要的就是序列检测状态图,图 5.3 给出“101”序列检测状态图,该状态图为 Moore 型状态机的状态图。

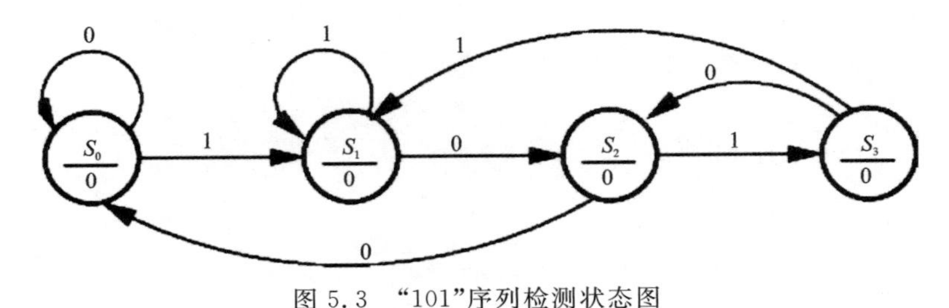

图 5.3 “101”序列检测状态图

根据电路需要记忆的信息,需设定 4 个状态。

s0:表示电路没有收到有效数据状态。

s1:表示电路收到 1 的状态。

s2:表示电路收到 10 的状态。

s3:表示电路收到 101 的状态。

根据设计要求,画出状态图如图 5.3 所示,参考代码如下:

```
module seq (clk, reset, datain, out);
input  clk, reset, datain;
output out;
parameter   s0=2'b00, s1=2'b01, s2=2'b10, s3=2'b11; //描述状态编码
reg [1 : 0]  current_state,next_state; //定义现态和次态的状态变量
always @ (posedge reset or posedge clk) //第一段:传递寄存器的状态
begin
    if (reset)
```

```
        current_state <= s0; //复位有效时,下一个状态进入初态 s0
      else
        current_state <= next_state;
  end
  always@(*) //第二段:描述状态转换逻辑
  case(current_state)
    s0: begin
          if (datain == 1)
            next_state <= s1;
          else
            next_state <= s0;
        end
    s1: begin
          if (datain == 1)
            next_state <= s1;
          else
            next_state <= s2;
        end
    s2: begin
        if (datain == 1)
            next_state <= s3;
        else
            next_state <= s0;
        end
  s3: begin
          if (datain == 1)
            next_state <= s1;
          else
            next_state <= s2;
        end
    default: next_state <= s0;
  endcase
  reg out;  //第三段:描述输出信号
  always @(current_state)
  case (current_state)
      s0:  out<=0;
      s1:  out<=0;
      s2:  out<=0;
      s3:  out<=1;
      default: out<=0;
    endcase
  endmodule
```

其参考测试激励描述如下：

```
'timescale 1ns/100ps
module  seq_tb;
  reg  clk, reset, datain;
  wire  out;
  seq  u0(.clk(clk),.reset(reset),.datain(datain),.out(out));
  always  #5  clk =~clk;
  initial
    begin
      clk=0;
      reset=1;
      #34   reset=0;
      repeat(400) @(posedge clk);
      $ stop;
    end
  reg  [31:0]  data_shift;
  always @ (negedge clk)
    if (reset)
      data_shift <= 32'b01011001110010100101100101001111;
    else
      data_shift <= {data_shift[30:0],data_shift[31]};
always @ (data_shift)
    datain = data_shift[31];
endmodule
```

下面描述其功能仿真过程。在 notepad++中新建以上两个 Verilog 文件，在文件中编辑程序文件和激励文件，如图 5.4 所示。

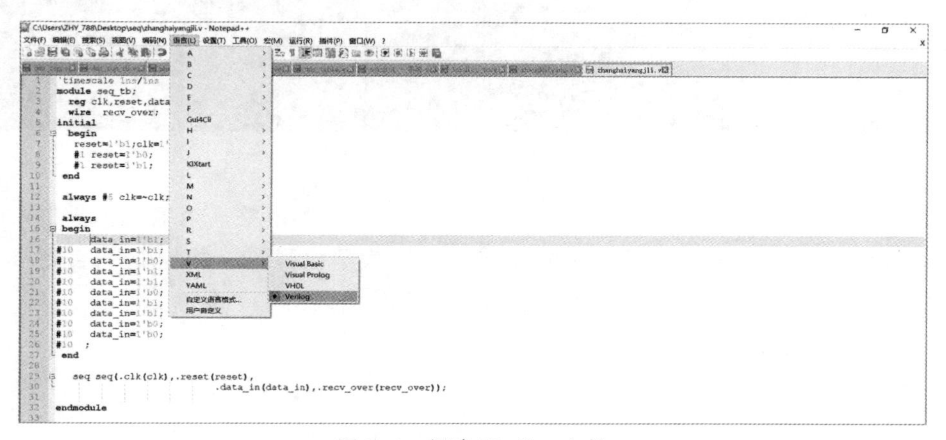

图 5.4　新建 Verilog 文件

在 Modelsim 中新建工程，并编译程序文件和激励文件，如图 5.5 所示。

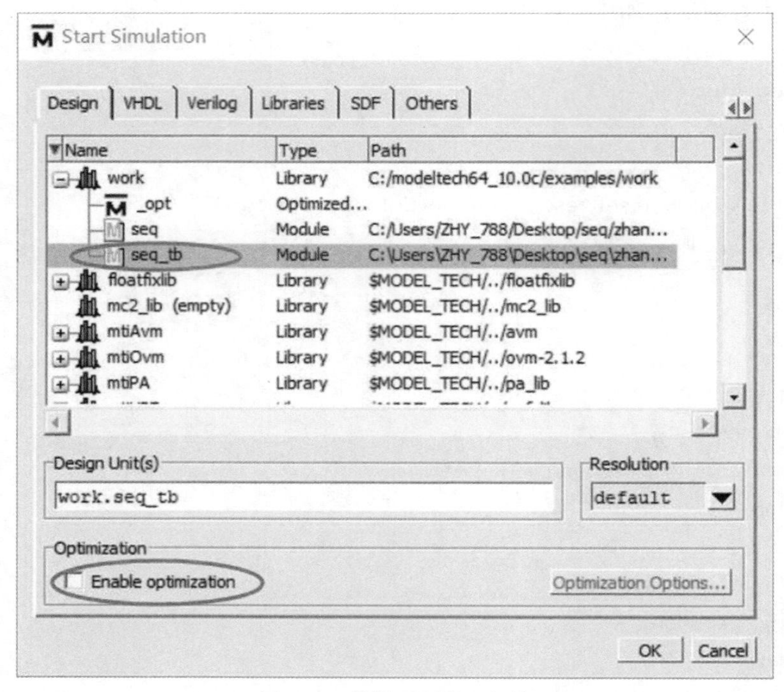

图 5.5　编译 Verilog 文件

通过时序波形工具查看输出波形是否正确，其功能仿真结果如图 5.6 所示。

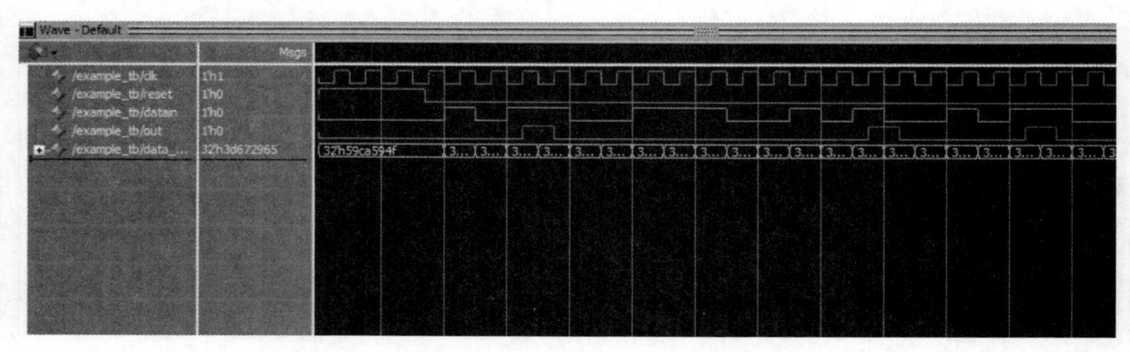

图 5.6　“101”状态机仿真结果

下面再举一个状态机设计的例子，来设计一个上升沿检测电路。当输入信号 level 从“0”变为“1”时，电路输出一个时钟周期的脉冲信号“tick”，表示检测到一个上升沿，否则 tick＝0。

如果用 Moore 型状态机来设计这个电路，其状态转换如图 5.7 所示。

该上升沿检测电路采用三段法描述如下：

```
module edgeDetector
  (
  input wire clk, reset,
  input wire level,
  output reg Moore_tick
```

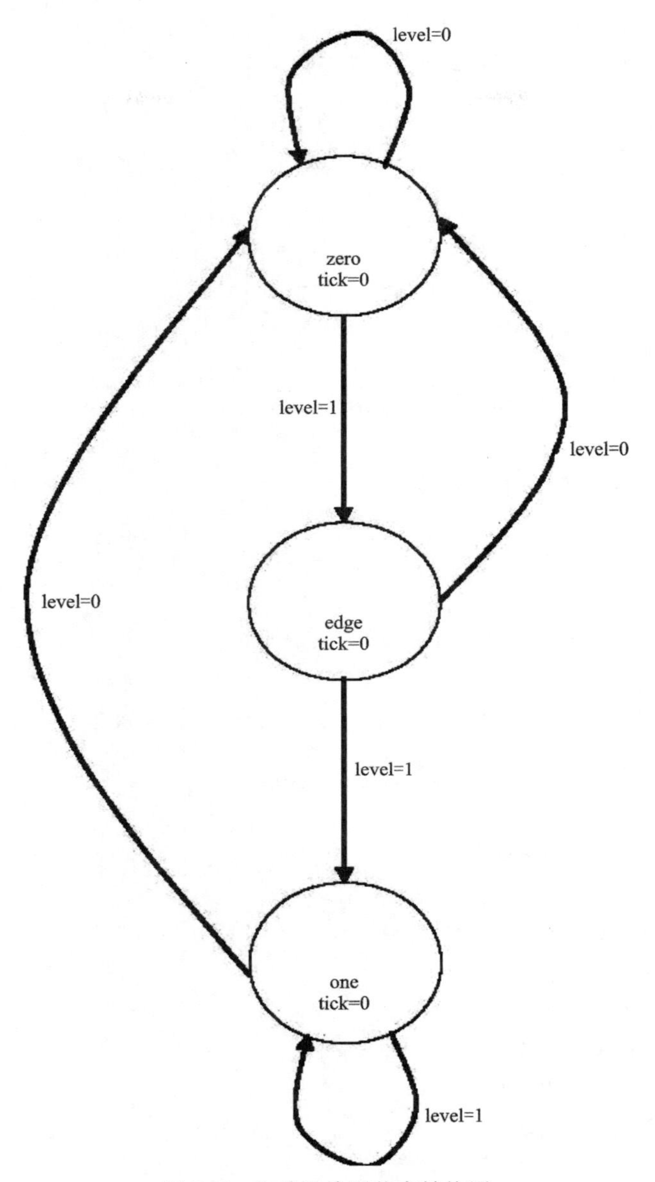

图 5.7　上升沿检测状态转换图

```
  );
localparam [1 : 0] // 3 states are required for Moore
zeroMoore = 2'b00,
edgeMoore = 2'b01,
oneMoore = 2'b10;
reg[1 : 0] stateMoore_reg, stateMoore_next;
always @(posedge clk, posedge reset)
begin
if(reset) // go to state zero if reset
```

```
    stateMoore_reg <= zeroMoore;
  else // otherwise update the states
    stateMoore_reg <= stateMoore_next;
  end
  always @(stateMoore_reg, level)
    case(stateMoore_reg)
      zeroMoore: begin
              if(level)
                    stateMoore_next = edgeMoore;
              else
                  stateMoore_next = zeroMoore;
            end
      edgeMoore: begin
            if(level)
                    stateMoore_next = oneMoore;
            else
                  stateMoore_next = zeroMoore;
          end
      oneMoore:  begin
            if(level)
                    stateMoore_next = oneMoore;
            else
                  stateMoore_next = zeroMoore;
        end
      default: stateMoore_next = oneMoore;
    always @(stateMoore_reg)
     case (stateMoore_reg)
      zeroMoore:   Moore_tick = 0;
      edgeMoore:   Moore_tick = 1;
      oneMoore:    Moore_tick = 0;
      default:     Moore_tick = 0;
     endcase
  endmodule
```

该上升沿检测电路用 Moore 型状态机来设计，采用两段法描述如下。注意，两段法描述时，把第二段和第三段的描述合在一起，不影响电路功能，只是代码紧凑一些。

```
  module edgeDetector
    (
    input wire clk, reset,
    input wire level,
    output reg Moore_tick
    );
```

```
localparam [1 : 0] // 3 states are required for Moore
zeroMoore = 2'b00,
edgeMoore = 2'b01,
oneMoore = 2'b10;
reg[1 : 0] stateMoore_reg, stateMoore_next;
always @(posedge clk, posedge reset)
begin
if(reset) // go to state zero if reset
  stateMoore_reg <= zeroMoore;
else // otherwise update the states
  stateMoore_reg <= stateMoore_next;
end
always @(stateMoore_reg, level)
  case(stateMoore_reg)
    zeroMoore: begin
          Moore_tick = 0;
          if(level)
                stateMoore_next = edgeMoore;
          else
              stateMoore_next = zeroMoore;
        end
    edgeMoore: begin
          Moore_tick = 1;
          if(level)
                stateMoore_next = oneMoore;
          else
              stateMoore_next = zeroMoore;
        end
    oneMoore:  begin
           Moore_tick = 0;
           if(level)
                stateMoore_next = oneMoore;
           else
              stateMoore_next = zeroMoore;
          end
    default: begin
          Moore_tick = 0;
          stateMoore_next = oneMoore;
         end
endmodule
```

5.2 层次化设计

5.2.1 模块例化方法

Verilog HDL 程序是由模块构成的，每个模块的内容都嵌在 module 和 endmodule 两个语句之间。每个模块都要进行端口定义，并说明输入/输出端口，然后对模块的功能进行行为逻辑描述。模块(module)是 Verilog HDL 最基本的概念和最常用的基本单元，用于描述某个设计的功能或结构。一个 Verilog 文件可以包含多个模块，但为了便于管理，一般建议一个 Verilog 文件实现一个模块。模块的本质是代表硬件电路的逻辑实体，每个模块都实现特定的功能。

例如一个 2 输入加法器的模块就对应一个 2 输入加法电路，同样可以被所有需要实现 2 输入加法的模块调用。需要引起注意的是，模块对应的硬件电路之间是并行运行和分层次的，高层模块通过调用、连接低层模块的实例以实现复杂的功能。如果要将几个功能模块连接成一个大的电路，则需要一个上层模块将所有的子模块连接起来，这一上层模块被称为顶层模块(top module)。

在一个模块中引用另一个模块，对其端口进行相关连接，叫作模块例化。模块例化又称作程序调用，指将已存在的 Verilog HDL 模块作为当前设计的一个组件，通过模块或程序例化，可在顶层模块中，将各子模块用 Verilog HDL 语言连接起来，逐次封装，形成最终的顶层文件，以满足系统要求。模块例化建立描述的层次。Verilog HDL 语言主要有两种模块调用方法：信号名映射法和位置映射法。

信号名映射法。这种方法将需要例化的模块端口与外部信号按照其名字进行连接，端口顺序随意，可以与引用 module 的声明端口顺序不一致，只要保证端口名字与外部信号匹配即可。下面是例化一位全加器的例子：

```
full_adder1  u_adder(
    .Ai      (a[0]),
    .Bi      (b[0]),
    .Ci      (c==1'b1 ? 1'b0 : 1'b1),
    .So      (so_bit0),
    .Co      (co_temp[0])
  );
```

如果某些输出端口并不需要在外部连接信号，例化时可以悬空不连接，甚至删除。一般来说，input 端口在例化时不能删除，否则编译报错，output 端口在例化时可以删除。例如：

```
//output 端口 Co 悬空
full_adder1  u_adder(
    .Ai      (a[0]),
    .Bi      (b[0]),
    .Ci      (c==1'b1 ? 1'b0 : 1'b1),
    .So      (so_bit0),
```

```
        .Co       ()
    );
    //output 端口 Co 删除
    full_adder1  u_adder0(
        .Ai      (a[0]),
        .Bi      (b[0]),
        .Ci      (c==1'b1 ? 1'b0 : 1'b1),
        .So      (so_bit0)
    );
```

还有一种例化方法就是位置映射法。这种方法将需要例化的模块端口按照模块声明时端口的顺序与外部信号进行匹配连接，位置要严格保持一致。例如例化一位全加器的代码可以改为：

```
    full_adder  u_adder( a[1], b[1], co_temp[0], so_bit1, co_temp[1] );
```

这种位置映射法虽然从代码书写上可能会占用相对较少的空间，但代码可读性降低，不易于调试。有时候在大型的设计中可能会有很多个端口，端口信号的顺序有时会有所改动，此时利用位置映射法进行模块例化，显然是不方便的。所以建议平时多采用信号名映射法对模块进行例化。

模块例化时，如果某些信号不需要与外部信号进行连接交互，我们可以将其悬空，即端口例化处保留空白即可，上述例子中有提及。output 端口正常悬空时，我们甚至可以在例化时将其删除。input 端口正常悬空时，悬空信号的逻辑功能表现为高阻状态（逻辑值为 z）。但是，例化时一般不能将悬空的 input 端口删除，否则编译会报错。当例化端口与连接信号位宽不匹配时，端口会通过无符号数的右对齐或截断方式进行匹配。

此外，当一个模块被另一个模块引用例化时，高层模块可以对低层模块的参数值进行改写。这样就允许在编译时将不同的参数传递给多个相同名字的模块，而不用单独为参数不同的多个模块新建文件。下面给出一个 Verilog 带参数例化的示例：

```
    ram  #( .AW(4),  .DW(4) )
        u_ram (
            .CLK     (clk),
            .A       (a[AW-1:0]),
            .D       (d),
            .EN      (en),
            .WR      (wr),     //1 for write and 0 for read
            .Q       (q)
        );
```

原来的参数化的 ram 设计代码如下：

```
    module  ram
        #(  parameter        AW = 2 ,
            parameter        DW = 3 )
        (
            input                        CLK ,
```

```
        input [AW-1 : 0]            A ,
        input [DW-1 : 0]            D ,
        input                       EN ,
        input                       WR ,      //1 for write and 0 for read
        output reg [DW-1 : 0]       Q
    );
    reg [DW-1 : 0]            mem [0 : (1<<AW)-1] ;
    always @(posedge CLK) begin
        if (EN && WR) begin
            mem[A]  <= D ;
        end
        else if (EN && ! WR) begin
            Q        <= mem[A] ;
        end
    end
endmodule
```

5.2.2 层次化设计

层次化设计，简单来讲就是在利用 Verilog HDL 语言来编写程序实现相应功能时，不需要把所有的功能写在一个模块中。如果将系统中所有功能都放在一个模块中，那么不方便进行错误检查、功能验证和调试等。层次化设计的基本思想是分模块、分层次地进行设计描述。描述系统总功能的模块为顶层模块，描述系统中较小单元的功能模块为子模块，顶层模块是由各个子模块拼接而成的。当顶层模块要用到子模块时，往往通过把子模块例化的方式引用到顶层模块之中。接下来举例说明层次化设计概念。假设我们已实现一个 8 位位宽的全加器电路设计，其代码如下：

```
module ADD8 ( A, B, Ci, S, Co );
input    [7 : 0]    A, B;
input               Ci;
output   [7 : 0]    S;
output              Co;
assign  { Co, S } = A + B + Ci;
endmodule
```

现在我们要用两个现成的 8 位位宽的全加器电路来拼接和实现一个 16 位位宽的全加器电路。那么，如何通过已有的子模块设计得到一个新的大的设计呢？通过分析，按照如图 5.8 所示的连接就能得到 16 位位宽的全加器电路。

由图 5.8 可以直观地看出，外部输入信号端口 a 和 b 分为高 8 位和低 8 位分别进入两个模块运算，最终合并输出为 16 位输出信号 s。

由两个 8 位位宽的全加器电路合成一个 16 位位宽的全加器电路的参考代码如下：

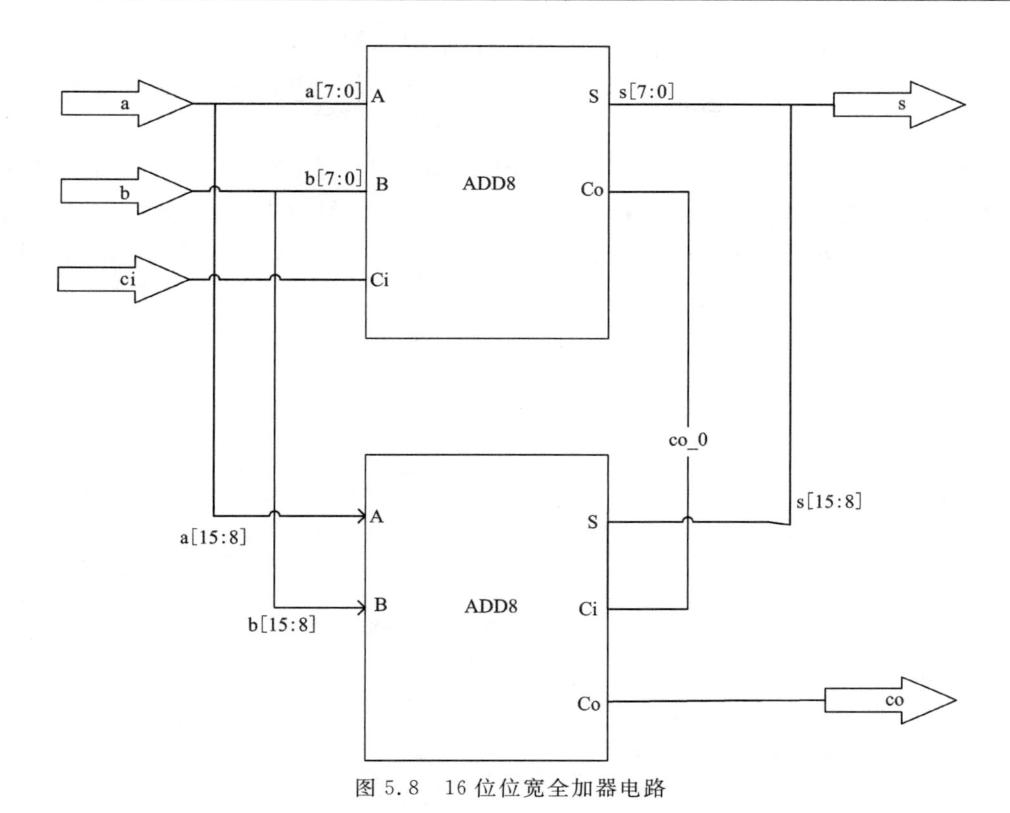

图 5.8　16 位位宽全加器电路

```
module add16 (a, b, ci, s, co );
input          ci;
input  [15 : 0]  a,b;
output [15 : 0]  s;
output         co;
ADD8   add8_0(
    .A(a[7 : 0]),
    .B(b[7 : 0]),
    .S(s[7 : 0]),
    .Ci(ci),
    .Co(co_0)
    );
ADD8   add8_1(
    .A(a[15 : 8]),
    .B(b[15 : 8]),
    .S(s[15 : 8]),
    .Ci(co_0),
    .Co(co)
    );
endmodule
```

从上面代码就可以看出顶层文件和模块文件的不同，模块文件是不同模块的具体实现，而顶层文件是使用子模块进行例化，通俗来说就是把子模块拼接起来，组成一个更大的电路模块。

假设已有一个128×8的ROM设计，即ROM有128个存储单元，每个单元存储一个8位位宽的数据，其参考代码如下。如果用两个这样的ROM来拼接完成一个128×16的ROM设计，即ROM有128个存储单元，每个单元存储一个16位位宽的数据，试写出其描述代码，注意连线关系。

```
module rom2L8 (
    Q,
    CLK,
    EN,
    Addr
);
    parameter   BITS = 8;
    parameter   word_depth = 128;
    parameter   addr_width = 7;
    output [7:0] Q;
    input CLK;
    input EN;//使能信号
    input [6:0] Addr;
    reg [BITS-1:0]   mem [word_depth-1:0];
```

5.3 测试激励编写

Verilog代码设计完成后，还需要完成重要的步骤，即逻辑功能仿真。仿真激励文件称为testbench，放在各个设计模块的顶层，以便对模块进行系统性的例化调用和仿真。对设计进行功能仿真和时序仿真时，需要给待测模块提供激励输入。对于由Verilog语言描述的设计模块，最好的方法自然同样是用Verilog语言对待测模块施加激励和检测模块的输出响应。实际应用中，Verilog测试平台(testbench)就是用来提供上述功能的。Verilog测试平台是一个例化的待测Verilog模块，可以给它施加激励并观测其输出。

5.3.1 基本测试激励编写

测试模块只有模块名，没有端口列表。测试模块向待测模块施加激励信号，激励信号必须定义为reg型。待测模块在激励作用下产生输出，输出信号必须定义为wire型。测试模块将输出信号按规定的格式以文本或图形输出，供用户检测。在测试模块中调用待测模块，在调用时应注意端口排列的顺序与模块定义时一致。一般用always、initial等过程块来定义激励信号，使用系统任务和系统函数来定义输出格式。在激励信号的描述中，可使用if-else，for，forever，case，while，repeat，wait，disable，force，release，begin-end，fork-join等控制语句。下面的Verilog代码显示如何在测试平台中生成时钟和复位信号。

```
    // generate the clock
    initial begin
      clk = 1'b0;
      forever #1 clk = ~clk;
    end
    // generate the reset
    initial begin
     reset = 1'b1;
       #10
     reset = 1'b0;
    end
```

简单的输入信号用 initial 描述举例如下：

```
localparam period = 20;
initial    // initial block executes only once
begin
  // values for a and b
  a = 0;
  b = 0;
  #period; // wait for period
  a = 0;
  b = 1;
  #period;
  a = 1;
  b = 0;
  #period;
  a = 1;
  b = 1;
  #period;
end
```

测试激励还可以用 always 语句来描述，以及可以添加系统任务等，下面是一个一位比较器的测试激励示例，可以自行判断和验证仿真结果的正确与否。

```
'timescale 1 ns/10 ps // time-unit = 1 ns, precision = 10 ps
module half_adder_procedural_tb;
reg a, b;
wire sum, carry;
// duration for each bit = 20 * timescale = 20 * 1 ns = 20ns
localparam period = 20;
half_adder UUT (.a(a), .b(b), .sum(sum), .carry(carry));
reg clk;
// note that sensitive list is omitted in always block
// therefore always-block run forever
```

```
// clock period = 2 ns
always
begin
clk = 1'b1;
#20; // high for 20 * timescale = 20 ns
clk = 1'b0;
#20; // low for 20 * timescale = 20 ns
end
always @(posedge clk)
begin
// values for a and b
a = 0;
b = 0;
#period; // wait for period
// display message if output not matched
if(sum ! = 0 || carry ! = 0)
$display("test failed for input combination 00");
a = 0;
b = 1;
#period; // wait for period
if(sum ! = 1 || carry ! = 0)
$display("test failed for input combination 01");
a = 1;
b = 0;
#period; // wait for period
if(sum ! = 1 || carry ! = 0)
$display("test failed for input combination 10");
a = 1;
b = 1;
#period; // wait for period
if(sum ! = 0 || carry ! = 1)
$display("test failed for input combination 11");
a = 0;
b = 1;
#period; // wait for period
if(sum ! = 1 || carry ! = 1)
$display("test failed for input combination 01");
$stop; // end of simulation
end
endmodule
```

5.3.2 通过文件传输信号

有时我们可以从一个文件读入输入信号的数据，或者把输出信号的数值作为数据存储到文件。从一个文件读入输入信号的数据，参考以下代码：

```
// read_file_ex.v
// note that, we need to create Modelsim project to run this file,
// or provide full path to the input-file i.e. adder_data.txt
'timescale 1 ns/10 ps // time-unit = 1 ns, precision = 10 ps
module read_file_ex;
reg a, b;
// sum_expected, carry_expected are merged together for understanding
reg[1 : 0] sum_carry_expected;
// [3 : 0] = 4 bit data
// [0 : 5] = 6 rows in the file adder_data.txt
reg[3 : 0] read_data [0 : 5];
integer i;
initial
begin
// readmemb = read the binary values from the file
// other option is 'readmemh' for reading hex values
// create Modelsim project to use relative path with respect to project directory
$readmemb("input_output_files/adder_data.txt", read_data);
// or provide the compelete path as below
// $readmemb("D:/Testbences/input_output_files/adder_data.txt", read_data);
// total number of lines in adder_data.txt = 6
for (i=0; i<6; i=i+1)
begin
// 0_1_0_1 and 0101 are read in the same way, i.e.
//a=0, b=1, sum_expected=1, carry_expected=0 for above line;
// but use of underscore makes the values more readable.
{a, b, sum_carry_expected} = read_data[i]; // use this or below
// {a, b, sum_carry_expected[0], sum_carry_expected[1]} = read_data[i];
#20; // wait for 20 clock cycle
end
end
endmodule
```

把输出信号的数值作为数据存储到一个文件，参考以下代码：

```
// write_file_ex.v
// note that, we need to create Modelsim project to run this file,
// or provide full path to the input-file i.e. adder_data.txt
'timescale 1 ns/10 ps // time-unit = 1 ns, precision = 10 ps
```

```
module write_file_ex;
reg a, b, sum_expected, carry_expected;
// [3:0] = 4 bit data
// [0:5] = 6 rows in the file adder_data.txt
reg[3:0] read_data [0:5];
integer write_data;
integer i;
initial
begin
// readmemb = read the binary values from the file
// other option is 'readmemh' for reading hex values
// create Modelsim project to use relative path with respect to project directory
$readmemb("input_output_files/adder_data.txt", read_data);
// or provide the compelete path as below
// $readmemb("D:/Testbences/input_output_files/adder_data.txt", read_data);
// write data : provide full path or create project as above
write_data = $fopen("input_output_files/write_file_ex.txt");
for (i=0; i<6; i=i+1)
begin
{a, b, sum_expected, carry_expected} = read_data[i];
#20;
// write data to file using 'fdisplay'
$fdisplay(write_data, "%b_%b_%b_%b", a, b, sum_expected, carry_expected);
end
$fclose(write_data); // close the file
end
endmodule
```

下面再给出一个从文件中读取数据的测试激励。

```
module fir_exampl_tb;
reg              clk;
reg              rst_n;
reg    [15:0]    data_in;
wire[15:0]       data_out;
fir_example U0(clk, rst_n, data_in, data_out);
always #5 clk = ~clk;
initial begin
    clk = 1'b0;
    rst_n = 1'b0;
    #513 rst_n = 1'b1;
    #200000 $stop;
end
integer fid;
```

```
integer i;
reg    [15:0]    din_mem;
initial begin
   fid = $fopen("./input.txt","r");
end
always @(negedge clk or negedge rst_n)begin
      if(~rst_n)
         i=0;
      else
         i= $fscanf(fid,"%d\n",din_mem);
end
always @(posedge clk or negedge rst_n)begin
   if (! rst_n)
      data_in <=0;
   else
      data_in <=din_mem;
end
endmodule
```

总之，测试激励编写和电路描述一样重要，要掌握风格各异的测试激励编写方法，学会从文件中读取输入信号，以及添加系统任务等。

本章习题

1. 参考书中代码，试用状态机设计方法编写一个下降沿检测电路。

2. 参考书中代码，对代码和测试激励进行改写，实现"110"序列检测器电路代码，以及测试激励，并用 Modelsim 进行仿真，验证设计正确性。

3. 试用有限状态机之外的方法设计这个"110"序列检测器电路，用与上面一样的测试激励测试这个新的实现代码(提示：用移位寄存器)。

4. 描述如图 5.9 所示的电路。

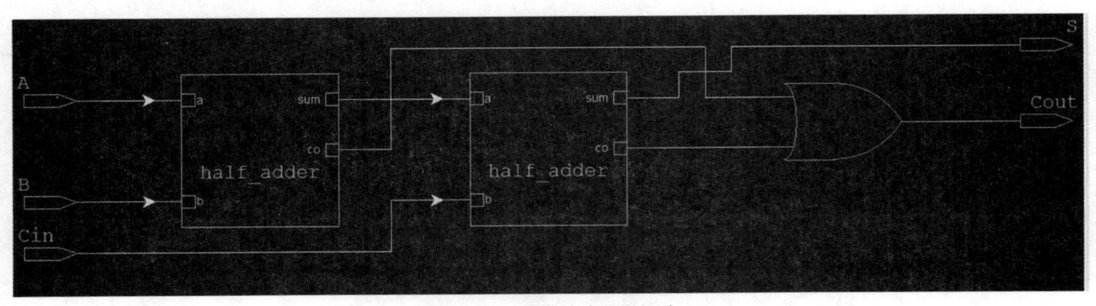

图 5.9　一位全加器电路

5.用两个4bit的全加器实现一个8bit的全加器。要求编写代码,并用debussy显示代码对应的电路原理图。其中4bit的全加器模块名和端口信号定义如下:

```
module Full_Adder4 (Ain, Bin, Cin, Sum, Cout);
  input   [3:0]   Ain, Bin;
  input           Cin;
  output [3:0]    Sum;
  output          Cout;
    assign {Cout Sum}=Ain+Bin+Cin;
endmodule
```

6.阅读以下代码,学习如何通过数据文件对寄存器存储内容进行初始化。假设这个存储器里面要存储一个周期的正弦波信号波形,应该如何产生数据文件呢?

```
module DDS_Table(
    input rst,
    input clka,
    input [9:0] addra,
    output [15:0] douta
    );
    reg[15:0]   mem[0:1023];//存储器定义
    reg[15:0]   douta;
    always @(posedge clka or posedge rst)
    if(rst)
        douta <= 16'b0;
    else
        douta <= mem[addra];
initial $readmemh("../rom_data.hex",mem); //从文件中读入数据
endmodule
```

第 6 章　SPI 接口电路设计

SPI 接口电路是一种常用的接口电路，是一种并行数据的串行传输方式，遵守一定的协议规范。本章描述 SPI 接口的基本特征和一种实现方法，供大家设计参考。

任何大型、复杂的数字系统归根结底都是组合逻辑电路和时序逻辑电路的简单堆砌，再配合一些例如状态机等控制电路，便可以设计出一套复杂的数字系统。大家在掌握基本的组合电路和时序电路设计的基础上，设计功能较为复杂的数字电路就是一件水到渠成的事情，不会有多大障碍或困难。本章选取通信系统中几个典型电路或系统的设计，值得大家去搞通搞透，这对大家以后的设计工作提供较大的参考价值。

6.1　SPI 接口电路概述

所谓接口电路，就是芯片之间或者芯片和外围电路之间进行数据传输的电路。两个器件之间进行数据传输，是要遵守一定的通信规范/协议，并有特定硬件/电路支持的，否则不可能完成数据传输或信息交换任务。现在假设控制设备 A 要向其他设备 B 传输一个字节的数据，具体值为 8'b10100110。一般来说，有两种传输方式，一是并行传输，二是串行传输。如图 6.1所示，可以用 8 根信号线来传输这 8bit 数据，这种传输方式是并行传输。如图 6.2 所示，我们还可以用 1 根信号线来传输这 8bit 数据，就是把要传输的 8bit 数据排成一行，然后 1 比特 1 比特传输出去，这种传输方式叫串行传输。

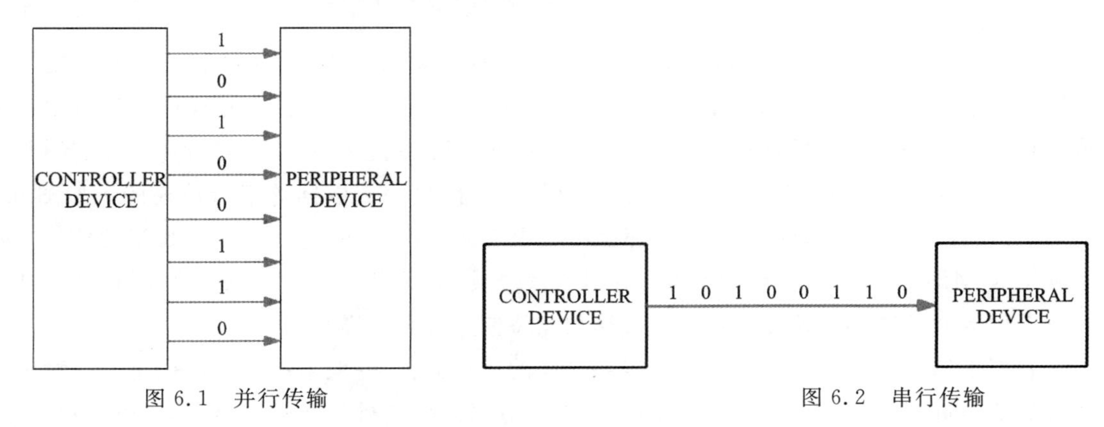

图 6.1　并行传输　　　图 6.2　串行传输

显然，串行传输时，还有几个问题需要考虑。一是数据传输的开始和结束指示，二是数据的传输顺序，三是单个数据的持续时间。

首先我们要知道数据传输什么时候开始、什么时候结束。数据传输从开始到结束，我们称之为一个传输周期。至于一个传输周期传输多少比特信息，可以由用户自行定义。怎么知道数据传输的开始和结束呢？例如我们可以定义，当信号线电平由高变低，且低电平持续一定时间，即表示数据传输开始，诸如此类。我们可以专门安排一根信号线，当这根信号线的电平从高变低时，即开始数据传输。当这根信号线的电平从低变高时，即结束数据传输。在数据传输期间，这根信号线要一直维持低电平。

我们要传输 8'b10100110 这个字节的数据，是先传输它的最高位“1”还是先传输它的最低位“0”呢？这里存在一个数据传输顺序的问题，如果先传输最高位，然后次高位，直到最低位，这种传输方式叫 MSB(Most Significant Bit)First 传输方式，否则叫 LSB(Least Significant Bit)First 传输方式。一般我们默认是先传输最高位，即 MSB First 传输方式。

串行传输时，怎么把每个比特的信息区分开来呢？就是说，每个比特信息要持续多久时间呢？我们可以事先约定，比如每位比特信息要占用 1s 时间，一个字节传输总共需要 8s 时间。我们还可以额外添加一根时钟信号线，根据这个时钟的上升沿或下降沿对数据传输线进行采样，如图 6.3 所示。利用时钟的下降沿对信号线进行采样，从而得到信号线的各位比特信息。我们一般用信号的上升沿对数据进行采样。

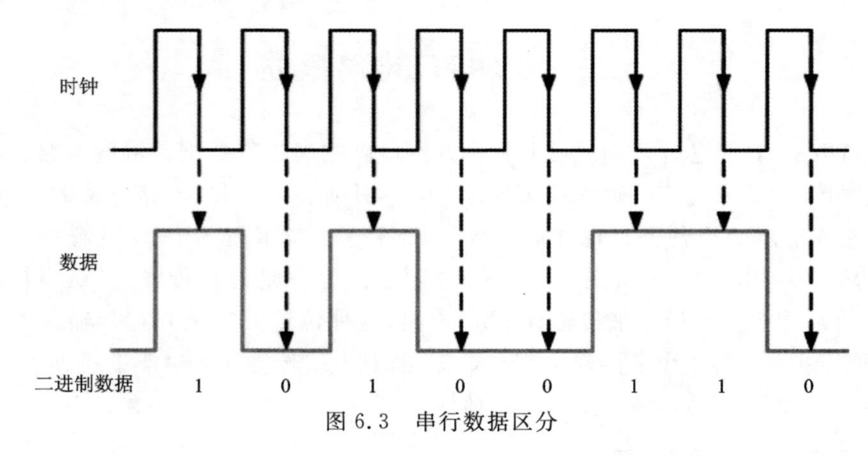

图 6.3　串行数据区分

SPI 是串行外设接口(Serial Peripheral Interface)，常常应用在 CPU 和外围器件之间进行同步串行数据传输。它是一种全双工、同步的通信总线，并且在芯片的管脚上只占用 3 根或 4 根线，具有简单易用的特性，如今越来越多的芯片已集成这种通信接口，在微控制器和通信芯片中广泛存在。SPI 接口是用 3 根或 4 根线配合，来完成数据的串行传输的。如图 6.4 所示，假设在时钟的下降沿采样数据，那么由 3 根线配合，完成的是一个 8 位数据的传输。除了数据线 MISO/MOSI 之外，SPI 还有专门的信号线 SS 来指示数据传输的开始和结束，SPI 还有专门的时钟线 SCLK 方便用户对传输的比特信息进行采样和判决。

我们是通过 SCLK 的边沿采样来得到具体的比特数据，一般采用 SCLK 的上升沿对传输的数据信号进行采样，当然还可以采用下降沿对数据信号进行采样或输出，具体由用户决定。根据 SCLK 初始电平的高低以及边沿采样特征，可以把 SPI 接口电路的工作模式分为 4 种，分别为 mode0、mode1、mode2、mode3。它们的示意图分别如图 6.5～图 6.8 所示。其中

mode0 表示 SCLK 是上升沿采样，其电平初始值为低电平。mode1 表示 SCLK 是下降沿采样，其电平初始值为低电平。mode2 表示 SCLK 是下降沿采样，其电平初始值为高电平。mode3 表示 SCLK 是上升沿采样，其电平初始值为高电平。就是说，SPI 工作模式是按照时钟信号的特征来进行分类的，它们对设计影响不大，我们知道有这几种分类即可。

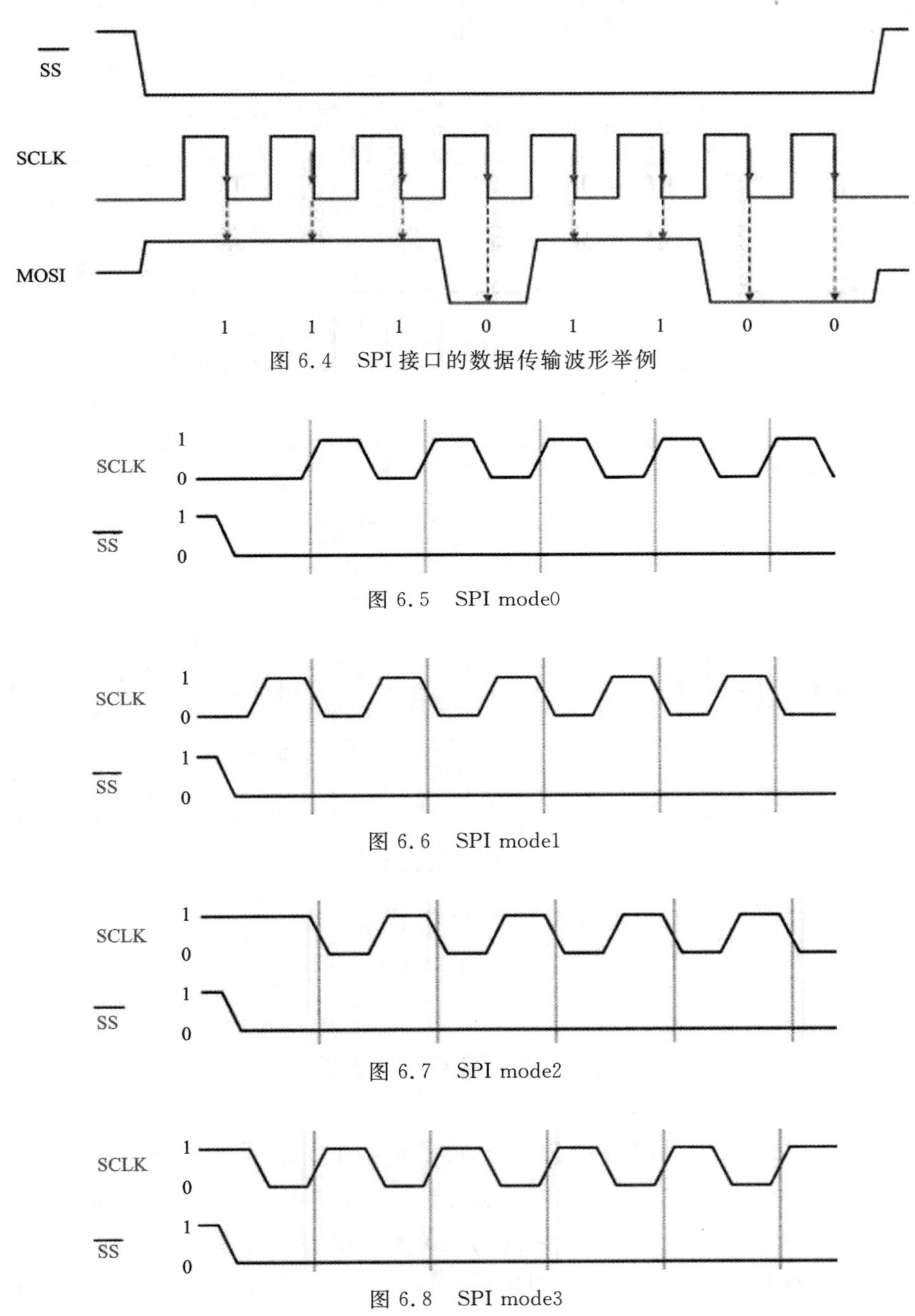

图 6.4　SPI 接口的数据传输波形举例

图 6.5　SPI mode0

图 6.6　SPI mode1

图 6.7　SPI mode2

图 6.8　SPI mode3

接口电路还有发送端和接收端之分，即主从之分。所谓主(Master)电路就是发送端电路，所谓从(Slave)电路就是接收端电路。不管哪种类型的SPI电路，要真正理解SPI的数据传输过程或原理，必须看得懂波形图。假设设备A要传输16位数据给设备B，且是时钟下降沿采样，那么SPI几根线对应的波形图应该如图6.9所示。反之，假设设备A要从设备B获取16位数据，且是时钟下降沿采样，那么SPI几根线对应的波形图应该如图6.10所示。即A向B传输数据时，是采样DIN信号线的数据。A从B获取数据时，是采样DOUT信号线的数据。在图6.9、图6.10的举例中，在整个传输周期，要么是A向B传输数据，要么是A从B获取数据。但是，在有些实际应用场合，在一个传输过程中，既需要A向B传输数据，又需要A从B获取数据，这时就往往用到4根线，即CS、SCLK、DIN(一般也叫SDI或MOSI)、DOUT(一般也叫SDO或MISO)。

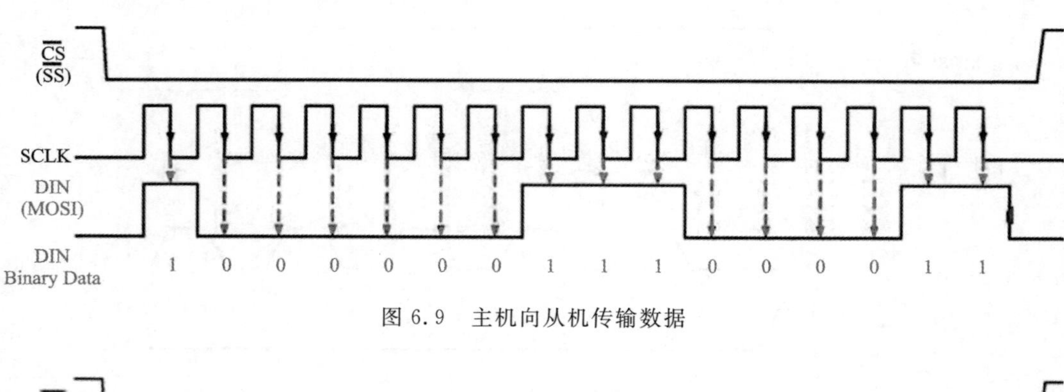

图6.9　主机向从机传输数据

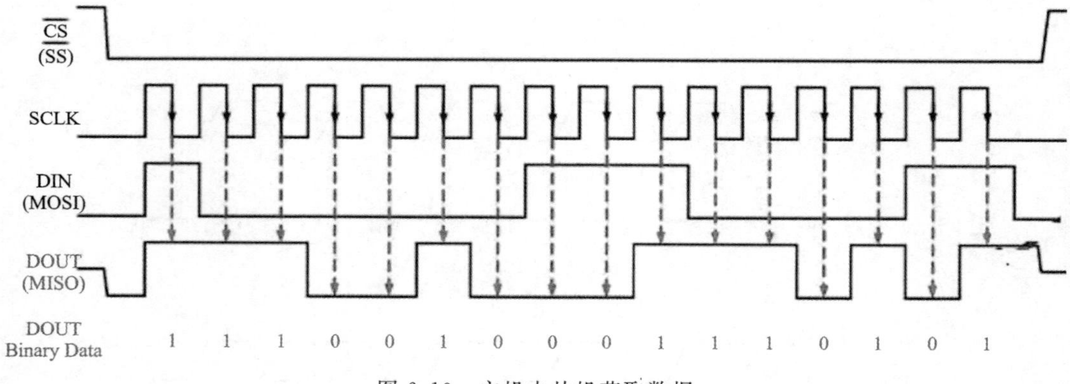

图6.10　主机由从机获取数据

6.2　SPI接口电路设计

下面给出一种SPI接口的常见应用场合，如图6.11所示。一般芯片里面都有存储器，假设某芯片内有一个64×8的RAM存储器，如果我们要对芯片内的这个RAM直接进行读写操作，就必须在芯片管脚里专门给这个芯片内的RAM分配23个管脚(分别用于8根输入数据线、8根输出数据线、6根地址线和1根读写控制线)。而实际上我们在芯片内添加一个SPI接口电路，就可以通过4根管脚/引线对片内RAM进行读写操作。在这种应用情况下，SPI接口电路完成的功能，其实就是把串行输入的数据转换为读写RAM需要的并行地址信号、并行数据信号和读写控制信号，用 4 根线完成原来需要 23 根引线才能完成的事情，这样可以节省芯片引脚，降低芯片成本，因为芯片多一个引脚就会多一点成本。复杂一点的芯片里面都有存储模块，因此复杂芯片里面都包含 SPI 模块电路，学习和掌握 SPI 接口电路是进行芯片设计的必备基础。

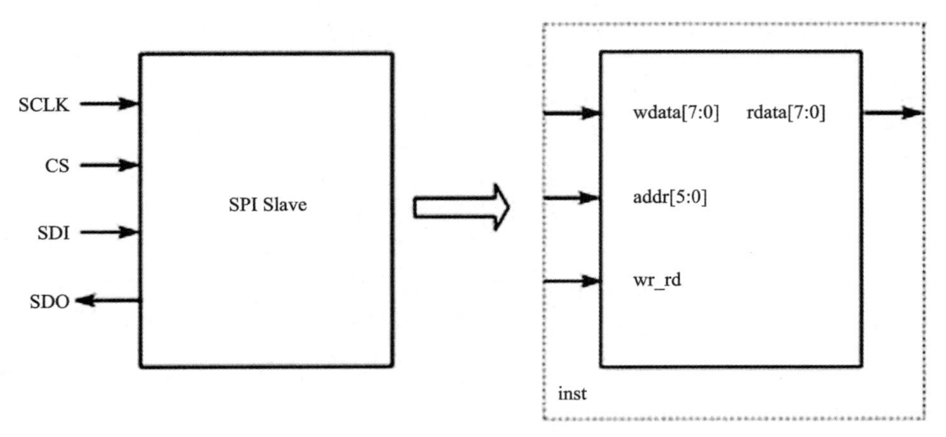

图 6.11　SPI 典型应用场合

在以上应用场合中，我们描述通过 SPI 接口能够对 RAM 进行读写操作的原理所在。我们是把需要传输的信息，包括读写控制信号 wr_rd、并行地址 addr 和并行数据 data 信息排列成一串比特流，然后通过芯片的 4 根线传输进芯片里面，最后通过芯片里面的 SPI 接口电路，还原为 RAM 需要的信号。

SPI 接口的 4 根线分别是 CS、SCLK、SDI、SDO，当然可以用其他名称，其中 CS 是片选信号，一般在 CS 为低电平时开启数据的传输，为高电平时结束一个传输过程。就是说，数据传输的开始和结束是由 CS 信号决定的。SCLK 是时钟信号，传输 1bit 需要一个时钟周期，一般一个传输过程可传输 8bit、16bit、24bit 或 32bit，一次传输过程具体传输多少比特由用户定义。假设一个传输过程传输 16bit 的话，那么 CS 信号拉低时开始传输数据，到 CS 信号拉高时结束传输数据，SCLK 必须刚好为 16 个时钟周期，不能多不能少。SDI 是串行比特输入信号，SDO 是串行比特输出信号。因为串行比特输入或输出不会同时进行，所以有时把 SDI 和 SDO 两个信号复用为一个 inout 信号 DIO，这时 SPI 的 4 线形式就变为 3 线制。大家看资料时就会发现，SPI 接口电路有 3 线制和 4 线制之分。为了方便描述，我们还是采用 4 线制。

总之，SPI 传输数据的本质，是在 SCLK 时钟控制下一比特一比特传输数据。在图 6.11 描述的应用案例中，SPI 是把对寄存器的读写控制比特、读写地址比特、读写数据比特组合在一起，然后在一个传输过程内把这些信息一比特一比特进行传输。最后，芯片内的 SPI 接口电路，会还原出读写控制信号 wr_rd、读写操作地址信息 addr、读数据信息 rdata 或写数据信息 wdata 供 RAM 使用，从而完成对 RAM 的读或写操作。下面具体描述这种应用场合下的 SPI 接口电路设计。

首先，我们要确定这种 SPI 接口电路需要具备哪些端口信号。针对图 6.11 表示的案例，SPI 接口电路的端口信息描述如下。

```
module spi (reset, cs, sclk, sdi, sdo, wr_rd, addr, rdata, wdata);
    input    reset;
    input    cs;
    input    sclk;
    input    sdi;
    output   sdo;
    output        wr_rd;
    output   [5:0]   addr;
    input    [7:0]   rdata;
    output   [7:0]   wdata;
```

针对这种应用场合,我们需要在一个传输周期内完成16比特信息的传输。我们将这16比特的传输分为两个阶段:第一阶段传输“读写控制比特+地址信息比特”的8比特,这个也叫指令传输周期;第二阶段接着传输数据信息的8比特,这个也叫数据传输周期。值得注意的是,我们的地址信息只有6位,加上读写控制信息的1位,总共只有7位。所以在指令传输周期内有1比特是没有使用的,可忽略不理。

为了方便进行电路设计,我们可以安排一个8进制的计数器和一个8位位宽的移位寄存器,其中计数器在CS为低时开始对SCLK进行计数,移位寄存器在CS为低时、在SCLK时钟控制下进行左移或右移操作。设计一个计数器,是为了方便判断当前传输到底是处在指令传输周期还是数据传输周期。设计一个移位寄存器,是为了方便把串行的数据输入转换为并行的数据输出。

其中有关计数器的设计代码如下。这个计数器负责对SCLK进行计数,当cnt_full为高电平时,表明此时已传输了8比特。当cnt_full再次变为高电平时,表明此时已传输了16比特,依次类推。注意cnt_full信号的含义和用途。

```
  reg   [2:0] cnt_bit;
  always @(posedge sclk or negedge reset)
    if (! reset)
      cnt_bit <= 3'b0;
    else if (! cs)
      cnt_bit <= cnt_bit + 3'b1;
    else
      cnt_bit <= 3'b0;

  wire      cnt_full;
  assign    cnt_full = (cnt_bit==3'd7);
```

此外,有关移位寄存器的设计代码如下。注意,数据传输方式为MSB First时,移位寄存器应该是左移,反之,数据传输方式为LSB First时,移位寄存器应该是右移。此处代码设计的是一个向左移位的寄存器,是因为我们事先假定数据传输方式为MSB First。

```
reg   [7 : 0] shift_reg_din;
always @(posedge sclk or negedge reset)
  if (! reset)
    shift_reg_din <= 8'd0;
  else if (cs)
    shift_reg_din <= 8'd0;
  else
    shift_reg_din <= {shift_reg_din[6 : 0],sdi};
```

在本案例中，指令传输周期和数据传输周期都是 8 个 SCLK 的时钟，我们通过状态机来设计这个数据传输过程。我们定义 3 个状态，其状态转换图如图 6.12 所示。首先状态机处于空闲状态 IDLE，此时 CS 为高电平，没有进行数据传输。当 CS 电平由高变低时，即开始传输数据时，状态机由空闲状态 IDLE 变为指令传输周期状态 INSTR_TRANS。当计数器计满时，表示已完成 8bit 传输，接下来就进入数据传输周期状态 DATA_TRANS。再接下来等 CS 电平由低变高时，数据传输周期状态 DATA_TRANS 就变还为空闲状态 IDLE。

```
parameter IDLE        = 2'd0;    //初始状态
parameter INSTR_TRANS = 2'd1;     //传输 8 比特指令状态
parameter DATA_TRANS  = 2'd2;     //传输 8 比特数据状态
```

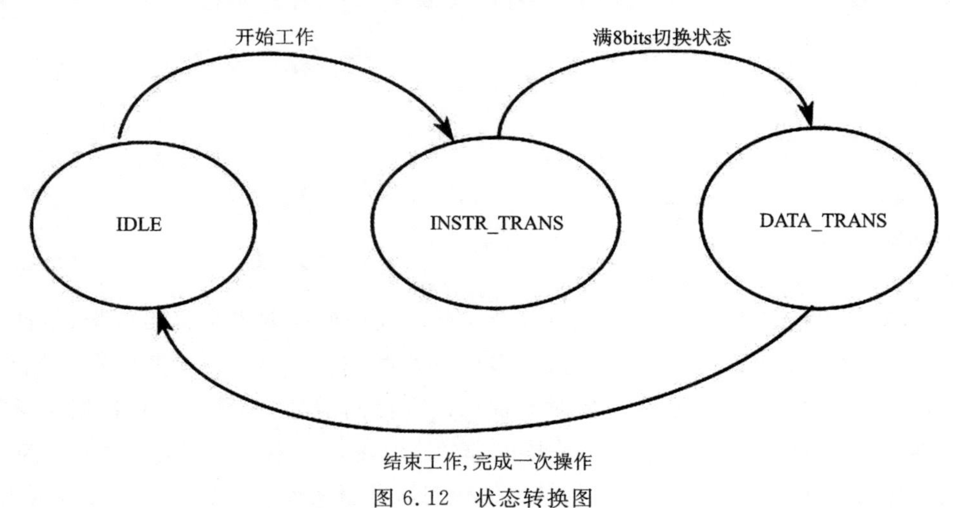

图 6.12　状态转换图

我们用三段式状态机对这个数据传输过程进行描述。第一段如下所示。

```
reg   [ 1 : 0] current_state, next_state;
always @(posedge sclk or negedge reset)
  if (! reset)
    current_state <= IDLE;
  else if (cs)
    current_state <= IDLE;
  else
    current_state <= next_state;
```

第二段要描述状态转换关系，如下所示。

```
always @(*)
begin
  case (current_state)
    IDLE: begin
        if (cs)
          next_state = IDLE;
        else
          next_state =INSTR_TRANS;
        end
INSTR_TRANS : begin
        if (cnt_full)
          next_state =DATA_TRANS;
        else
          next_state =INSTR_TRANS;
        end
DATA_TRANS : begin
        if (cs)
          next_state = IDLE;
        else
          next_state =DATA_TRANS;
        end
    default: next_state = IDLE;
  endcase
end
```

第三段对输出信号进行描述，就比较复杂一些。我们要提取多个输出信号，包括读写控制信息 wr_rd、地址信息 addr、读数据信息 rdata 和写数据信息 wdata。我们需要定义一个 8 位位宽的移位寄存器，并且要在合适的时刻提取读写控制信息、地址信息和数据信息等输出信号。显然，当指令传输周期刚刚传输完毕的那一个时刻，8 位移位寄存器的最高位对应的就是读写控制信息 wr_rd，8 位移位寄存器[5：0]位对应的就是地址信息 addr。如果是写操作，在数据传输周期刚刚传输完毕的那一个时刻，8 位移位寄存器对应的数据就是写数据信息 wdata。如果是读操作，在指令传输周期刚刚传输完毕的那一刻，就必须加载读数据信息 rdata，然后在 SCLK 时钟控制下，把这个数据信息一比特一比特传输出去。

提取读写控制信息 wr_rd 的代码如下所示。我们先设计一个 8 位移位寄存器，然后在指令传输周期刚刚传输完毕的那刻，提取移位寄存器的最高位即为读写控制信息 wr_rd 的值。注意代码中对提取 wr_rd 信号的条件描述。

```
reg  [7:0] shift_reg;
always @(posedge sclk or negedge reset)
  if (! reset)
```

```
        shift_reg <= 8'd0;
    else if (cs)
        shift_reg <= 8'd0;
    else
        shift_reg <= {shift_reg [6 : 0], sdi};

wire        cstate;
assign    cstate = (current_state== INSTR_TRANS);

reg   wr_rd;
always @(posedge sclk or negedge reset)
    if (! reset)
        wr_rd <= 1'b0;
    else if (cnt_full & & cstate)
            wr_rd <= shift_reg [7];
```

提取地址信息 addr 的代码如下所示，注意代码中对提取 addr 信号的条件描述。

```
reg    [5 : 0]   addr;
always @(posedge sclk or negedge reset)
    if (! reset)
        addr <= 8'd0;
    else if (cnt_full & & cstate)
        addr <= shift_reg [5 : 0];
    else
        addr <= addr;
```

提取写数据信息 wdata 的代码如下所示，注意代码中对提取 wdata 信号的条件描述。

```
reg    [7 : 0]   wdata;
always @(posedge cs or negedge reset)
    if (! reset)
        wdata <= 8'd0;
    else
        wdata <= shift_reg [7 : 0];
```

提取读数据信息 rdata 的代码如下所示，注意这个数据是由 RAM 提供的，要通过 SPI 串行输出出去。所以先加载这个数据，然后通过 SDO 输出。注意 rdata 的加载时间条件，以及 SDO 信号的产生方法。

```
reg   [ 7 : 0] shift_reg_dout;
always @(negedge sclk or negedge reset)
    if (! reset)
        shift_reg_dout <= 8'b0;
    else if ((cnt_bit==3'd0) & & (current_state==DATA_TRANS))
        shift_reg_dout <= rdata;
```

```
  else
    shift_reg_dout <= {shift_reg_dout[6:0], 1'b0};
assign sdo  = ((! wr_rd) & &(! cs)) ? shift_reg_dout[7] : 1'bz;
```

需要注意的是，提取这些信息时，为了得到正确的时序和结果，可能需要对控制信号 cnt_full 或 cstate 进行延时处理。另外，为了输出符合 RAM 要求的读写控制信息 wr_rd、地址信息 addr、读数据信息 rdata 和写数据信息 wdata，它们之间的时序关系可能需要进行调整。

下面给出这个案例的 SPI 电路的测试激励。要对这个接收端 SPI 电路进行测试，就要构建一个发送端 SPI 电路。需要注意的是，因为接收端是在 SCLK 的上升沿对数据信号进行采样，所以发送端是在 SCLK 的下降沿输出数据，这样才能方便接收端对数据采样和接收。

```
module spi_tb();
reg          reset;
reg          cs   ;
reg          sclk ;
reg          sdi  ;
wire         sdo  ;
reg    [7:0]rdata;
wire         wr_rd ;
wire   [5:0] addr;
wire   [7:0] wdata;
spi u0 (reset, cs, sclk, sdi, sdo, wr_rd, addr, rdata, wdata);
always  #5 sclk=~sclk;
initial begin
sclk = 0;
reset=0;
cs = 1;
sdi = 0;
rdata=8'b00001111;
#27 reset=1;
#14 cs = 0;
sdi = 1;    //写操作
repeat(1) @(negedge sclk);
sdi = 0;
repeat(3) @(negedge sclk);
sdi = 1;
repeat(1) @(negedge sclk);
sdi = 0;
repeat(1) @(negedge sclk);
sdi = 1;
repeat(1) @(negedge sclk);
```

```
sdi = 0;
repeat(2) @(negedge sclk);
sdi = 1;
repeat(1) @(negedge sclk);
sdi = 0;
repeat(1) @(negedge sclk);
sdi = 1;
repeat(1) @(negedge sclk);
sdi = 0;
repeat(1) @(negedge sclk);
sdi = 1;
repeat(1) @(negedge sclk);
sdi = 0;
repeat(1) @(negedge sclk);
sdi = 1;
#9 cs = 1;
//————————以上完成一个写传输操作——————————
repeat(7) @(negedge sclk);
cs = 0;
sdi = 0;      //读操作
repeat(1) @(negedge sclk);
sdi = 0;
repeat(3) @(negedge sclk);
sdi = 1;
repeat(1) @(negedge sclk);
sdi = 0;
repeat(1) @(negedge sclk);
sdi = 1;
repeat(1) @(negedge sclk);
sdi = 0;
repeat(1) @(negedge sclk);
sdi = 1'bz;
repeat(7) @(negedge sclk);
#9 cs = 1;
#134  $stop;
end
endmodule
```

以上只是提供一个从模式(Slave)的 SPI 接口电路设计实例，供大家参考。当然，一个电路的设计是可以有多种多样的描述方式的，比如针对这个案例，有人提出，针对 RAM 的写操作信息提取，以及针对 RAM 的读操作信息提取，可以分开进行设计。针对 RAM 的写操作时，设计一个 16 位位宽的移位寄存器，把一个传输过程的全部 16bit 都接收下来，再来提取其写控制比特、写地址信息比特和写数据信息比特等。针对 RAM 的读操作时，再来考虑如何提取其读控制比特、读地址信息比特和读数据信息比特等。大家可以自行尝试。

本章习题

1. 什么是 SPI 接口？它的端口信号有哪些？

2. 假设某阶段 SPI 一端的端口信号波形如图 6.13 所示，此波形表达什么意思？注：在一个传输周期内共传输 24 比特信息，其中 16 比特是指令信息，8 比特是数据信息。第一个比特为 1 表示写操作，否则为读操作。

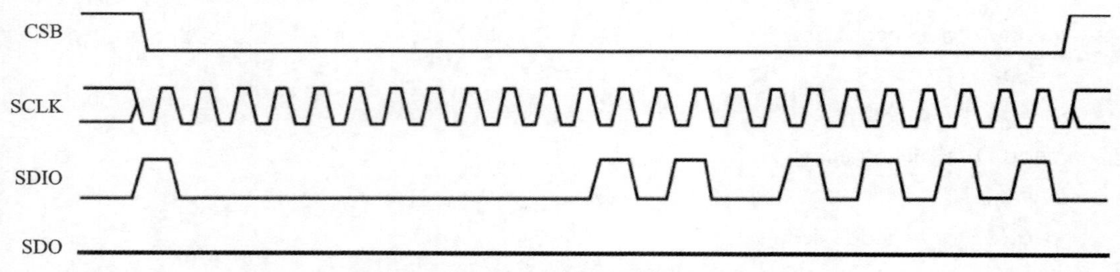

图 6.13　SPI 一端的端口信号波形

3. 参考书中的 SPI 接口电路设计代码，完成在一个传输周期内共传输 32bit 信息，其中 16bit 是指令信息，16bit 是数据信息的 SPI 接口电路，并给出 Modelsim 仿真结果。

第 7 章　DDS 电路设计

DDS 电路是直接数字频率合成器(Direct Digital Frequency Synthesizer),主要用于产生单一频率的正余弦信号。本章描述正余弦信号的几种产生方法,如基于查找表的方法、基于 CORDIC 算法的方法等。

根据输出波形的不同,信号源可分为四类:正弦信号发生器、矩形脉冲信号发生器、函数信号发生器和随机信号发生器。正弦信号发生器是在电子电路设计、自动控制系统和仪表测量校正调试中应用很广泛的一种信号发生装置,任何复杂信号(例如声音信号)都可以通过傅里叶变换分解为许多频率不同、幅度不等的正弦信号的叠加。DDS 是指产生单一频率的正余弦信号的电路,可以把它作为一种正弦信号发生器,下面统一用 DDS 电路指代正弦信号发生器。一般可以采用查表法和 CORDIC 算法产生相位连续,频率、相位和幅度灵活可调的正余弦信号。

7.1　基于查表法的 DDS 电路设计

我们要产生一个输出频率为 f_0 的数字正弦信号,其简化表达式为 $y=\sin(2\times \mathrm{pi}\times f_0\times nT_s)$,其中 T_s 为采样时间间隔,是采样频率 f_s 的倒数,f_0 是输出信号频率。该表达式还可以写为 $y=\sin(2\times \mathrm{pi}\times(f_0/f_s)\times n)$。假设 $\theta=2\times \mathrm{pi}\times(f_0/f_s)$,则有 $y=\sin(n\theta)$。就是说,只要连续输出 $\sin(0\times\theta)$、$\sin(1\times\theta)$、$\sin(2\times\theta)$、$\sin(3\times\theta)$、$\sin(4\times\theta)$、…这些数值,就能产生一个数字正弦信号。我们知道,正弦信号在$(0\sim 2\pi)$的周期内,相位到幅度的映射是一一对应的。我们可以先建立一个正弦信号相位与幅度对应的查找表,然后在时钟的作用下进行相位累加,根据输入相位值在查找表中取出对应的幅度输出,就可以得到数字正弦信号。即输入一个角度,如何求取这个角度的正弦值,我们是通过查找表来实现的。这种基于查找表产生正弦信号的方法是早期典型的实现手段,其电路实现原理框图如图 7.1 所示,主要由相位-幅度查找表和相位累加器两个部分组成。

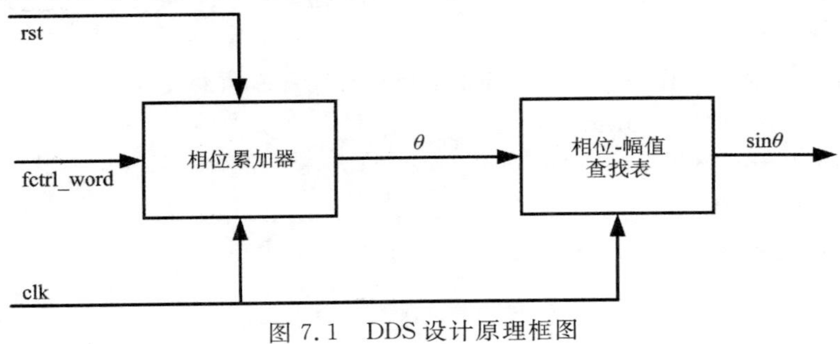

图 7.1　DDS 设计原理框图

首先我们要构建一个相位-幅度查找表，这个查找表往往用ROM来实现。ROM输入信号是地址，输出信号是对应地址存储的数据信息。假设我们选择一个1024×16bit容量的ROM来构建一个相位-幅度查找表，要把（0～2π）的相位分为1024等份，地址0对应的实际相位为0，存储的数据应为sin0＝0。地址1对应的实际相位为1/1024×2×pi，存储的数据应为sin(1/1024×2×pi)＝0.006 1。地址2对应的实际相位为2/1024×2×pi，存储的数据应为sin(2/1024×2×pi)＝0.012 3。地址3对应的实际相位为3/1024×2×pi，存储的数据应为sin(3/1024×2×pi)＝0.018 4，…依此类推，可以得到想要的相位-幅度查找表。这个查找表的Verilog代码如下。

```
module sin_table(
     input rst,
     input clk,
     input [9 : 0] addr,
     output reg [15 : 0] dout
     );
     reg [15 : 0]  mem[0 : 1023];
     always @(posedge clk or posedge rst)
     if(rst)
          dout <= 16'b0;
     else
          dout <= mem[addr];
initial $readmemh("C:/Users/sin.txt",mem);
endmodule
```

显然，这个查找表模块就是一个在时钟控制下的只读存储器ROM。该ROM里面存储的数据是通过文件来加载的。下面再给出这个数据文件的产生办法，注意该数据文件采用二进制补码的编码方法，以及使用$readmemh命令时要注意该文件存放的文件夹。产生该数据文件的参考代码如下。

```
clc
clear
% 设置ROM表地址位宽N和数据位宽width,N=10,width=10
N=10;
width=16;
index=linspace(0,2*pi,2^N);%生成2^N个点作为相位值
sin_value=sin(index);
%扩大正弦的幅度值作为ROM表的数据,并将其写入sin.txt即ROM文件
sin_rom=floor(sin_value*(2^width/2-1));
for i=1:length(sin_rom)
     if(sin_rom(i)>=0)
          sin_rom_buma(i)=sin_rom(i);
```

```
        else
            sin_rom_buma(i)=sin_rom(i)+2^width;
            end
    end
    sin_rom_hex=dec2hex(sin_rom_buma);
    figure;
    plot(sin_rom_buma);
    fid=fopen('C:\Users\sin.txt','w');
    for m=1:size(sin_rom_hex, 1)
    fprintf(fid,'%s\n',sin_rom_hex(m,:));
    end
    fclose(fid);
```

其次是相位累加器的设计。相位累加器由加法器和寄存器构成，完成 $\theta(n)=\theta(n-1)+$ freq_ctl_word 的功能。其中 freq_ctl_word 表示相位步进值，决定输出信号频率大小。当输出信号频率要求较大时，这个 freq_ctl_word 取值就较大。相位累加器设计的参考代码如下。

```
module phase_acc(
    input clk,
    input rst,
    input [31:0] freq_ctl_word,
    output reg [31:0] cnt
    );
always @(posedge clk or posedge rst)
    if(rst)
        cnt <= 0;
    else
        cnt <= cnt + freq_ctl_word;  //freq_ctl_word
endmodule
```

有了以上参考代码，就很容易得到查表法的 DDS 电路顶层模块设计代码，如下所示。注意，相位累加器输出的相位是 32 位位宽的，而查找表输入地址要不了这么宽的数据，我们取相位累加器输出的高 10 位作为 ROM 需要的 10 位输入地址。从 32 位的相位信号中截取高 10 位而丢弃其他位，称为相位截断。相位截断影响输出信号的质量。

```
module dds_top(
    input          rst,
    input          clk,
    input [31:0]   freq_ctl_word,
    output signed [15:0] sine_o
    );
    wire [31:0] phase;   //32bit
    wire clk_out;
```

```
        wire [9 : 0] addr;    //10bit
        phase_acc U_phase_acc(
            .clk     (clk     ),
            .rst     (rst     ),
            .freq_ctl_word (freq_ctl_word),
            .cnt     (phase   )
            );
            assign addr = phase[31 : 22]; //addr 10bit
            sin_table   sin_table(
            .rst(rst),       // input wire rst
            .clk(clk),       // input wire clk
            .addr(addr),   // input wire [9 : 0] addr
            .dout(sine_o)  // output wire [15 : 0] dout
            );
endmodule
```

我们再给出测试激励。测试激励是设置时钟信号的频率以及频率控制字的大小，频率控制字越大，输出信号的频率就越大，反之越小。所以频率控制字决定输出信号的频率。

```
module dds_top_tb;
    reg clk;
    reg rst;
    reg [31 : 0] freq_ctl_word;
    wire [15 : 0] sine_o;
    dds_top U_dds_top(rst, clk, freq_ctl_word, sine_o);
    always #5 clk = ~clk;
    initial begin
        clk = 0;
        rst = 1;
        freq_ctl_word = 32'd42950;
        #44 rst = 0;
        #2000;
        freq_ctl_word = 32'd4295;
        #8000;
        $stop;
    end
endmodule
```

由图 7.2 可以看出，输出波形是正确的正弦波形。

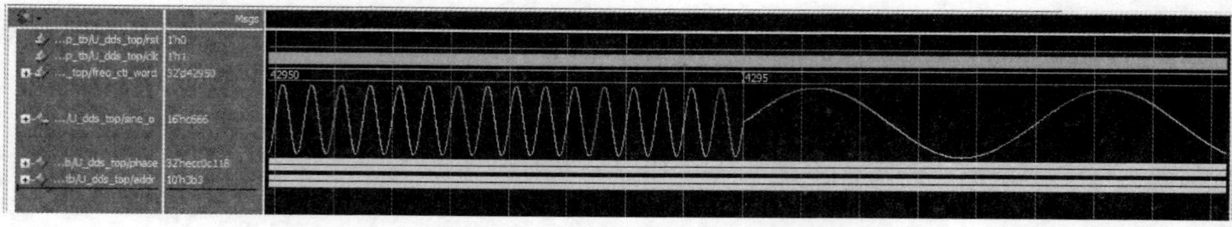

图 7.2　DDS 电路仿真波形

设计电路时，特别是进行数据处理时，我们既要考虑正负数据的运算问题（一般数据采用二进制补码表示，可以方便运算），还要考虑数据位宽定义为多少位比较合适。针对以上电路代码，大家思考以下几个问题：

产生的正弦信号的频率大小跟 DDS 电路中的 freq_ctl_word 和 clk 信号是什么关系？能不能说 DDS 电路实际上是一个分频器电路？

累加器位宽大小对电路功能有什么影响？累加器位宽是大一点好还是小一点好呢？

ROM 的地址位宽和存储数据位宽对电路功能有什么影响？地址位宽是大一点好还是小一点好呢？数据位宽是大一点好还是小一点好呢？

累加器位宽比 ROM 的地址位宽要大，要对累加器输出数据进行截断作为 ROM 的地址，这样对电路输出信号质量有什么影响呢？

7.2　基于 CORDIC 算法的 DDS 电路设计

CORDIC 是坐标旋转数字计算机（Coordinate Rotation Digital Computer），是数学与计算机技术交叉产生的一种机器算法，由 Volder1 于 1959 年首次提出，主要用于三角函数、双曲线、指数、对数等计算。在信号处理领域，CORDIC 算法具有重大工程意义。CORDIC 算法的核心是利用加法和移位的迭代操作去替代复杂的运算，从而非常有利于硬件实现。CORDIC 算法应用广泛，如离散傅里叶变换（DFT）、离散余弦变换（DCT）、离散 Hartley 变换、Chirp－Z 变换、各种滤波以及矩阵中的奇异值分解等。发展到现在，CORDIC 算法及其扩展算法大致有 3 种计算模式：圆周旋转模式、线性旋转模式和双曲线旋转模式，分别用来实现不同的运算。本书主要介绍圆周旋转模式下的 CORDIC 算法原理及应用。随着 CORDIC 算法的提出，我们不用依赖于将每个角度的函数值都存入 ROM 表，并且只需要简单的加法和移位运算，就能方便得到每个角度的 sin 值和 cos 值。跟查表法相比，基于 CORDIC 算法实现的 DDS 电路，具有电路简单、精度灵活可调、频率分辨率高等特点。

下面首先描述 CORDIC 算法的数学原理，然后描述电路实现。

（1）CORDIC 算法的数学原理

CORDIC 算法只需要高中的数学知识就可以理解，要搞清楚它的推理过程，以及算法的本质含义。

如图 7.3 所示。在直角坐标系中有两个点 A 和 B，这两个点都在单位圆上，假设它们的坐标分别为 (x_1, y_1) 和 (x_2, y_2)，A、B 两点之间的夹角为 θ。那么，当 A 点沿单位圆旋转角度 θ 到 B 点，它们的坐标之间有什么关系呢？为了方便理解，假设 A 点与 X 轴的夹角为 α，则有：

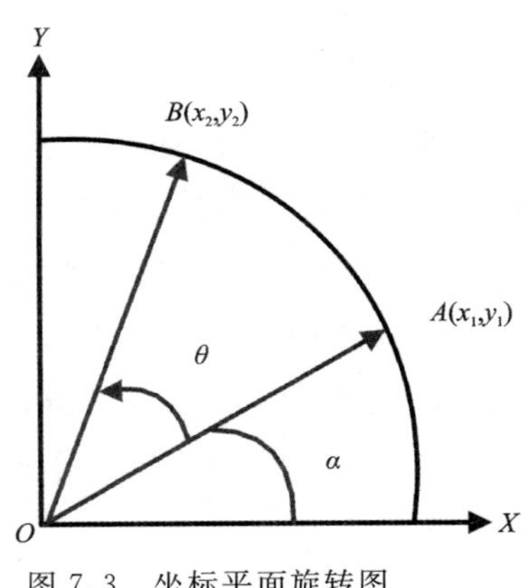

图 7.3　坐标平面旋转图

$$x_1 = \cos\alpha, y_1 = \sin\alpha \tag{7.1}$$

$$x_2 = \cos(\alpha + \theta), y_2 = \sin(\alpha + \theta) \tag{7.2}$$

将式(7.2)展开，并把式(7.1)代入，可以得到两点的坐标和它们的夹角之间的关系为：

$$x_2 = x_1\cos\theta - y_1\sin\theta \tag{7.3}$$

$$y_2 = x_1\sin\theta + y_1\cos\theta \tag{7.4}$$

将式(7.3)、式(7.4)中的 $\cos\theta$ 提取出来，可以得到：

$$x_2 = \cos\theta(x_1 - y_1\tan\theta) \tag{7.5}$$

$$y_2 = \cos\theta(x_1\tan\theta + y_1) \tag{7.6}$$

先不考虑 $\cos\theta$ 项，去除 $\cos\theta$ 项，可以得到以下表达式：

$$\hat{x}_2 = x_1 - y_1\tan\theta \tag{7.7}$$

$$\hat{y}_2 = y_1 + x_1\tan\theta \tag{7.8}$$

从式(7.7)、式(7.8)可以看出，已知 A 点坐标，要求取 A 点经过旋转角度 θ 后的 B 点的坐标，主要解决 $y_1\tan\theta$ 和 $x_1\tan\theta$ 的计算问题。换个角度而言，如果 A 点坐标 (x_1, y_1) 为 $(1, 0)$，经过旋转角度 θ 后的 B 点的坐标 (x_2, y_2) 其实就是 $(\cos\theta, \sin\theta)$，就是说，如何方便计算式(7.7)、式(7.8)，其实就是解决给定输入角度 θ，如何快速计算该输入角度的正余弦值问题。

我们可以将输入角度 θ 细分为若干个特殊角度的组合，即 $\theta = \sum_{i=0}^{N}\theta_i$，每次只旋转特定角度，通过总共旋转 $N+1$ 次就可以得到任意的输入角度 θ。可见，任意的输入角度 θ 都可以分解为 $N+1$ 个特殊角度的组合，其中第 i 次旋转的角度为 θ_i，$0 \leqslant i \leqslant N$。显然，第 i 次旋转的坐标迭代关系如式(7.9)、式(7.10)所示。

$$x_{i+1} = \cos\theta_i(x_i - y_i\tan\theta_i) \tag{7.9}$$

$$y_{i+1} = \cos\theta_i(x_i\tan\theta_i + y_i) \tag{7.10}$$

那么总共 $N+1$ 次旋转后的坐标可以得到：

$$x_2 = \cos\theta_N(x_N - y_N\tan\theta_N)\cos\theta_{N-1}(x_{N-1} - y_{N-1}\tan\theta_{N-1})\cdots\cos\theta_0(x_0 - y_0\tan\theta_0) \tag{7.11}$$

$$y_2 = \cos\theta_N(x_N\tan\theta_N + y_N)\cos\theta_{N-1}(x_{N-1}\tan\theta_{N-1} + y_{N-1})\cdots\cos\theta_0(x_0\tan\theta_0 + y_0) \tag{7.12}$$

先不考虑 $\cos\theta$ 项，要简化式(7.11)、式(7.12)的计算，其实就是如何方便计算 $\tan\theta_i$ 的问题。如果每次旋转的都是些特殊角度，比如满足 $\tan\theta_i = 2^{-i}$，那么式(7.11)、式(7.12)的乘法运算都可以转换为移位运算(除以 2 的运算在数字电路中相当于把数据右移一位，乘以 2 的运算在数字电路中相当于把数据左移一位)，这样式(7.11)、式(7.12)就是简单的加法和移位。这就是 CORDIC 算法的本质所在，CORDIC 算法的本质有两点，一是它的分步迭代思想，二是它把复杂的三角运算简化为简单的加法和移位运算。

表 7.1 给出 CORDIC 算法中每次迭代的角度，精确度为小数点后 9 位数。

表 7.1　CORDIC 算法中每次迭代对应的角度及其正切值

i	θ_i /(°)	$\tan\theta_i = 2^{-i}$
0	45.0	1
1	26.555 051 177	0.5
2	14.036 243 467	0.25
3	7.125 016 348	0.125
4	3.576 334 374	0.062 5
5	1.789 910 602	0.031 25
6	0.895 173 710	0.015 625
…	…	…

在 CORDIC 算法中，每次旋转都必须按照这个表格上列出的特殊角度来旋转，即第一次旋转一定是 45.0°，第二次旋转一定是 26.555 051 177°，……，第 i 次旋转一定是 $\arctan(2^{-i})$ 的角度，这样依次旋转下去。

实际上，我们要把任意输入角度 θ 细分为若干个特殊角度的组合，即 $\theta = \sum_{i=0}^{N} \theta_i$，还存在一个旋转角度的正负值问题，即旋转方向的问题。引入一个变量 Z 来表示剩余角度，那么 $n+1$ 次旋转后的剩余角度为：

$$Z_{n+1} = \theta - \sum_{i=0}^{n} d_i \theta_i \tag{7.13}$$

其中 d_i 是角度判断算子，有：$d_i = \begin{cases} 1 & (Z_n > 0) \\ -1 & (Z_n < 0) \end{cases}$，我们的目的是让 $Z_{n+1} \to 0$，而式(7.11)、式(7.12)只考虑到一个方向的旋转计算，即逆时针方向的旋转计算，即只考虑正的 θ_i 角度的旋转，实际上在旋转时，还可能需要进行顺时针方向的旋转，即负的 θ_i 角度的旋转，这样才能达成逼近任意输入角度的可能。把角度判断算子加进式(7.7)、式(7.8)，则可以得到：

$$x_{i+1} = x_i - y_i \cdot d_i 2^{-i} \tag{7.14}$$

$$y_{i+1} = x_i \cdot d_i 2^{-i} + y_i \tag{7.15}$$

其中当 $d_i = 1$ 时，进行逆时针旋转；当 $d_i = -1$ 时，进行顺时针旋转。

另外，如何解决 $\cos\theta$ 项的影响呢？因为在 CORDIC 算法中，每次旋转的角度都是确定的，而且不管是逆时针旋转 θ_i 角度还是顺时针旋转 θ_i 角度，均有 $\cos\theta_i = \cos(-\theta_i)$，如果旋转迭代次数是确定的，那么 $\cos\theta$ 项的影响是一个定值，我们用伸缩因子 K 来表示，定义 $K = \cos^{-1}\theta_N \cos^{-1}\theta_{N-1} \cdots \cos^{-1}\theta_0$。可见，伸缩因子 K 在迭代次数一定时是确定的值。所以我们可以先不管 $\cos\theta$ 项的影响，只需要对计算结果乘以 K^{-1} 就可以得到最终精确的值。

我们按照以上 CORDIC 算法的基本思想，计算 15°角的正余弦值如表 7.2 所示。考虑到

伸缩因子 K 的影响，将最初的旋转位置固定在 X 轴上，初始坐标(x_0, y_0)为$(K^{-1}, 0)$，其中 K^{-1}的表达式如式(7.16)所示。当经过无数次迭代时，K^{-1}的极限值为 0.607 253。一般要按照实际迭代次数来计算 K^{-1}的取值。

$$K^{-1} = \prod_{i=0}^{N-1} \cos(d_i \theta_i) = \prod_{i=0}^{N-1} \cos(\theta_i) = \prod_{i=0}^{N-1} \frac{1}{\sqrt{1+2^i}} \tag{7.16}$$

表 7.2　15°角的正余弦值计算表

i	θ_i	剩余角度	坐标计算值 注：初始坐标为(0.607 2, 0)
0	45.0	−30	(0.607 2,0.607 2)
1	26.555 051 177	−3.444 948 823	(0.910 8,0.303 6)
2	14.036 243 467	+10.591 294 644	(0.986 7,0.075 9)
3	7.125 016 348	+3.466 278 296	(0.977 2,0.199 2)
4	3.576 334 374	−0.110 056 078	(0.964 8,0.260 3)
5	1.789 910 602	+1.679 854 524	(0.972 9,0.230 2)
6	0.895 173 710	+0.784 680 814	(0.969 3,0.245 4)
7	0.447 614 170	+0.337 066 644	(0.967 4,0.252 9)
8	0.223 810 500	+0.113 256 144	(0.966 4,0.256 7)
9	0.111 905 677	+0.001 350 467	(0.965 9,0.258 6)
10	0.055 952 891	−0.054 602 424	(0.965 6,0.259 5)
…	…		…

通过 MATLAB 我们知道，cos(15°)＝0.965 9、sin(15°)＝0.258 8。显然，计算15°角的正余弦值时，迭代次数越多，计算结果就越精确。一般迭代 10 次左右，误差就不到千分之一。

下面给出 CORDIC 算法的 MATLAB 实现代码，供大家参考。利用 function 定义一个 CORDIC 函数，代码如下：

```
function [cos_out,sin_out] =cordic(angle_in);
% 初始化
x =1;
y = 0;
z = angle_in;
i = 0;
d = 1;
k = 0.6072;
x = k*x;
```

```
while(i<20)  %限制迭代次数避免无限循环
if(z >=0)
d=1;
else
d=-1;
end
%迭代
x1=x;
x=x1-(y * d * (1/2^i));
y=y+(x1 * d * (1/2^i));
z=z-(d * (atan(1/2^i)) * 180/pi);
i=i+1;
end
cos_out=x
sin_out=y
```

值得注意的是，CORDIC 算法能够计算的角度是有限的，如式(7.17)所示。

$$-\sum_{i=0}^{N-1}\arctan2^{-i}\leqslant\theta\leqslant\sum_{i=0}^{N-1}\arctan2^{-i} \tag{7.17}$$

即使是无限次的迭代，能达到的最大计算角度范围为：$-99.88^{\circ}\leqslant\theta\leqslant 99.88^{\circ}$，我们在进行正余弦计算时，一般只需要能够计算第一象限即 90° 以内的角度即可，所有其他象限内的三角值都可以利用三角函数的对称性质转为第一象限的计算。

(2)CORDIC 算法的电路实现

在掌握 CORDIC 算法原理的基础上，我们如何来设计一个相位-幅度变换电路，以便替代查找表电路呢？下面给出 CORDIC 算法实现的一种参考代码。

```
//*****************************************
// IEEE STD 1364-2001 Verilog file: cordic.v
// Author-EMAIL: Uwe.Meyer-Baese@ieee.org
//*****************************************
module cordic #(parameter W = 7) // Bit width - 1
(input clk, // System clock
input reset, // Asynchronous reset
input signed [W:0] x_in, // System real or x input
input signed [W:0] y_in, // System imaginary or y input
output reg signed [W:0] r, // Radius result
output reg signed [W:0] phi,// Phase result
output reg signed [W:0] eps);// Error of results
// ----------------------------------------
// There is bit access in Quartus array types
// in Verilog 2001, therefore use single vectors
```

```
// but use a separate lines for each array!
reg signed [W : 0] x [0 : 3];
reg signed [W : 0] y [0 : 3];
reg signed [W : 0] z [0 : 3];
always @(posedge reset or posedge clk)  begin :
integer k; // Loop variable
if (reset) begin // Asynchronous clear
for (k=0; k<=3; k=k+1) begin
x[k] <= 0; y[k] <= 0; z[k] <= 0;
end
r <= 0; eps <= 0; phi <= 0;
end else begin
if (x_in >= 0) // Test for x_in < 0 rotate
begin // 0, +90, or -90 degrees
x[0] <= x_in; // Input in register 0
y[0] <= y_in;
z[0] <= 0;
end
else if (y_in >= 0)
begin
x[0] <= y_in;
y[0] <= - x_in;
z[0] <= 90;
end
else
begin
x[0] <= - y_in;
y[0] <= x_in;
z[0] <= -90;
end
if (y[0] >= 0) // Rotate 45 degrees
begin
x[1] <= x[0] + y[0];
y[1] <= y[0] - x[0];
z[1] <= z[0] + 45;
end
else
begin
x[1] <= x[0] - y[0];
806 Verilog Code
```

```
y[1] <= y[0] + x[0];
z[1] <= z[0] - 45;
end
if (y[1] >= 0) // Rotate 26 degrees
begin
x[2] <= x[1] + (y[1] >>> 1); // i.e. x[1]+y[1]/2
y[2] <= y[1] - (x[1] >>> 1); // i.e. y[1]-x[1]/2
z[2] <= z[1] + 26;
end
else
begin
x[2] <= x[1] - (y[1] >>> 1); // i.e. x[1]-y[1]/2
y[2] <= y[1] + (x[1] >>> 1); // i.e. y[1]+x[1]/2
z[2] <= z[1] - 26;
end
if (y[2] >= 0) // Rotate 14 degrees
begin
x[3] <= x[2] + (y[2] >>> 2); // i.e. x[2]+y[2]/4
y[3] <= y[2] - (x[2] >>> 2); // i.e. y[2]-x[2]/4
z[3] <= z[2] + 14;
end
else
begin
x[3] <= x[2] - (y[2] >>> 2); // i.e. x[2]-y[2]/4
y[3] <= y[2] + (x[2] >>> 2); // i.e. y[2]+x[2]/4
z[3] <= z[2] - 14;
end
r <= x[3];
phi <= z[3];
eps <= y[3];
end
end
endmodule
```

这段代码只完成 3 次迭代，运算结果是很粗糙的。要得到比较准确的输出，迭代次数应该在 10 次或以上。另外，需要考虑伸缩因子 K 的影响，结果才能更为准确。大家在理解以上参考代码的基础上，编写出迭代次数为 10 次或 16 次的 CORDIC 算法实现代码。大家要注意角度的编码方法。参考代码中直接用 45 来表示 45°，26 来表示 26°，14 来表示 14°，感觉比较粗糙。我们往往用 32 位位宽来表示 0°～360°。在这种情况下，45°用 32 位位宽来表示该是多少呢？以上代码又该做怎样的修改呢？大家自行去尝试设计这个基本的 CORDIC 算法实现代码。

以上 CORDIC 电路，由于要先计算剩余角度的大小，再决定旋转的方向，增加了电路消耗不说，而且拖慢了电路工作速度，所以目前先进的 DDS 电路主要基于一种改进的 CORDIC 算法进行实现。该改进 CORDIC 算法把旋转迭代分为 3 个阶段，采用三步法进行实现。感兴趣的同学可以参考一篇经典的期刊论文 *A 100-MHz，16-b，Direct Digital Frequency Synthesizer with a 100-dBc Spurious-Free Dynamic Range*。

本章习题

1. 阅读查表法参考代码，描述查表法产生正弦波的基本原理或过程。注意：参考代码可能存在个别错误，如有，请自行改正。

2. 在查找表产生 DDS 中，如何用 32bit 来表示输入角度为 10°？

3. 参考代码中频率控制字 freq_ctl_word 的大小对产生的正弦波频率有什么影响，为什么会有这些影响？

4. 相位累加器输出信号位宽为 32 位，但用于查找表时只取它的高 10 位作为查找表的地址。问：相位累加器输出信号位宽为什么不定义为 10 位，而是定义为 32 位呢？相位累加器的位宽和查找表地址的位宽对输出正弦波分别有什么不同的影响？

5. 对查表法参考代码进行修改，完成以下任务：

设计一个基于查表法实现的 DDS 电路。要求频率控制字和累加器的位宽均为 48 位，要求查找表 ROM 的规格为 14×2^13，即 ROM 表的数据位宽是 14 位，存储单元有 2^13＝8192 个。要求给出代码、测试激励和 ROM 表里面数据文件的产生代码，以及给出 Modelsim 仿真截图。

6. 学习如何用 MATLAB 来实现 CORDIC 算法。假设要计算 cos20°，试说明基于 CORDIC 算法的计算思路，即说明第一次旋转多少度，旋转方向是什么；第二次旋转多少度，旋转方向是什么；依次说明。

7. 为什么说 CORDIC 算法计算正弦波或余弦波时，角度计算范围是(－99.8°，＋99.8°)？伸缩因子 K 值大小跟什么有关？在什么情况下它是一个定值？

8. CORDIC 算法中每一次旋转角度分别是多少？每一次旋转方向怎么确定？其迭代次数的多少影响什么？以输入角度 50°为例，画出 cos50°输出值与迭代次数的关系图，即横坐标为迭代次数，纵坐标为 cos50°计算值。

9. 如何用 Verilog 实现 CORDIC 基本算法？用你设计的 CORDIC 模块代替查表法中的查找表，来实现一个 DDS 电路。说明它和查表法相比的优势在哪些地方。

第 8 章　AD9858 芯片中数字电路设计

本章描述一个芯片的数字电路实际设计过程，以加深大家对数字系统设计的理解和认识，培养大家系统设计和开展项目的实践能力。本章从阅读芯片手册开始，总结芯片需要完成的数字功能，然后进行模块划分和模块设计，接着完成总体电路的拼接和仿真验证，最后通过电路综合来验证设计可行性和电路设计质量等。

AD9858 是 ADI 公司推出的一款高性能 DDS 芯片，可以方便快速地产生线性调频、单频脉冲以及编码调制信号等，广泛应用于无线设备、军事以及航空雷达中。雷达系统采用的发射信号大致有 3 种：单频脉冲、线性调频信号以及编码调制信号，而用高速 DDS 芯片 AD9858 形成的这些信号具有精度高、扫描快、抗干扰性好、截获率低等特性。AD9858 正是凭借它的这些优良性能，目前广泛应用于高频本振信号合成器、雷达、蜂窝基站跳频合成器等诸多领域。

8.1　认识 AD9858 芯片

AD9858 是一个工作频率可达 1GSPS 10 位 DAC(Digitar to Analog Converter)的 DDS。AD9858 采用先进 DDS 技术实现，与高速高性能 DAC 结合，构成数字可编程的完整高频频率合成器，它能够产生高达 400MHz 的灵敏变频的正弦模拟输出信号。AD9858 DDS 是个灵活的器件，能够适合很宽的应用领域。该器件由几个部件构成：带 32 位累加器的数控振荡器 NCO(Numerically Controlled Oscillater)，14 位相移调节，高功效 DDS 核，1GSPS 10 位 DAC。AD9858 还融合能够自动扫频的附加功能。AD9858 在 1GHz 内部时钟的驱动下可以直接产生频率高达 400MHz 的信号。通过使用片上除 2 功能，内部时钟可以由外部达 2GHz 的时钟源来产生。AD9858 具有灵活的 DDS 和模拟频率合成技术(PLL 和 Mixing)协同工作，以高频率分辨率、快速频率跳变、快速稳定时间、自动频率扫描特性来产生精密频率信号。

AD9858 设计具有灵敏跳频和高精度调节分辨率特点(32 位字长的频率调节字)。频率调节和控制字可以通过并行或串行接口加载。通过向片上数字寄存器写数据来控制 AD9858 的所有操作功能，因此很容易配置该器件。AD9858 提供串口和并口两种方式来控制 AD9858。4 套用户可直接操控的寄存器组(profiles)可以通过外部的一对引脚选择。这些附加的控制手段(profiles)允许从 4 个可选的组态中独立设置频率调谐字和相移调节字，方便进行快速调频设计。

AD9858 DDS 有 3 种工作模式：单频、扫频、睡眠。AD9858 可以方便选择工作在单频模式或扫频模式。为节省功耗，该器件还具有一个可编程睡眠模式，此时器件中的绝大多数功能模块下电以减少电流。

在单频工作模式中，器件产生的单频信号由加载到内部 FTW 寄存器的 32 位字确定。该频率可以依据要求改变。实现调频时的速率仅受限于更新寄存器所需的时间。如果需要更快的调频速率，4 套直接操控寄存器组（profiles）在外部引脚的控制选择下，可以在其中所存的 4 个频率之间快速调频。扫频模式可以自动实现大多数自动扫频任务，可以方便直接产生啁啾信号等扫频功能，而不会受 IO 端口多次访问寄存器造成的速度限制。

在上述的任何一个模式中，频率的切换是相位连续的，其含义是在输出信号的相位上不会出现不连线阶跃。变频后的第一个相位值是在变频前的相位值的基础上增加的，增量是 FTW 中所新定义的值。注意，这不同于变频时相位相干的方式，如图 8.1 所示。图 8.1 中从上到下的第一个、第二个波形是相位连续的，第三个波形是相位不连续的。

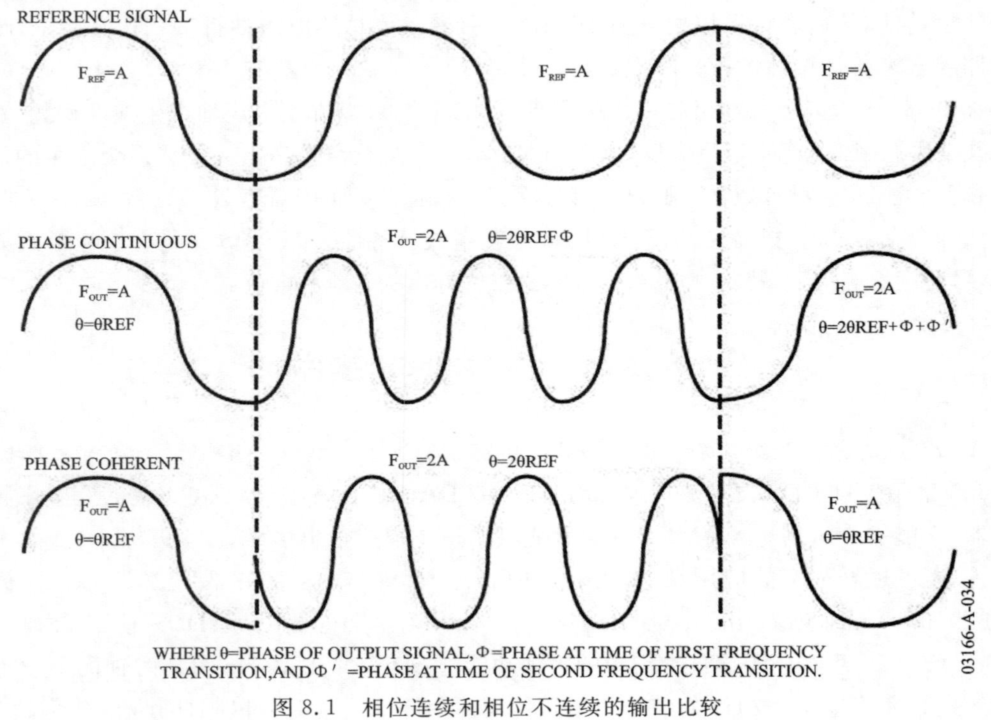

图 8.1　相位连续和相位不连续的输出比较

下面对 DDS 芯片的几种工作模式进行详细描述。

1. 单频模式(Single-Tone Mode)

所谓单频模式，就是产生单一频率的正余弦波输出的工作模式。当处于单频模式时，AD9858 产生所要频率的单频信号，该频率由用户加载在片内的频率调谐字 FTW 设定。该频率可以稍低于$\frac{1}{2}$的 DAC 采样频率（SYSCLK）。DAC 采样频率（SYSCLK）的$\frac{1}{2}$通常称为 Nyquist 频率。DDS 输出的最大频率通常为 Nyquist 频率的 40%～45%。对于 1GHz 的系统时钟 SYSCLK，AD9858 可以产生的最大输出频率处于 400～450MHz 之间。

对于给定的期望输出频率 FO 和 DAC 采样频率（SYSCLK），AD9858 的频率调谐字

FTW 可据式(8.1)计算：

$$FTW=(FO\times 2^{N})/SYSCLK \tag{8.1}$$

此处的 N 为相位累加器的位数(在 AD9858 中为 32)，FO 单位为 Hz，FTW 为十进制数。一旦求得十进制数，须将它舍入成整数，然后转换成 32 位二进制数。当系统时钟为 1GHz 时，AD9858 的频率分辨率为 0.233Hz。

2. 扫频模式(Frequency-Sweeping Mode)

所谓扫频模式，就是产生一个频率由低到高或由高到低连续变化的正余弦波输出的工作模式。AD9858 提供自动扫频能力。这使 AD9858 能为啁啾雷达及其他应用产生扫频信号。AD9858 具有能够自动执行多数扫频任务的特性。如图 8.2 所示，我们希望的扫频信号是一个理想的线性递增或递减的频率信号，而实际上产生的是一个阶梯性递增或递减的频率信号。

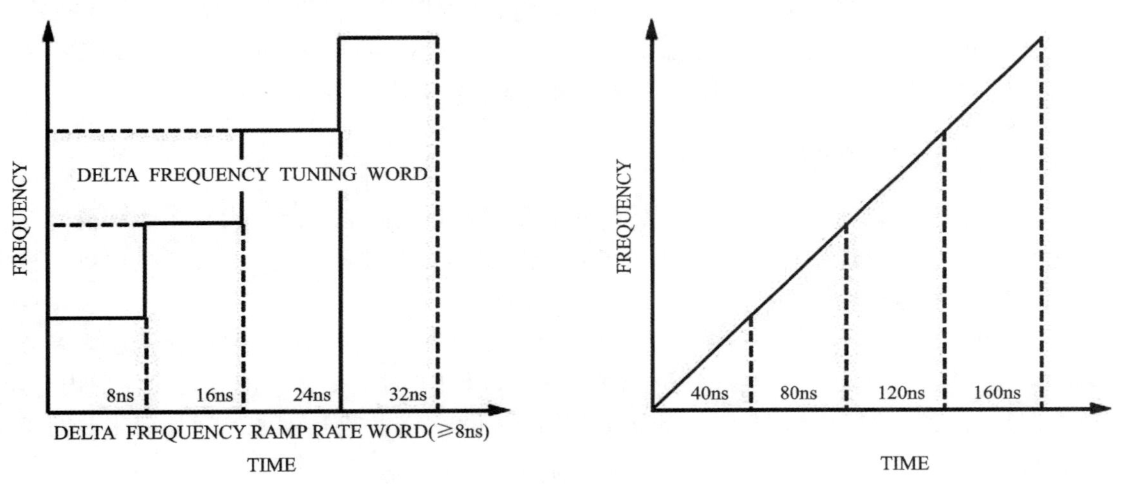

图 8.2　扫频信号或啁啾信号的频率示意图

扫频特性是通过使用频率累加器(不要与相位累加器混淆)实现的。频率累加器重复地将一个频率增量加到当前值，从而产生新的瞬时频率调谐字，进而使 DDS 产生的频率随时间变化。频率增量，或称为步长由增量频率调谐寄存器(Delta Frequency Tuning Word，DFTW)设定，频率增加的速率由另外一个寄存器设定，该寄存器名为增量频率斜变速率寄存器(Delta Frequency Ramp Rate Word，DFRRW)。有了这两个寄存器，AD9858 就能够从 FTW 所设定的起始频率，以指定的频率增量步长和速率，向上或向下扫频。输出结果将是一个线性扫频信号，或者称为啁啾信号。

DFRRW 的功能是一个倒数计数定时器，DFRRW 以 SYSCLK/8 的时钟速率进行递减计数。这意味着当 DFRRW 加载的值为 1 时，将出现最快的频率调谐字更新，其结果是输出频率以 SYSCLK/8 的速率进行增加。对于 1GHz 的 SYSCLK，输出频率的最大递增速率为 125MHz。DFTW 必须指定扫频从起始频率 FTW 开始向上扫还是向下扫。因此 DFTW 以 2 的补码数表示，正数表示向上，负数表示向下。

向 DFRRW 寄存器写入 0 将停止频率扫描，不存在自动停止在某个给定的频率这一功能。用户必须计算到达最终频率所需要的时间间隙，然后发出一个向 DFRRW 寄存器写入 0

的命令。扫描某段频率所需的时间由式(8.2)计算：

$$T = \frac{|f_F - f_S| \times 2^{34}}{\text{SYSCLK}^2} \times \frac{\text{DFRRW}}{\text{DFTW}} \tag{8.2}$$

式中：T 为扫频持续的时间(s)；f_F 为最终频率；f_S 为起始频率，由 $f_S = \frac{\text{FTW}}{2^{32}} \times \text{SYSCLK}$ 确定；增量频率步长，由 $\Delta f = \frac{\text{DFTW} \times \text{SYSCLK}}{2^{31}}$ 确定，DFTW 是一个有符号的数值(2 的补码)；扫描单个频率步长所需时间为 $\Delta t = \frac{8 \times \text{DFRRW}}{\text{SYSCLK}}$；停止频率(就是最终频率 f_F)，由 $f_F = f_S + T \times \frac{\Delta f}{\Delta t}$ 确定。

返回起始频率(returning to starting frequency)：写进 FTW 寄存器的初始频率调谐字在扫频进行的时候不会改变，这就意味着在扫频进行的任何时候都可以返回到起始扫描频率。通过设置一个名为自动清除频率累加器(autoclear frequency accumulator)的控制位强制频率累加器清零，这将使 DDS 立即返回到 FTW 中所指定的频率上。

3. 完全睡眠模式(Full-Sleep Mode)

完全睡眠模式，就是 DDS 芯片处于休眠状态即不工作的状态。通过设置控制功能寄存器中的所有下电位来激活完全睡眠模式。在下电状态下，该器件各功能组件相关的时钟均被关断，从而降低相当程度的功耗。

那么，如何让芯片工作在不同的模式，以及让芯片产生不同频率的信号呢？这就需要芯片具有可编程性。芯片内部往往有一个配置寄存器，用户通过改变这个配置寄存器的内容，来改变芯片的工作模式或输出特性。那么如何对 AD9858 芯片进行编程？即如何来改写配置寄存器的内容呢？

用户将配置信息/数据转移到芯片里面是一个两步的过程。在写操作中，用户首先通过并口(包括地址和数据)或串口(地址和数据合并成一个串行字)将数据写入 IO 缓冲寄存器。无论用哪种方法将数据写入 IO 缓冲器，只有当数据从 IO 缓冲器锁存到记忆存储器中时，DDS 核才能访问它们。翻转 FUD 引脚上的信号，或者改变某个 profile 选择引脚，可实现将 IO 缓冲存储器的所有数据更新到 DDS 核的记忆存储器中。就是说，这些控制信息先通过并口或串口传输到 IO 缓冲器，然后再在某个信号控制下，传递到 DDS 核的记忆存储器中。只有 DDS 核的记忆存储器里面的数据，才能直接对 DDS 核发挥作用。

IO 缓冲器可以工作于串行或并行编程模式。通过串并选择引脚进行模式选择。该引脚输入逻辑 0 时设置 IO 缓冲器为串行编程，当输入逻辑 1 时设置 IO 缓冲器为并行编程。

这两个模式都具有读回某个寄存器内容的能力，此功能有利于用户在样机设计阶段的调试过程。在任何一个模式中，如果要读回直控寄存器，都需要用直控选择引脚设置为选中寄存器库中的期望寄存器组。当读出位于寄存器组中的某个寄存器时，寄存器的地址作为偏移地址来选择寄存器组中的某个寄存器。直控选择引脚作为寄存器库的基地址来选中期望寄存器组。

在并行编程模式下，IO 缓冲器端口使用 8 个双向数据引脚(D7～D0)，6 个地址输入引脚(ADDR5～ADDR0)，1 个读输入引脚，一个写输入引脚。通过提供寄存器映射图中定义的地址来选中具体某个寄存器。通过激励读写引脚信号实现读写操作，这两个操作是互斥的。读写数据通过 D7～D0 传送。对于某个具体的寄存器中的 D7～D0 数据位所对应的功能，详细定义在寄存器映射图和位描述中。并行 IO 操作允许以 100MHz 的速率访问 IO 缓冲器中的某个寄存器的每个字节。然而，回读操作不能保证在 100MHz 的速率上工作，它的设计目标是低速的调试功能。

在串行编程模式下，IO 缓冲器端口使用 1 个片选引脚（$\overline{CS}$），1 个串行时钟引脚（SCLK），一个 IO 缓冲器复位引脚（IORESET），和 1 个或者 2 个串行数据引脚（SDIO 和 SDO）。串行数据引脚的数目取决于 IO 端口的配置。即它被配置成 3 线制或 4 线制串行操作是由控制功能寄存器定义的。在 3 线制模式中，SDIO 引脚作为双向数据引脚工作。在 4 线制模式中，SDIO 引脚仅作为串行数据输入引脚，SDO 引脚仅作为串行输出。SCLK 的最大时钟速率为 10MHz。

在串行编程模式下，采用的是与 SPI 兼容的接口，它的操作几乎与 AD9852/AD9854 的完全相同。串口通信须经两个阶段。第一个阶段是指令周期，8 位的指令字。指令字节的最高位 MSB 标志操作是读还是写。6 个低效位指定目标寄存器的地址。表 8.1 给出指令字节的格式。

表 8.1　指令字节格式

D7(MSB)	D6	D5	D4	D3	D2	D1	DO(LSB)
1:Read 0:Write	X	A5	A4	A3	A2	A1	A0

串口通信的第二个阶段涉及数据在被寻址的寄存器中的输入输出。这个阶段传输的字节数取决于目标寄存器的长度，这里目标寄存器的位宽是 8 位。串行操作要求被寻址的寄存器的所有位均要传送。

串口通信的两个阶段均要求 SCLK 时钟的控制。写操作时，串行位在 SCLK 时钟的上升沿传输。读操作时，串行输出位在时钟 SCLK 的下降沿传送数据。串行通信两个阶段的数据位的顺序可以通过控制功能寄存器选择。数据位的传输顺序要么是先传输最高位比特 MSB，要么是先传输最低位比特 LSB。

引脚 $\overline{CS}$ 作为片选控制线。当 $\overline{CS}$ 为逻辑 1 时，SDIO 和 SDO 引脚被禁止（强行驱动到高阻态）。仅当 $\overline{CS}$ 为逻辑 0 状态时，SDIO 和 SDO 引脚才使能工作。这允许多个器件工作在一个串行总线上。如果多个器件连接到同一个串行总线上，与某个器件的通信可以通过将其 $\overline{CS}$ 置为逻辑 0，将其他器件的 $\overline{CS}$ 置为逻辑 1 来实现。通过这种方式可以实现控制器和目标器件的串行通信。

当 AD9858 与外部控制器的 IO 同步丢失时，IORESET 引脚提供一种重建同步的手段，而不需要初始化整个器件。使能高电平有效的 IORESET 引脚将复位串口状态机。这将结束当前的 IO 操作，并将器件置于这种状态：期望下一个 8 个 SCLK 送来的是下一个 IO 传送操作的指令字节。注意，在同步丢失之前，在最后一次有效的通信周期内写入到记忆寄存器中的任何信息将保持完整。

下面给出配置寄存器即 IO 缓冲器的存储内容安排，即寄存器映射图。表 8.2 列出了全部寄存器。寄存器全部容量为 48×8bit。配置寄存器表及各单元或比特含义见芯片手册的详细描述。这些配置寄存器内容安排可具体划分为控制功能寄存器 Control Function Register(CFR)(32bit),增量频率调谐字 Delta-Frequency Tuning Word (DFTW)(32bit),增量频率斜变速率字 Delta-Frequency Ramp Rate Word (DFRRW)(16bit),用户直控寄存器 User Profile Registers(由 4 个频率调谐字和 4 个相位调节字组成),保留寄存器(16bit)等。

表 8.2 寄存器列表

Register Name	Address	(MSB) Bit 7	Bit 6	Bit 5	Bit 4	Bit 3	Bit 2	Bit 1	(LSB) Bit 0	Default Value
Control Function Register (CFR)	0x00 <7:0>	Not Used	2 GHz Divider Disable	SYNCLK Out Disable	Mixer Power Down	Phase Detect PwrDwn	Power Down	SDIO Input Only	LSB First	0x18
	0x01 <15:8>	Freq. Sweep Enable	Enable Sine Output	Charge Pump Offset Bit	Phase Detector Divider Ratio (N) (see Table 10)		Charge Pump Polarity	Phase Detector Divider Ratio (M) (see Table 11)		0x00
	0x02 <23:16>	AutoClr Freq. Accum	AutoClr Phase Accum	Load Delta-Freq Timer	Clear Freq Accum	Clear Phase Accum	Open	Fast-Lock Enable	Don't Use FTW for Fast-Lock	0x00
	0x03 <31:24>	Frequency Detect Charge Pump Current (see Table 7)		Final Closed-Loop Charge Pump Current (see Table 8)			Wide Closed-Loop Charge Pump Current (see Table 9)			0x00
Delta-Freq Tuning Word (DFTW)	0x04	Delta Frequency Word <7:0>								–
	0x05	Delta Frequency Word <15:8>								–
	0x06	Delta Frequency Word <23:16>								–
	0x07	Delta Frequency Word <31:24>								–
Delta-Freq Ramp Rate Word (DFRRW)	0x08	Delta Frequency Ramp Rate Word <7:0>								–
	0x09	Delta Frequency Ramp Rate Word <15:8>								–
Frequency Tuning Word No. 0 (FTW0)	0x0A	Frequency Tuning Word No. 0 <7:0>								0x00
	0x0B	Frequency Tuning Word No. 0 <15:8>								0x00
	0x0C	Frequency Tuning Word No. 0 <23:16>								0x00
	0x0D	Frequency Tuning Word No. 0 <31:24>								0x00
Phase Offset Word 0 (POW0)	0x0E	Phase Offset Word No. 0 <7:0>								0x00
	0x0F	Not Used	Not Used	Phase Offset Word No. 0 <13:8>						0x00
Frequency Tuning Word No.1(FTW1)	0x10	Frequency Tuning Word No. 1 <7:0>								–
	0x11	Frequency Tuning Word No. 1 <15:8>								–
	0x12	Frequency Tuning Word No. 1 <23:16>								–
	0x13	Frequency Tuning Word No. 1 <31:24>								–
Phase Offset Word 1 (POW1)	0x14	Phase Offset Word No. 1 <7:0>								–
	0x15	Not Used	Not Used	Phase Offset Word No. 1 <13:8>						–
Frequency Tuning Word No. 2 (FTW2)	0x16	Frequency Tuning Word No. 2 <7:0>								–
	0x17	Frequency Tuning Word No. 2 <15:8>								–
	0x18	Frequency Tuning Word No. 2 <23:16>								–
	0x19	Frequency Tuning Word No. 2 <31:24>								–
Phase Offset Word 2 (POW2)	0x1A	Phase Offset Word No. 2 <7:0>								–
	0x1B	Not Used	Not Used	Phase Offset Word No. 2 <13:8>						–
Frequency Tuning Word No. 3 (FTW3)	0x1C	Frequency Tuning Word No. 3 <7:0>								–
	0x1D	Frequency Tuning Word No. 3 <15:8>								–
	0x1E	Frequency Tuning Word No. 3 <23:16>								–
	0x1F	Frequency Tuning Word No. 3 <31:24>								–
Phase Offset Word 3 (POW3)	0x20	Phase Offset Word No. 3 <7:0>								–
	0x21	Not Used	Not Used	Phase Offset Word No. 3 <13:8>						–
Reserved	0x22	Reserved, Do Not Write, Leave at 0xFF								0xFF
	0x23	Reserved, Do Not Write, Leave at 0xFF								0xFF

配置寄存器的内容很重要，决定着芯片的各种工作模式和具体功能或控制等，所以要深入理解芯片功能，必须完全了解相应的配置内容及其作用。下面对配置寄存器进行详细描述。

1. 控制功能寄存器 Control Function Register(CFR)

CFR 由 4 个字节组成，地址为 0x03 到 0x00。CFR 用于控制 AD9858 的各种功能、特征、模式。下面详细描述每一比特的功能。

1)CFR 地址 0x00 的 8 位比特含义如下所述。

CFR＜7＞：未使用。

CFR＜6＞：2GHz REFCLK 分频器禁用位。当 CFR＜6＞＝0(默认)时，REFCLK 的除 2 功能未被旁路。REFCLK 的输入频率可达 2GHz。当 CFR＜6＞＝1 时，REFCLK 的除 2 功能被旁路。REFCLK 的输入频率不能高于 1GHz。

CFR＜5＞：SYNCLK 禁用位。当 CFR＜5＞＝0(默认)时，SYNCLK 引脚的输出有效。当 CFR＜5＞＝1 时，SYNCLK 引脚呈现稳定的逻辑 0 状态。在此状态下，该引脚的驱动电路被关断以尽量减小数字电路引起的噪声。然而同步电路在内部仍然工作以维持正常的时序。

CFR＜4：2＞：下电位。高电平有效将对应的功能单元下电。对 3 个位全写逻辑 1 将使整个器件进入睡眠模式。CFR＜4＞用于关断模拟混频器(默认为 1)。CFR＜3＞用于关断鉴相器和电荷泵(默认为 1)。CFR＜2＞用于关断 DDS 核、DAC 并停止除了 SYNCLK 之外的所有内部时钟(默认为 0)。

CFR＜1＞：仅用 SDIO 输入。当 CFR＜1＞＝0(默认)时，SDIO 引脚能够双向工作(双线串行编程模式)。当 CFR＜1＞＝1 时，SDIO 引脚仅为输入引脚(3 线串行编程模式)。

CFR＜0＞：LSB 在前。此位仅影响 IO 端口为串口时的情况。当 CFR＜0＞＝0(默认)时，MSB 在前格式有效。当 CFR＜0＞＝1 时，LSB 在前格式有效。

2)CFR 地址 0x01 的 8 位比特含义如下所述。

CFR＜7＞：频率扫描使能位。当 CFR＜7＞＝0(默认)时，器件处于单频模式。当 CFR＜7＞＝1 时，器件处于扫频模式。

CFR＜6＞：正弦/余弦选择位。当 CFR＜6＞＝0(默认)时，相角到幅度的转换逻辑采用余弦函数。当 CFR＜6＞＝1 时，相角到幅度的转换逻辑采用正弦函数。

CFR＜5＞：电荷泵电流偏移位。当 CFR＜5＞＝0(默认)时，电荷泵工作在标称电流值设置。当 CFR＜5＞＝1 时，电荷泵工作在偏移电流值设置。

CFR＜4：3＞：鉴相器基准输入分频器比。

CFR＜2＞：电荷泵极性选择位。当 CFR＜2＞＝0(默认)时，电荷泵被设置为与地参考的 VCO 工作。此模式下，当 PD_{IN} 的频率小于 DIV_{IN} 的频率时，电荷泵供出电流，反之，将吸入电流。当 CFR＜2＞＝1 时，电荷泵被设置为与以电源为参考的 VCO 工作。此模式下，电荷泵供出/吸入电流的方式与地参考的 VCO 相反。

CFR＜1：0＞：鉴相器反馈输入分频器比。

3)CFR 地址 0x02 的 8 位比特含义如下所述。

CFR＜7＞：自动清除频率累加器位。当 CFR＜7＞＝0(默认)时，将一个新的增量频率字作用到频率累加器的输入端，并与当前值相加。当 CFR＜7＞＝1 时，该位自动同步清除(加载 0)频率累加器，仅当接收到 FUD 时序指示后的一个周期内。

CFR＜6＞：自动清除相位累加器位。当 CFR＜6＞＝0(默认)时，将一个新的频率调谐字作用到相位累加器的输入端，并与当前值相加。当 CFR＜6＞＝1 时，该位自动同步清除(加载 0)相位累加器，仅当接收到 FUD 时序指示后的一个周期内。

CFR＜5＞：加载增量频率定时器。当 CFR＜5＞＝0(默认)时，将增量频率线变 ramp 速率字的内容加载到线变速率定时器(递减计数器)，仅当检测到 FUD 时序时。当 CFR＜5＞＝1 时，将增量频率线变 ramp 速率字的内容加载到线变速率定时器(递减计数器)，仅当计时结束时而不管 FUD 时序指示器的状态(即 FUD 时序指示器被忽略)。

CFR＜4＞：清除频率累加器位。当 CFR＜4＞＝1 时，频率累加器将被同步清除而且将保持清除状态，直到 CFR＜4＞返回逻辑 0 状态(默认)。

CFR＜3＞：清除相位累加器位。当 CFR＜3＞＝1 时，相位累加器将被同步清除而且将保持清除状态，直到 CFR＜3＞返回逻辑 0 状态(默认)。

CFR＜2＞：未用。

CFR＜1＞：PLL 快锁使能位。当 CFR＜1＞＝0(默认)，PLL 的快锁算法被禁用。当 CFR＜1＞＝1，PLL 的快锁算法被启用。

CFR＜0＞：此位允许用户控制 PLL 的快锁算法是否利用频率调谐字来确定是否进入快锁模式。当 CFR＜0＞＝0(默认)时，PLL 的快锁算法将考虑编程写入的频率调谐字与当前频率之间的关系作为锁定过程的一部分。当 CFR＜0＞＝1 时，PLL 的快锁算法不使用频率调谐字作为锁定过程的一部分。

4)CFR 地址 0x03 的 8 位比特含义如下所述。

CFR＜7：6＞：频率检测模式电荷泵输出电流。这两位用于设置频率检测模式电荷泵输出电流的倍乘因子。当控制逻辑驱使电荷泵进入频率检测工作模式时，电荷泵将输出这些倍增的电流。

CFR＜5：3＞：最终闭环模式电荷泵输出电流。这两位用于设置最终闭环模式电荷泵输出电流的倍乘因子。当控制逻辑驱使电荷泵进入最终闭环工作模式时，电荷泵将输出这些倍增的电流。

CFR＜2：0＞：宽带闭环模式电荷泵输出电流。当控制逻辑驱使电荷泵进入宽带闭环工作模式时，电荷泵将输出这些倍增的电流。

2. 增量频率调谐字 Delta-Frequency Tuning Word (DFTW)

DFTW 寄存器由 4 个字节组成，位于地址 0x04 到 0x07。DFTW 的内容作用于频率累加器的输入端。频率调谐字 FTW 是个无符号的 32 位整数，DFTW 是个有符号数。因为它控制频率变换的速率，该值可正可负，因此 DFTW 必须为有符号数。当器件工作在频率扫描模式时，频率累加器的输出与频率调谐字相加后送给相位累加器，这样实现 AD9858 的频率扫描功能。DFTW 控制频率扫描的频率分辨率。

3. 增量频率斜变速率字 Delta-Frequency Ramp Rate Word (DFRRW)

DFRRW 寄存器由 2 个字节组成，位于地址 0x08 和 0x09 处。DFRRW 是个 16 位无符号数，它是作为定时器用的分频器，用于给频率累加器提供时钟。该定时器自身工作在 DDS 的 CLK 时钟速率，并产生一个时钟嘀嗒信号供频率累加器使用。存储在 DFRRW 中的数值决定频率累加器连续的时钟嘀嗒之间的 DDS CLK 的数目。等效地，DFRRW 控制 DFTW 的累加速率。

4. 用户直控寄存器 User Profile Registers

用户直控寄存器由 4 个频率调谐字和 4 个相位调节字组成。每一对频率调谐字和相位调节字构成一个由用户直控引脚选择的用户直控寄存器。

AD9858 具有 4 个用户直控寄存器，通过直控选择引脚(PS0、PS1)选择。每个用户直控寄存器具有 4 个字节的频率调谐字。这允许用户对每个直控寄存器加载不同的频率调谐字，然后通过选择引脚确定需要的那个。这将使得在单频模式中以高达 SYSCLK/8 的速率在 4 个不同频率间跳跃。

AD9858 为每个直控寄存器提供 14 位的相移字(Phase Offset Word，POW)。POW 为 14 位无符号数，表示将正比于 $2\pi/2^{14}$ 的相移与当前的瞬时相位相加。这允许输出信号以良好的精度(约为 0.022°)进行相位调节。当 AD9858 工作在某个直控寄存器下时，可以更新其他任何一个直控寄存器的 FTW 和 POW，然后切换到此更新的直控寄存器上。当改变某个直控寄存器时，将同时更新两个参数，因此必须小心，不要让不想改动的参数发生改变。

还可以向某个选中的直控寄存器的 FTW 反复写入新的频率，并通过选通 FUD 引脚跳变到此频率。这种方式允许跳变到任意频率，但跳变速率受限于 IO 端口的工作速度(并行模式下为 100MHz)和每个新的频率调谐字所要传输的字节数。对许多应用来说这已足够快。

1)频率调谐控制 Frequency Tuning Control

DDS 的输出频率由 32 位的频率调谐字和系统时钟(SYSCLK)决定。下面的方程给出此关系：

$$F_O = \frac{\text{FTW} \times \text{SYSCLK}}{2^N} \tag{8.3}$$

对于 AD9858，$N=32$。在单频模式下，FTW 由选中的直控寄存器提供。在扫频模式下，FTW 由频率累加器的输出提供。

2)相移控制 Phase Offset Control

相移字 POW 可以实现对相位累加器的输出加上 14 位的相移。该特性为用户提供 3 种不同的控制相位的方法。

第一种方法是静态相位调整，固定的相移加载到相应的相移寄存器并保持不变。输出相对于标称信号偏移一个固定的相角。这允许用户将 DDS 的输出与外部信号的相位对齐。

第二种方法是用户通过 IO 端口更新相应的相移寄存器。通过按时间规律相应地改变相移，用户可以实现调相信号。调相的速率受限于 IO 的速度和 SYSCLK。

第三种方法是使用直控寄存器。此时用户预加载 4 个不同的相移值到适当的直控寄存器，然后用户通过 AD9858 的直控选择引脚来选用这些预加载的相移值。因此相位的改变是通过驱动硬件引脚，而不是通过 IO 端口的写操作实现的，因此可以避免 IO 端口的速度限制。然而，这种方式受限为仅有 4 个相移值(每个直控寄存器对应一个相移值)。

另外，我们阅读芯片手册时，还要关注芯片的引脚信号。AD9858 芯片引脚如表 8.3 所示，主要包括数据线 D7～D0、地址线 ADDR5～ADDR0、参考时钟输入引脚(REFCLK)、系统同步时钟(SYSCLK)、DAC 输出(IOUT)、寄存器组选择信号(PS0PS1)、频率更新引脚(FUD)以及复位信号(RESET)等。

表 8.3　AD9858 芯片引脚列表

引脚编号	助记符	I/O	功能描述
1 到 4,9 到 12	D7 到 D0	I	并口数据引脚 DATA。注意，仅当 I/O 端口被配置为并口工作时，这些引脚的功能才有效
5,6,21,28,95,96	DGND		数字地
7,8,20,23 到 27,93,94	DVDD		数字电源
13 到 18	ADDR5 到 ADDR0	I	当 I/O 端口被配置为并口工作时，这些引脚作为 6 位地址选择线来访问片上寄存器组(对于串口模式，参见下面的 IORESET、SDO、SDIO 引脚描述)
16	IORESET	I	注意该引脚仅对串行编程模式有效。高电平有效输入信号，复位串行 IO 总线控制器。当不正确的协议编程造成串行总线无响应时，该信号提供一个恢复手段。IO 复位生效不会影响先前编程的寄存器的内容，即不会激活它的默认值
17	SDO	O	注意该引脚仅对串行编程模式有效。当 IO 端口作为 3 线串口工作时，该引脚作为单向串行数据输出引脚。当作为 2 线串口工作时，该引脚无用
18	SDIO	I or I/O	注意该引脚仅对串行编程模式有效。当 IO 端口作为 3 线串口工作时，该引脚作为单向串行数据输入引脚。当作为 2 线串口工作时，该引脚为双向串行数据引脚
19	$\overline{WR}$ /SCLK	I	当 I/O 端口被配置为并行编程模式时，该引脚的功能是低电平有效的写脉冲($\overline{WR}$)。当 I/O 端口被配置为串行编程模式时，该引脚的功能为串行数据的时钟

续表 8.3

引脚编号	助记符	I/O	功能描述
22	$\overline{RD}$ / $\overline{CS}$	I	当 I/O 端口被配置为并行编程模式时，该引脚的功能是低电平有效的读脉冲($\overline{RD}$)。当 I/O 端口被配置为串行编程模式时，该引脚的功能为低电平有效的片选信号($\overline{CS}$)，允许多个器件共享一个串行总线
29,30,37to39,41,42,49,50,52,69,74,80,85,87,88	AGND	I	模拟地
31,32,35,36,40,43,44,47,48,51,70,73,77,86,89,90	AVDD	I	模拟电源
33	$\overline{REFCLK}$	I	基准时钟补信号输入。注意，当 REFCLK 端口工作在单端模式时，$\overline{REFCLK}$ 应该用 0.1uF 的电容解耦到 AVDD
34	REFCLK	I	基准时钟输入
45	$\overline{LO}$	I	混频器本振 LO 补信号输入。注意，当 LO 端口工作在单端模式时，$\overline{LO}$ 应该用 0.1uF 的电容解耦到 AVDD
46	LO	I	混频器本振 LO 信号输入
53	$\overline{RF}$	I	模拟混频器射频 RF 补信号输入。注意，当 RF 端口工作在单端模式时，$\overline{RF}$ 应该用 0.1uF 的电容解耦到 AVDD
54	RF	I	模拟混频器射频 RF 信号输入
55	IF	O	模拟混频器中频 IF 信号输出
56	$\overline{IF}$	O	模拟混频器中频 IF 补信号输出
57	$\overline{PFD}$	I	鉴频鉴相器 PFD 补信号输入。注意，当 PDF 端口工作在单端模式时，$\overline{PFD}$ 应该用 0.1uF 的电容解耦到 AVDD
58	PFD	I	鉴频鉴相器 PFD 输入
59,60,75,76	NC		未连接
61	CPISET	I	电荷泵输出电流控制引脚。从 CPISET 引脚到 CPGND 引脚连接一个电阻为电荷泵建立基准电流
62,67	CPVDD	I	电荷泵电源

续表 8.3

引脚编号	助记符	I/O	功能描述
63,68	CPGND	I	电荷泵地
64	CPFL	O	电荷泵快速锁定输出
65,66	CP	O	电荷泵输出引脚
71	DIV	I	鉴频鉴相器反馈输入
72	$\overline{\text{DIV}}$	I	鉴频鉴相器反馈补信号输入。注意,当 DIV 端口工作在单端模式时,$\overline{\text{DIV}}$ 应该用 0.1uF 的电容解耦到 AVDD
78	DACBP	I	DAC 通常用 0.1uF 的电容旁路到 AVDD
79	DACISET	I	将一个电阻从 DACISET 引脚连接到 AGND 引脚为 DAC 建立基准电流
81,82	IOUT	O	DAC 输出
83,84	$\overline{\text{IOUT}}$	O	DAC 补输出
91	SPSELECT	I	IO 端口串行/并行编程模式选择引脚。逻辑 0:串行编程模式;逻辑 1:并行编程模式
92	RESET	I	高电平有效的硬件复位引脚。有效的 RESET 引脚强制 AD9858 进入默认工作条件
97,98	PS0 PS1	I	用于选择内部 4 套(用户直接操控)寄存器组中的一组。这些引脚要与 SYNCLK 同步
99	FUD	I	频率更新。该引脚信号的上升沿将内部缓存寄存器中的内容传送到存储寄存器中。该引脚要与 SYNCLK 同步
100	SYNCLK	O	时钟输出,该引脚输出信号用于作为外部硬件的同步器。SYNCLK 工作在 REFCLK/8 的频率上

注意,在这些引脚信号中,主要包括 4 个部分,一是有关时钟和复位信号,二是有关电源信号,三是模拟相关信号,四是数字相关信号。跟数字相关的信号其实不是很多,主要包括:①寄存器的并行读写操作相关信号,如数据线 D7～D0、地址线 ADDR5～ADDR0、WR 和 RD;②寄存器的串行读写操作相关信号,如 SDO、SDIO、SCLK、CS、IORESET;③寄存器的并行读写或串行读写操作的选择信号 SPSELECT;④来自芯片外面的进行数字控制的信号,如 PS0、PS1 和 FUD 信号。

综上所述,本芯片是一个直接频率合成器芯片,它根据用户的配置产生相应频率特征的正弦波信号输出。芯片具体产生怎样的频率特征的信号输出,是由芯片内的配置寄存器值决定的。通过改变芯片内配置寄存器的值,可以改变芯片的工作模式,得到不同频率特征的信号输出。为了增强芯片应用的灵活性,芯片对片内寄存器值的读写操作兼容两种模式:串行模式和并行模式。另外,芯片正常工作的话,还要提供工作电源和工作时钟。为了增强芯片应用的灵活性,本芯片的工作时钟可以从外部引脚直接接入一个外部时钟,还可以通过内部的锁相环电路产生。本芯片为了降低功耗,还可以在睡眠模式下工作。通过设置寄存器中的相应比特,来激活睡眠模式。在睡眠模式下,该器件各个功能组件相关的时钟均被关断,从而节省相当程度的功耗。

芯片工作过程大致如下:首先是接上电源,芯片会进行上电复位,所有片内寄存器会处于初始值(寄存器初始值详见芯片手册)。接着对芯片内的寄存器进行配置,确立芯片的工作模式(如果用户不对寄存器值进行改写,芯片会处于缺省的工作模式)。然后芯片开始正常工作。在芯片工作过程中,用户还可以通过芯片端口信号更改芯片工作模式等。芯片开始工作的过程就像电脑启动的过程一样,都有一个初始化过程。

8.2　AD9858 芯片模块划分和功能要求

AD9858 芯片整体原理框图如图 8.3 所示。显然,该芯片是一个数模混合的系统级芯片。既包括数字电路,又包括模拟电路。其中模拟电路主要包括:

(1)DAC 模块:把数字信号转化为连续波形信号即模拟信号输出。

(2)锁相环模块:负责给芯片提供高频的内部工作时钟。但当芯片直接使用外部时钟(±REFCLK)时,这个模块不使用。

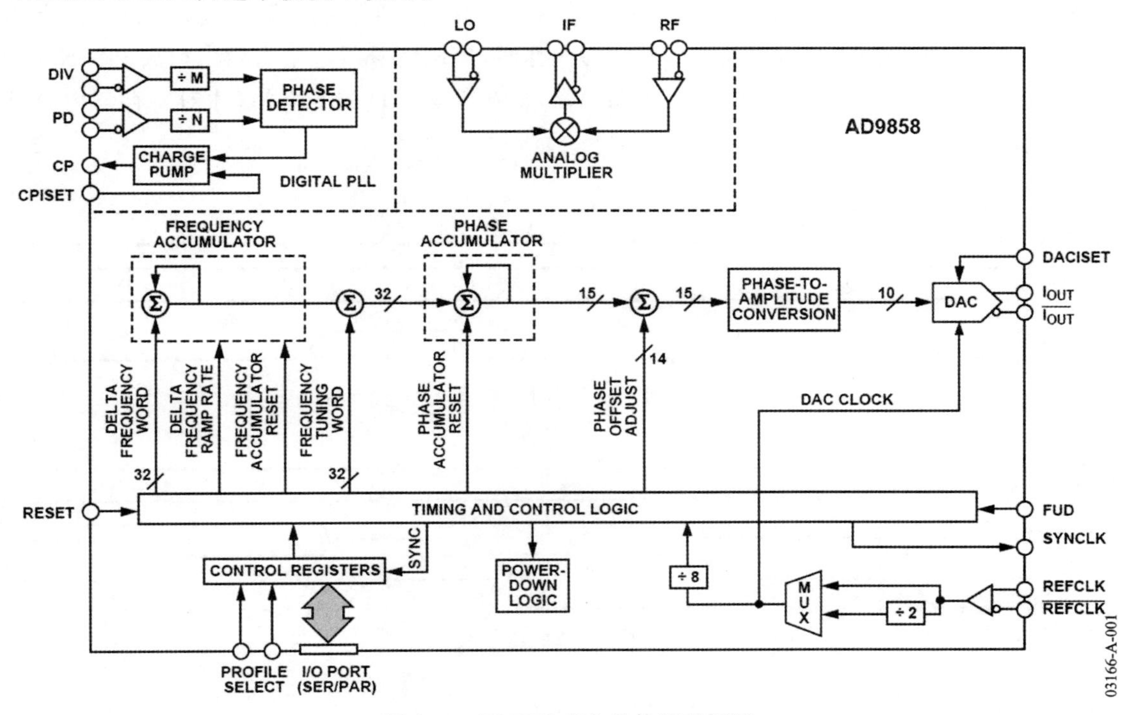

图 8.3　AD9858 芯片整体原理框图

由于我们只考虑芯片中数字电路设计，所以无需关注锁相环等模拟电路的相关内容，包括集成可编程电荷泵和具有快速锁定电路的鉴频鉴相器、集成 2GHz 混频器等电路。

AD9858 芯片的数字电路可分为寄存器模块，DDS 模块和时钟与复位模块等三大部分，下面分别进行描述。

1. 寄存器模块

寄存器模块又叫配置寄存器模块，寄存器内容是为了配置芯片的不同工作模式，或者存储芯片的工作状态供用户读取，方便用户对芯片进行调试。一般来说，配置寄存器是可读可写的 RAM 存储器。有的芯片内部还用到 OTP 模块，即一次可编程的 ROM 模块，里面存储的是固定信息。芯片出厂后，用户通过对芯片测试，需要对芯片进行初始校准，从而把校准值写到这个 ROM 中，让芯片能够工作在良好状态，这个校准值就是存储在 OTP 模块中。AD9858 中是可读可写的 RAM 存储器，没有 OTP 模块和内容。

该寄存器全部容量为 48×8bit。我们可以通过并行接口即数据线 D7～D0、地址线 ADDR5～ADDR0、WR 和 RD 等信号对它进行读写操作，还可以通过串行接口即 SPI 接口，用 SDO、SDIO、SCLK、CS 等信号对它进行读写操作。我们不可能同时使用这两种接口，只能要么用并口操作，要么用串口操作，具体由 SPSELECT 信号来决定。当端口信号 SPSELECT 为高电平时，并口操作有效，反之串口操作有效。并口操作时，我们通过端口引脚数可以推断，每次读写 8bit 信息。SPI 接口操作时，为了跟并口操作兼容，我们设定一个传输周期要传输 16bit 信息，即 8bit 指令信息和 8bit 数据信息。读写控制信号与并行操作时要求一致，方便 SPSELECT 信号选择。我们对 RAM 存储器的选择，按照芯片手册的要求，必须符合如图 8.4、图 8.5 所示的读写时序要求。因为写操作时，WR 信号低电平有效，读操作时，RD 信号低电平有效，我们可以选择边沿触发的 RAM，即在 WR/RD 的上升沿，才对寄存器内容进行更新操作。

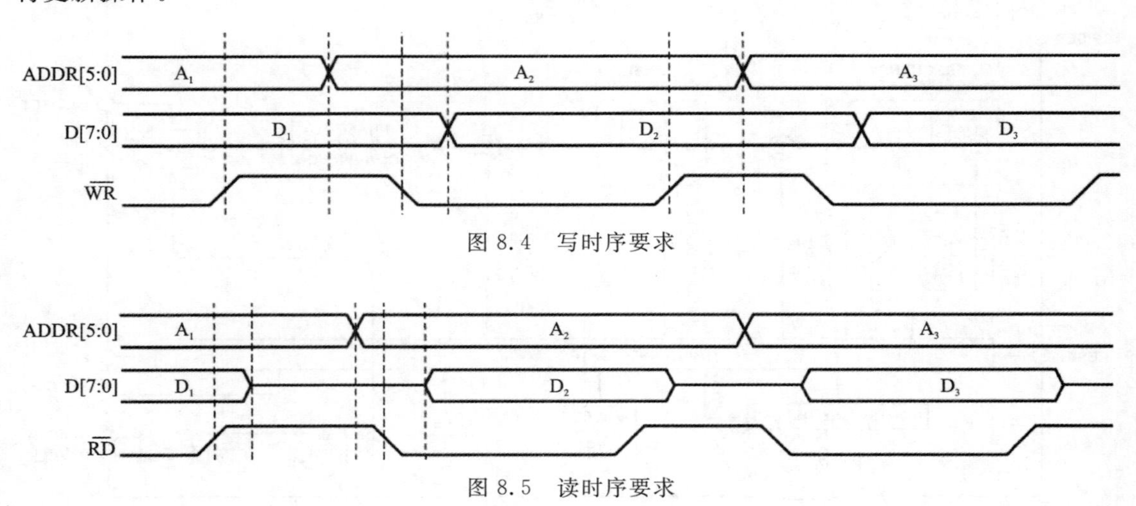

图 8.4　写时序要求

图 8.5　读时序要求

我们需要设计的寄存器模块原理框图如图 8.6 所示。寄存器支持两种接口方式对其进行操作，由 SPSELECT 信号选择接口方式。

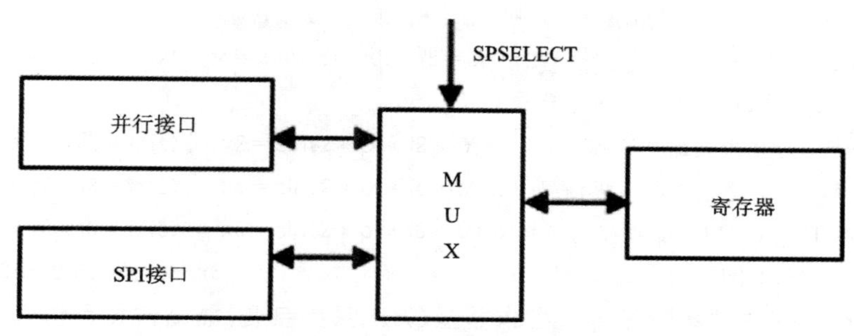

图 8.6　寄存器模块原理框图

这个寄存器模块端口信号可参考下面描述，大家自行完成本模块的代码设计。

```
module          configure_register(
reset,                      //input,高电平有效
//sysclk,                   //input,芯片工作主时钟,1GHz,本模块未用
synclk,                     //input,sysclk 的 8 分频时钟,125MHz
p0_syn,                     //input,经过 synclk 同步处理,进行直控选择
p1_syn,                     //input,经过 synclk 同步处理,进行直控选择
fud_syn,                    //input,经过 synclk 同步处理,控制寄存器输出信号的更新
spselect,                   // input,操作方法选择,"0":SPI 串口;"1":并口
sdo,                        //output,SPI 串口信号线
cs,                         //input,SPI 串口信号线
sclk,                       //input,SPI 串口信号线
sdi,                        //input,SPI 串口信号线
ioreset,                    //input,SPI 串口信号线
paddrin,                    //input,并口地址线
pdatain,                    //input,并口数据输入
pdataout,                   //output,并口数据输出
wr,                         //input,并口写操作控制,低有效
rd,                         //input,并口读操作控制,低有效
//以下均为寄存器值输出
cfr1_sdioen,          //决定 SPI 是使用 3 线制还是 4 线制,cfr1 表示 CFR[1]
cfr2_PowerDdown,            //控制是否进入省电模式
cfr3_PhaseDetect_PD,        //提供给模拟电路信号
cfr4_Mixer_PD,              //提供给模拟电路信号
cfr5_SYNCLKout_dis,         //控制是否输出 SYNCLK 信号
cfr6_div2_dis,              //控制是否对 REFCLK 二分频
cfr98_PhaseDetect_M,        //提供给模拟电路信号
cfr10_PumpPolarity,         //提供给模拟电路信号
cfr1211_PhaseDetect_N,      //提供给模拟电路信号
cfr13_PumpOffset,           //提供给模拟电路信号
cfr14_SinOut_en,            //控制 DDS 模块的数据输出与否
```

```
cfr15_FreqSweep_en,//控制是否开启扫描工作模式
cfr16_ FastLock_NoFTW,//提供给模拟电路信号
cfr17_FastLock_en,//提供给模拟电路信号
cfr19_clearPA,//相位累加器清零信号
cfr20_clearFA,//频率累加器清零信号
cfr21_loadDFR,//DFRRW 加载控制信号
cfr22_autoclPA,//相位累加器自动清零信号
cfr23_autoclFA,//频率累加器自动清零信号
cfr2624_ WideLoop_CPC, //提供给模拟电路信号
cfr2927_ FinalLoop_CPC, //提供给模拟电路信号
cfr3130_ FreqDetect_CPC, //提供给模拟电路信号
dftw,//频率累加器的步长控制字
dfrrw,//频率累加器的维持时间控制字
ftw,//频率控制字
pow //初始相位控制字
);
```

2. DDS 模块

DDS 模块原理框图如图 8.7 所示，主要包括频率累加器、相位累加器、相位调整和相位幅度变换等几个模块。

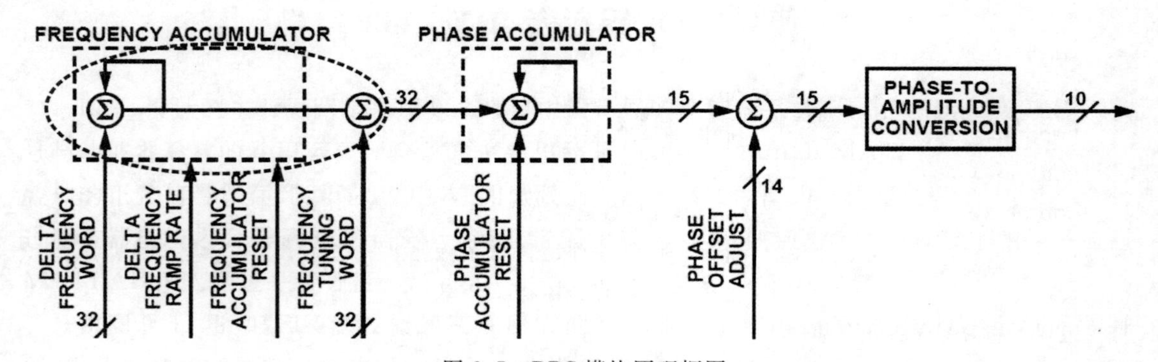

图 8.7 DDS 模块原理框图

相位幅度变换模块就是完成输入角度到输出幅度的正余弦值变换功能，可以通过查找表或 CORDIC 算法实现。输入角度位宽为 15 位，输出正余弦值位宽为 10 位。

相位调整是指相位累加器输出值不是直接送给相位幅度变换模块，而是相位累加器输出值截断为 15 位位宽后，还要与相位调整值 POW(来自配置寄存器)相加，再送给相位幅度变换模块。增添这个功能，方便我们对输出正弦波进行初相设置，从而得到任意初相的正弦波输出。就是说，原来只能输出正弦波 $\sin(2\times pi\times fi/fs\times n)$，现在能输出正弦波 $\sin(2\times pi\times fi/fs\times n+\theta_0)$，其中 θ_0 可以通过寄存器 POW 进行设置，方便实现相位调制。

相位累加器模块完成相位累加功能，其输入信号 FTW(来自配置寄存器)决定输出信号

的频率。当 FTW 为某一确定值时，此时输出信号是单一频率，芯片工作在单频模式。当芯片工作在扫频模式时，FTW 就不能维持不变，这时就需要频率累加器模块。

频率累加器在扫描模式时工作。当器件工作在扫描模式时，频率累加器的输出与频率调谐字 FTW 相加后送给相位累加器，以实现 AD9858 的频率扫描功能。DFTW 控制频率扫描的频率步进值，而 DFRRW 控制着 DFTW 的累加速率。频率累加器模块决定扫频模式的频率特征，包括其起始频率多少、频率变化快慢等，频率累加器模块输入信号包括：FTW（来自配置寄存器）、DFTW（来自配置寄存器）和 DFRRW（来自配置寄存器）、SYSCLK 和 SYNCLK 时钟信号，以及多个复位信号等。

这个 DDS 模块端口信号可参考下面描述，大家自行完成本模块的代码设计。当然，如果大家把 DDS 细分为几个小模块分别进行设计，每个小模块的端口信号大家根据实际需要自行决定。

```
module  dds(
reset,                     //input,高电平有效
sysclk,                    //input,芯片工作主时钟,1GHz
synclk,                    //input,SYSCLK 的 8 分频时钟,125MHz
cordic_out,                //output,输出 10bit 给 DAC 模块
cfr14_SinOut_en,           //input,控制正弦波输出的使能信号
cfr15_FreqSweep_en,        //input,控制扫频模式的使能信号
cfr19_clearPA,
cfr22_autoclPA,
cfr20_clearFA,
cfr23_autoclFA,
cfr21_loadDFR,
dftw,
dfrrw,
ftw,
pow );
```

要注意 cfr19_clearPA 和 cfr22_autoclPA 信号，以及 cfr20_clearFA 和 cfr23_autoclFA 信号的含义和区别。我们以 cfr19_clearPA 和 cfr22_autoclPA 信号为例进行描述。当 cfr19_clearPA 为 1 时，相位累加器被同步清零，并会维持清零状态直到 cfr19_clearPA 为 0。当 cfr22_autoclPA 为 0 时，新的 FTW 会加载到相位累加器的输入端。当 cfr22_autoclPA 为 1 时，相位累加器会清零，什么时候清零受 FUD 信号控制，且清零只持续一个时钟周期。这两个信号的取值及相应处理如表 8.4 所示。cfr20_clearFA 和 cfr23_autoclFA 对频率累加器的操作类似。

表 8.4 cfr19_clearPA 和 cfr22_autoclPA 的信号处理

cfr19_clearPA	cfr22_autoclPA	相应处理
0	0	FTW 与相位累加器正常连接

续表 8.4

<table>
<tr><th>cfr19_clearPA</th><th>cfr22_autoclPA</th><th>相应处理</th></tr>
<tr><td>0</td><td>1</td><td>相位累加器清零且持续一个时钟周期，然后 FTW 与相位累加器正常连接</td></tr>
<tr><td>1</td><td>X</td><td rowspan="2">相位累加器清零且持续到 cfr19_clearPA 为 0，然后 FTW 与相位累加器正常连接</td></tr>
<tr><td>1</td><td>X</td></tr>
</table>

3. 时钟与复位模块

实际上我们设计一个芯片时，要先理清时钟和复位信号。芯片总共需要几个时钟，不同时钟分别作用在哪些模块。芯片总共有哪些复位信号，不同复位信号对电路模块分别有什么影响等。

不考虑模拟锁相环等模拟模块，本芯片时钟信号主要包括±refclk、sclk、sysclk 和 synclk 等几个时钟。其中 sclk 时钟只用于 SPI 接口模块，跟±refclk 时钟独立不相关。±refclk 是来自芯片引脚的输入信号，DDS 模块的主要工作时钟 sysclk 是通过±refclk 产生出来的，synclk 同样是通过±refclk 产生出来的。这几个时钟的关系如图 8.8 所示。因为 DDS 模块的主要工作时钟 sysclk 要求是 1GHz。当输入时钟±refclk 为 2GHz 时，必须使能二分频模块，这个具体由 cfr6_div2_dis 取值来决定。synclk 时钟是 sysclk 的八分频时钟，约为 125MHz。synclk 时钟作用域比较小，主要应用于频率累加器模块的一部分电路，以及用于 fud、ps0、ps1 信号的同步处理等。最后，synclk 时钟受寄存器的 cfr5_SYNCLKout_dis 信号控制，当 cfr5_SYNCLKout_dis 为 0 时，synclk 时钟信号会通过芯片引脚传输出去，反之则不传输出去。此外，芯片还有一种睡眠模式，受寄存器的 cfr2_PowerDdown 信号控制。控制睡眠模式的信号有 3 位，即 CFR[4：2]，当 3 位全为 1 时，芯片进入完全睡眠模式。当 CFR[4]为 1 时，模拟混频器不工作；当 CFR[3]为 1 时，模拟锁相环不工作；当 CFR[2]为 1 时，DDS 和 DAC 不工作，但 SYNCLK 正常工作。就是说，跟数字电路有关的控制信号有 cfr2_PowerDdown，当它为 1 时，sysclk 一直保持为 0，它作用的电路都不工作，处于省电状态。时钟电路原理框图如图 8.8 所示。一般而言，高频时钟往往需要全定制设计，主要属于模拟设计范畴，只有部分电路可以进行数字设计。比如如何通过端口的差分 refclk 输入来得到 1GHz 的 sysclk信号，只能通过模拟设计得到。

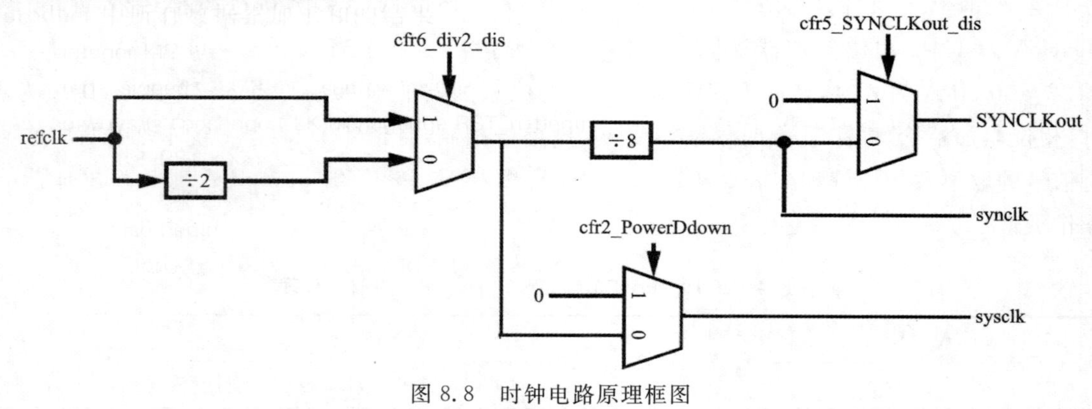

图 8.8 时钟电路原理框图

复位信号主要有来自端口的 reset、ioreset，以及来自配置寄存器由用户定义的 cfr19_clearPA、cfr20_clearFA、cfr22_autoclPA、cfr23_autoclFA 等信号。其中 reset 是全局复位信号，高电平有效。ioreset 只跟 SPI 模块相关，当 ioreset 有效时，相当于终止当前的数据传输过程，其效果等同于片选信号 CS 拉高，让传输过程重新来过。还有由用户定义的几个信号，分别对相位累加器或频率累加器模块进行复位或清零。这几个信号如何作用，请参看上文描述。下面给出时钟和复位模块的参考端口信号。

```
module  clk_and_reset(
reset,              //input,高电平有效
refclk_p,           //input,时钟差分输入的 p 端
refclk_n,                   //input,时钟差分输入的 n 端
cfr2_PowerDdown,            //input,睡眠模式控制信号
cfr5_SYNCLKout_dis,         //input,synclk 时钟输出控制信号
cfr6_div2_dis,              //input,二分频控制使能信号
p0,                         //input,端口信号,进行直控选择
p1,                         //input,端口信号,进行直控选择
fud,                        //input,端口信号,控制寄存器输出信号的更新
sysclk,                     //output,芯片工作主时钟输出,1GHz
synclk,                     //output,sysclk 的 8 分频时钟输出,125MHz
SYNCLKout,                  //output,synclk 的端口输出
p0_syn,                     //output,p0 信号经过 synclk 时钟同步后的输出
p1_syn,                     //output,p1 信号经过 synclk 时钟同步后的输出
fud_syn,                    //output,fud 信号经过 synclk 时钟同步后的输出
);
```

除了以上描述的 3 个模块之外，还有一些需要注意的细节方面。如芯片中的配置寄存器，不仅给数字模块提供配置信息（控制信号），还给模拟电路提供控制信号，这些信号同样要在数字模块中进行定义和输出，如表 8.5 中方框里的比特位，就是用于模拟电路的控制，要在数字顶层电路中进行输出，以便给模拟模块提供控制信号。

表 8.5　模拟电路控制信号

Register Name	Address Ser	Address Par	(MSB) Bit 7	Bit 6	Bit 5	Bit 4	Bit 3	Bit 2	Bit 1	(LSB) Bit 0	Default Value	Profile
Control function register (CFR)	0x00	0x00 [7:0]	Not used	2 GHz divider disable	SYNCLK disable	Mixer power-down	Phase detect power-down	Power-down	SDIO input only	LSB first	0x18	N/A
		0x01 [15:8]	Freq. sweep enable	Enable sine output	Charge pump offset	Phase detector divider ratio (N) (see Table 10)		Charge pump polarity	Phase detector divider ratio (M) (see Table 11)		0x00	N/A
		0x02 [23:16]	Auto Clr freq. accum	Auto Clr phase accum	Load delta freq timer	Clear freq accum	Clear phase accum	Not used	Fast lock enable	FTW for fast lock	0x00	N/A
		0x03 [31:24]	Frequency detect mode charge pump current (see Table 7)		Final closed-loop mode charge pump current (see Table 8)			Wide closed-loop mode charge pump current (see Table 9)			0x00	N/A

另外，配置寄存器中的值，通过串口或并口对寄存器进行配置或改写后，有的控制比特会直接对相关模块起作用，即有些信号的值一经改变，相应模块就会立即响应。但不是所有信号都会这样，寄存器中有很多比特，改写后不会立即影响到对应模块，而是会受到比如其他信号如更新信号的控制，只有在更新信号有效后，这些改写的寄存器值才会对电路模块产生作用。当多组信号对同一模块进行控制时，有时需要这些控制信号同步更新。这些控制信号只有当更新信号有效时才对模块发挥作用，有时还必须对更新信号进行同步处理。如图 8.9 所示，受 PS0、PS1 控制的寄存器，只有 PS0、PS1 选定的寄存器值才输出到 DDS 模块，而且 PS0、PS1 信号本身要经过 SYNCLK 时钟进行边沿检测处理或同步处理。FUD 信号同样要经过 SYNCLK 时钟进行边沿检测处理或同步处理。至于为什么要进行边沿检测处理，请大家阅读资料给出理由。

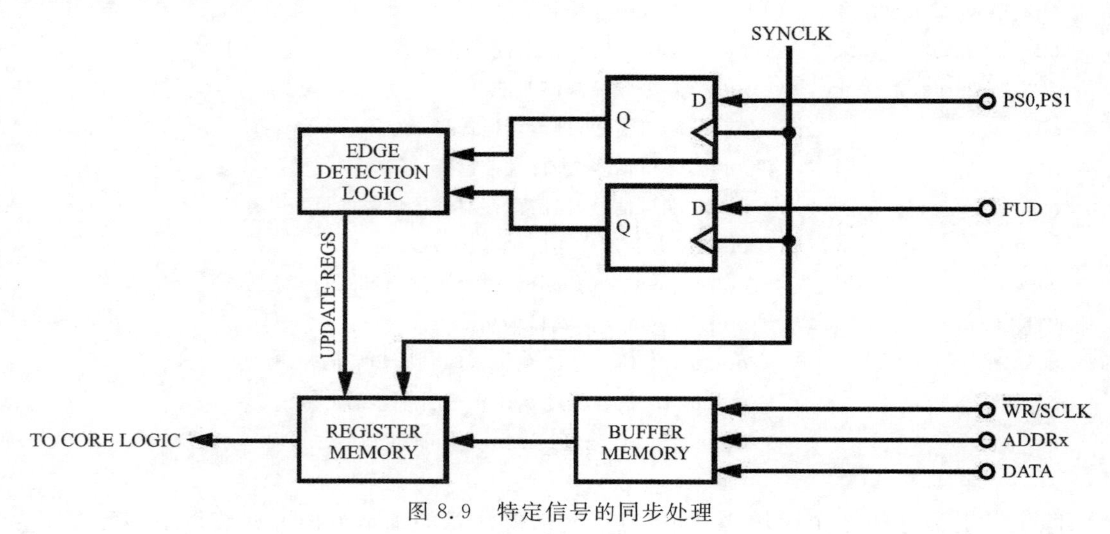

图 8.9　特定信号的同步处理

8.3　AD9858 芯片顶层设计和验证

完成芯片中的全部数字电路设计，是我们的最终目标。当各个子模块完成 RTL 设计后，我们就要拼接出数字顶层电路，这个顶层电路一般要完成芯片中要求的全部数字功能。因为芯片中的数字电路和模拟电路在芯片制造过程中有较大不同，为了避免相互干扰，数字电路和模拟电路有相对独立的电源网络，有明显区隔的布局等，所以在整个数字电路布局布线时一般要放在一个区域里面。

当完成顶层电路设计后，接下来就是对数字顶层的验证，即功能仿真和验证。我们可以编写测试激励，先进行子模块如 SPI 接口的验证、DDS 的验证等。只有子模块验证通过，我们才开始总体电路的拼接和验证。在验证总体模块时，由于通过 SPI 接口配置寄存器，配置之后再观察其他模块响应，比较繁琐或耗时，我们在编写顶层测试激励时，可以直接给相关配置信号赋值，而不是通过 SPI 来赋值，可以省时省力。前提是我们已对 SPI 模块进行充分仿真，可以保证该模块的正确性，就不用验证带有 SPI 的顶层模块。另外，我们还可以把全部数字代码通过编程下载到 FPGA 器件，看 FPGA 能否完成相关数字功能。这种直接用 FPGA 芯片来验证设计代码的方法，同样是常用的验证手段，这个方法往往叫 FPGA 原型验证。

当数字顶层电路通过功能验证后，接下来就是电路综合。电路综合是通过一个工具软件，把代码转变为基本门电路及其连接关系的电路网络，即门级网表。电路综合结果跟具体厂家的工艺库有关，你用哪家的工艺库，综合结果就是用这个工艺库里面的标准单元电路搭建出来的。我们可以通过电路综合的结果报告，了解电路规模、电路能够工作的最大频率，以及电路的预计功耗等。评价一个设计的好坏，就是要看它所用电路资源是否较小，电路工作频率是否较快，功耗是否较低。当然还有其他一些指标，比如电路从输入到输出的处理时间是否较快，这样导致输出延时较小，电路的实时性较好。还有电路输出结果跟理论值相比，误差是否较小等。不同的设计，它们各项指标还是有差异的，还是可以比较设计优劣的。

下面提供一个电路综合的脚本文件供大家参考，供大家去评价自己的电路设计能否符合芯片工作频率要求。

```
# Set the current_design #
current_design cordic_1
create_clock -period 8 -waveform {0 4} [get_ports {clk}]
set_input_delay 2.4 -max -clock "clk" [get_ports {angle_in[0]}]
set_input_delay 2.4 -max -clock "clk" [get_ports {angle_in[1]}]
set_input_delay 2.4 -max -clock "clk" [get_ports {angle_in[2]}]
set_input_delay 2.4 -max -clock "clk" [get_ports {angle_in[3]}]
set_input_delay 2.4 -max -clock "clk" [get_ports {angle_in[4]}]
set_input_delay 2.4 -max -clock "clk" [get_ports {angle_in[5]}]
set_input_delay 2.4 -max -clock "clk" [get_ports {angle_in[6]}]
set_input_delay 2.4 -max -clock "clk" [get_ports {angle_in[7]}]
set_input_delay 2.4 -max -clock "clk" [get_ports {angle_in[8]}]
set_input_delay 2.4 -max -clock "clk" [get_ports {angle_in[9]}]
set_input_delay 2.4 -max -clock "clk" [get_ports {angle_in[10]}]
set_input_delay 2.4 -max -clock "clk" [get_ports {angle_in[11]}]
set_input_delay 2.4 -max -clock "clk" [get_ports {angle_in[12]}]
set_input_delay 2.4 -max -clock "clk" [get_ports {angle_in[13]}]
set_input_delay 2.4 -max -clock "clk" [get_ports {angle_in[14]}]
set_input_delay 2.4 -max -clock "clk" [get_ports {angle_in[15]}]
set_input_delay 2.4 -max -clock "clk" [get_ports {cfr14_sincos}]
set_input_delay 2.4 -max -clock "clk" [get_ports {reset}]
set_output_delay 2.4 -max -clock "clk" [get_ports {cordic_out[0]}]
set_output_delay 2.4 -max -clock "clk" [get_ports {cordic_out[1]}]
set_output_delay 2.4 -max -clock "clk" [get_ports {cordic_out[2]}]
set_output_delay 2.4 -max -clock "clk" [get_ports {cordic_out[3]}]
```

```
set_output_delay 2.4 -max -clock "clk" [get_ports {cordic_out[4]}]
set_output_delay 2.4 -max -clock "clk" [get_ports {cordic_out[5]}]
set_output_delay 2.4 -max -clock "clk" [get_ports {cordic_out[6]}]
set_output_delay 2.4 -max -clock "clk" [get_ports {cordic_out[7]}]
set_output_delay 2.4 -max -clock "clk" [get_ports {cordic_out[8]}]
set_output_delay 2.4 -max -clock "clk" [get_ports {cordic_out[9]}]
set_clock_uncertainty  2.4 -setup [get_ports {clk}]
set_local_link_library \
{/users1/AD9858/JAZZPDKV12/DIGITALKIT/synopsys/db/ss/ri35sy101_ss.db}
set_max_area 100
set_operating_conditions "WORST" -library "ri35sy101_ss"
set_wire_load_model  -name "sbc35_medium" -library "ri35sy101_ss"
set_wire_load_mode "enclosed"
set_dont_touch_network [get_ports {clk}]
```

我们设计的电路，特别是DDS模块，芯片设计要求能够工作在1GHz的频率，如果电路综合结果表明，DDS模块最快只能工作在300MHz的频率，那我们只能去修改代码，让设计达成芯片手册要求。此时，我们必须考虑多路并行的方式来改写代码，以提高电路的工作速度。

本章习题

1. 阅读AD9858芯片手册，深入了解芯片功能。

2. 阅读AD9858芯片手册，深入了解芯片配置寄存器内容，深入理解配置寄存器在芯片中的地位和作用。

3. 分组完成芯片各个数字模块设计，并最终完成其顶层模块设计。

4. 进行顶层模块设计代码的电路综合，并解决综合出现的问题，最终使设计能够工作在1GHz的频率。提交电路设计描述和电路综合结果描述报告。

第 9 章　滤波器设计

数字滤波器能够对输入的离散信号进行运算处理，可以使信号中特定的频率成分通过，而极大地衰减信号中其他的频率成分。本章介绍 FIR 数字滤波器的基本概念，以及如何利用 MATLAB 工具来设计特定功能的滤波器、如何对滤波器进行硬件实现等。

9.1　数字滤波器概述

根据幅频特性所表示的通过或阻止信号频率范围的不同，滤波器可以分为低通滤波器（LPF）、高通滤波器（HPF）、带通滤波器（BPF）和带阻滤波器（BEF）4 种。从信号特征来看，滤波器可以分为模拟滤波器和数字滤波器。切比雪夫滤波器、巴特沃斯滤波器均为模拟滤波器。本章主要阐述数字滤波器。所谓数字滤波器，是指输入输出均为数字信号，通过一定的运算关系，改变输入信号中所含频率成分的相对比例，或滤除某些频率成分的器件。数字滤波器在信号的过滤、检测、预测等处理中有广泛的应用，是数字信号处理工程应用的重要基础。

数字滤波器可以通过卷积和递归两种方式实现。通过卷积实现的滤波器，由于卷积核长度有限，其冲击响应长度有限，即当前时刻的输出取决于之前的有限输入，且对于脉冲输入信号的响应最终趋向于 0，因此基于卷积实现的数字滤波器称为有限冲激响应滤波器即 FIR 滤波器。通过递归实现的滤波器，当前时刻的输出不仅取决于之前 N 个时刻的输入，还受之前 M 个时刻输出的影响（借助反馈链路），其冲击响应可以达到无限长，因此基于递归实现的滤波器称为无限冲激响应滤波器即 IIR 滤波器。与使用递归的 IIR 滤波器相比，FIR 滤波器的设计更为简单，并且具有线性相位，即通过该滤波器的信号中各个频率成分的相位延迟一致。在下文中重点描述 FIR 滤波器的设计和实现方法。

在设计滤波器时，首先需要了解滤波器的性能指标，主要包含以下 3 个重要参数。

滚降速度：由于并不存在理想的滤波器，滤波器不能将期望频率范围之外的所有频率完全衰减掉，在通带之外还存在一个被衰减但没有完全被隔离的范围。为了更接近理想效果，滤波器的滚降速度应该越快越好，如图 9.1a、b 所示。

通带波纹：指在滤波器的通带范围内，频率响应中最大幅值和最小幅值的差，一般小于 1dB，滤波器的阶数越高波纹越小。为了使通带频率不改变地通过滤波器，必须尽可能抑制通带纹波，如图 9.1c、d 所示。

阻带衰减：指在滤波器的阻带范围内，输出信号相对于输入信号幅值缩小的倍数，单位通常为 dB。阻带衰减越高阻碍效果越好，如图 9.1e、f 所示。

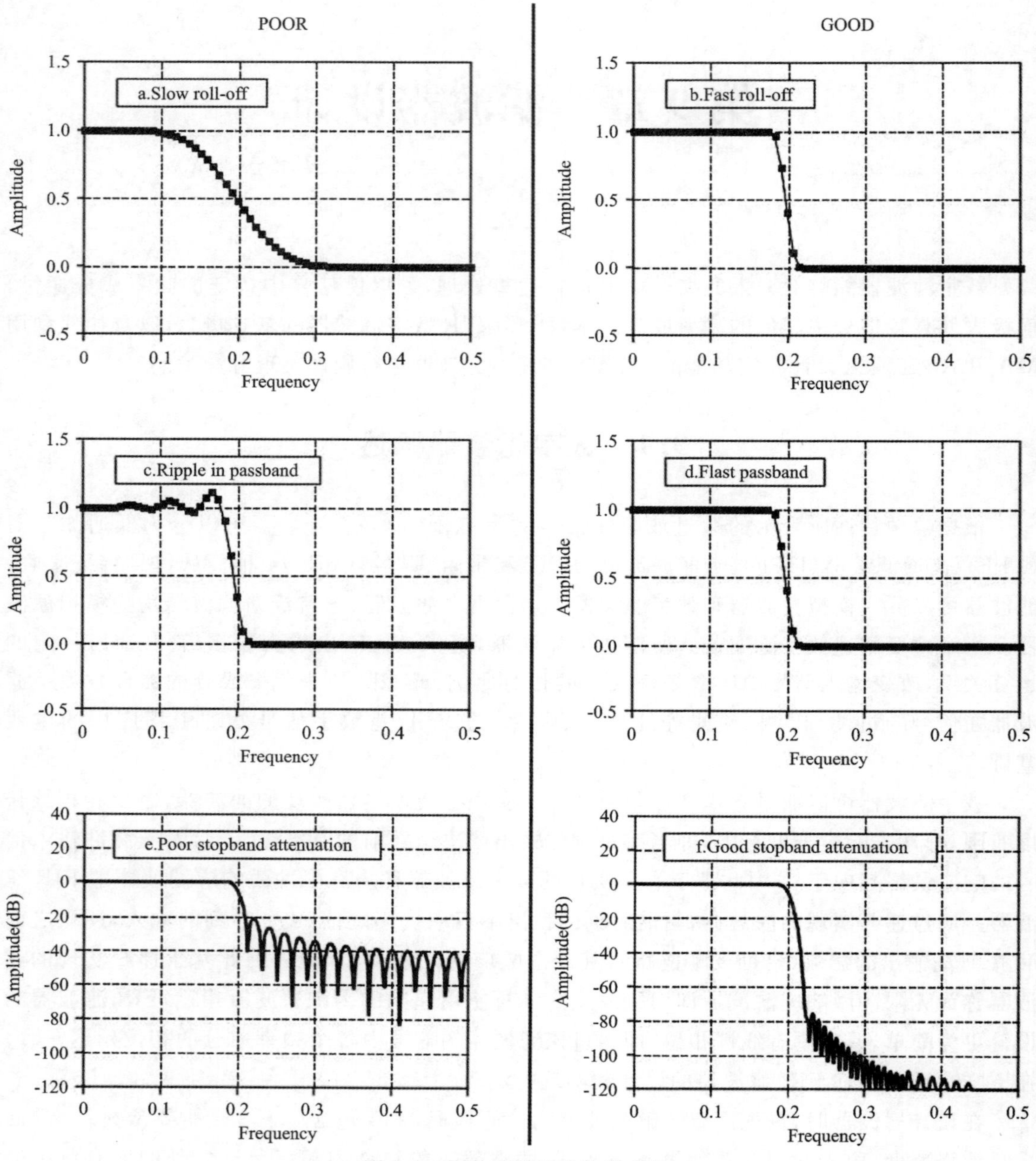

图 9.1　评估滤波器的性能参数

数字滤波器其实就是一个数字信号处理器，主要使用计算机对数字信号按照预先编制的程序进行相应的计算。由于电子计算机技术和大规模集成电路的发展，数字滤波器既可用计算机软件实现，又可用数字集成电路硬件实现。从软件的角度看，数字滤波器可以理解为一个计算程序或者算法。从硬件的角度看，数字滤波器可以看作是由数字乘法器、加法器和延时单元组成的集成电路。

9.2　FIR 滤波器介绍

数字信号的滤波运算实际上是一种加权运算，输入信号与不同权重的系数进行乘加运算后能够保留目标信号，衰减干扰信号。FIR 滤波器具有线性相位，在有效频率输入范围内，经过滤波器的信号会产生时延，即相位会产生变化，但是各个信号之间的相对相位不变，此类滤波器的系数具有对称关系。

FIR 滤波器系统函数表达式为：$H(Z)=\sum_{k=0}^{N-1}h(k)z^{-k}$　(9.1)

卷积输出表达式为：$y(n)=\sum h(m)x(n-m)$　(9.2)

FIR 滤波器的单位冲激响应 $h(n)$ 定义为：

$$h(n)\begin{cases}\neq 0,0\leqslant n\leqslant N-1\\ =0,\text{其他}\end{cases}\tag{9.3}$$

式中：N 为滤波器的长度；$N-1$ 为滤波器的阶数，长度为 N 的 FIR 滤波器零点个数为 $N-1$。FIR 滤波器的基本特征可概括为：

(1)FIR 滤波器的单位冲激响应长度是有限的；

(2)由于长度有限，FIR 滤波器是稳定的；

(3)FIR 滤波器当前时刻的输出仅与当前和之前时刻的输入相关；

(4)FIR 滤波器的卷积运算可用 FFT 实现；

(5)FIR 滤波器为全零点系统。

如果一个离散系统的频率响应 $H(e^{j\Omega})$ 可以表示为：

$$H(e^{j\Omega})=A(\Omega)e^{j(-\alpha\Omega+\beta)}\tag{9.4}$$

其中 α 和 β 是常数，$A(\Omega)$ 是实数，则称这个系统是广义线性相位的。

如果 M 阶 FIR 滤波器的单位冲激响应 $h(n)$ 是实数，则可以证明系统是线性相位的充要条件为：

$$h(n)=\pm h(M-n)\tag{9.5}$$

当 $h(n)$ 满足 $h(n)=h(M-n)$，称 $h(n)$ 偶对称。当 $h(n)$ 满足 $h(n)=-h(M-n)$，称 $h(n)$ 奇对称。M 可以分为奇数和偶数，所以线性相位的 FIR 滤波器可以有 4 种类型(表 9.1)。

表 9.1　4 种线性相位 FIR 滤波器的性质

类型	Ⅰ	Ⅱ	Ⅲ	Ⅳ
阶数 M	偶数	奇数	偶数	奇数
$h(n)$的对称性	偶对称	偶对称	奇对称	奇对称
$A(\Omega)$关于 $\Omega=0$ 的对称性	偶对称	偶对称	奇对称	奇对称
$A(\Omega)$关于 $\Omega=\pi$ 的对称性	偶对称	奇对称	奇对称	偶对称

我们一般采用窗函数法进行 FIR 滤波器设计。窗函数设计法又称为傅里叶级数法。这种方法首先给出 $H_d(e^{j\Omega})$，$H_d(e^{j\Omega})$ 表示要逼近的理想滤波器的频率响应，则由 IDTFT 可以得出滤波器的单位脉冲响应为：

$$h_d(n)=\frac{1}{2\pi}\int_{-\pi}^{\pi} H_d(e^{j\Omega})\, e^{j\Omega} d\Omega \tag{9.6}$$

由于是理想滤波器，故 $h_d(n)$ 是无限长序列。但是我们所要设计 FIR 滤波器的 $h(n)$ 是有限长的。为了使 FIR 滤波器近似理想滤波器，需将理想滤波器的无限长单位脉冲响应 $h_d(n)$ 分别从左右进行截断。当截断后的单位脉冲响应 $h_d(n)$ 不是因果系统的时候，可将其右移以获得因果的 FIR 滤波器。

Gibbs 现象就是理想滤波器的单位脉冲响应 $h_d(n)$ 截断后获得的 FIR 滤波器的幅度函数 $A(\Omega)$ 在通带和阻带都呈现出振荡现象。随着滤波器阶数的增加，幅度函数在通带和阻带振荡的波纹数量随之增加，波纹的宽度随之减小，然而通带和阻带最大波纹的幅度与滤波器的阶数 M 无关。窗函数的主瓣宽度决定 $h_d(n)$ 过渡带的宽度，窗函数的长度 N 增大，其过渡带减小。

下面介绍一些常用的窗函数，用 $N=M+1$ 表示窗函数的长度。

(1)矩形窗：

$$w(n)=\begin{cases}1, 0\leqslant n\leqslant M\\ 0, \text{其他}\end{cases} \tag{9.7}$$

特点：矩形窗使用最多，习惯上的不加窗就是使信号通过矩形窗。这种窗的优点是主瓣比较集中，缺点是旁瓣较高，导致出现高频干扰和泄漏，甚至出现负谱现象。频率识别精度最高，幅值识别精度最低，所以矩形窗不是一个理想的窗(图 9.2)。

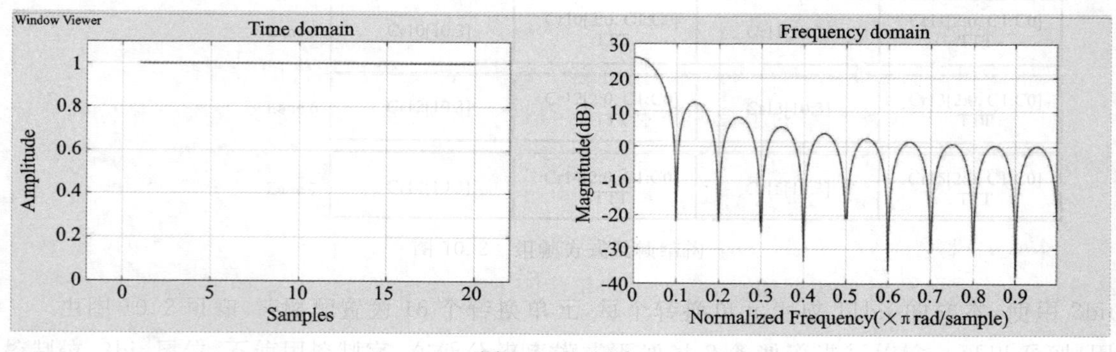

图 9.2　矩形窗

(2)汉宁窗：

$$w(n)=\begin{cases}0.5-0.5\cos\left(\dfrac{2\pi n}{M}\right), 0\leqslant n\leqslant M\\ 0, \text{其他}\end{cases} \tag{9.8}$$

特点：主瓣加宽并降低，旁瓣则显著减小，从减小泄漏的观点出发，汉宁窗优于矩形窗。但汉宁窗主瓣加宽，相当于分析带宽加宽，频率分辨力下降。它与矩形窗相比，泄漏、波动都有所减小，并且选择性有所提高。汉宁窗是很有用的窗函数。如果测试信号有多个频率分量，频谱表现得十分复杂，且测试的目的更多关注频率点而非能量的大小，则需要选择汉宁窗（图 9.3）。

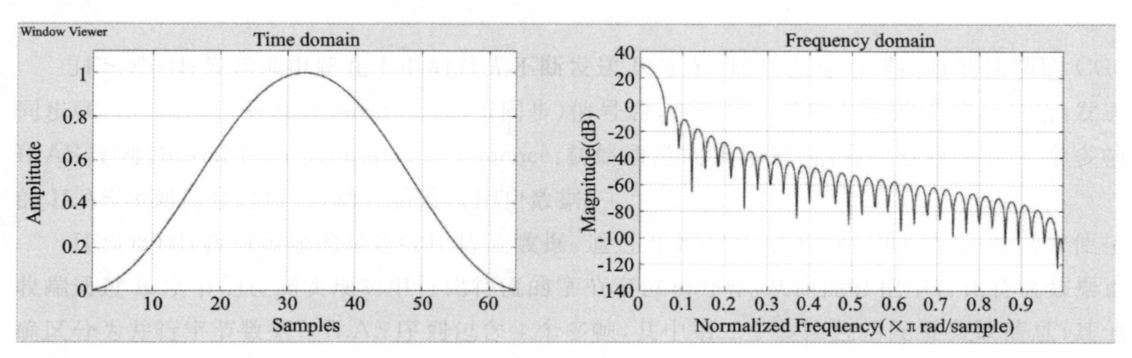

图 9.3　汉宁窗

（3）海明窗：

$$w(n)=\begin{cases}0.54-0.46\cos\left(\dfrac{2\pi n}{M}\right),0\leqslant n\leqslant M\\0,\text{其他}\end{cases}\tag{9.9}$$

特点：与汉宁窗都是余弦窗，又称改进的升余弦窗，只是加权系数不同，使旁瓣达到更小，但其旁瓣衰减速度比汉宁窗衰减速度慢（图 9.4）。

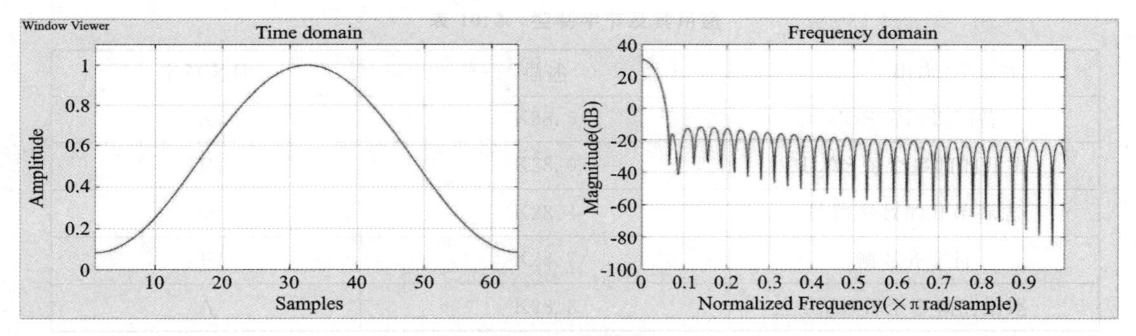

图 9.4　海明窗

（4）布莱克曼窗：

$$w(n)=\begin{cases}0.42-0.5\cos\left(\dfrac{2\pi n}{M}\right)+0.08\cos\left(\dfrac{4\pi n}{M}\right),0\leqslant n\leqslant M\\0,\text{其他}\end{cases}\tag{9.10}$$

特点：二阶升余弦窗，主瓣宽，旁瓣比较低，但等效噪声带宽比汉宁窗大一点，波动却小一点。频率识别精度最低，但幅值识别精度最高，有更好的选择性（图 9.5）。

FIR 滤波器的另一种设计方法是频率抽样法。它从频域出发，在频域直接设计，把给定的理想频率响应 $H_d(e^{j\Omega})$ 加以等间隔抽样，并以此作为实际 FIR 滤波器的频率响应。设所需滤波器的频率响应为 $H_d(e^{j\Omega})$，现要求设计一个 M 阶的 FIR 滤波器 $h(n)$，使得 $H_d(e^{j\Omega})$ 在 $M+1$个抽样点上，FIR 滤波器的频率响应 $H_d(e^{j\Omega})$ 与所需滤波器的频率响应 $H_d(e^{j\Omega})$ 相等，即：

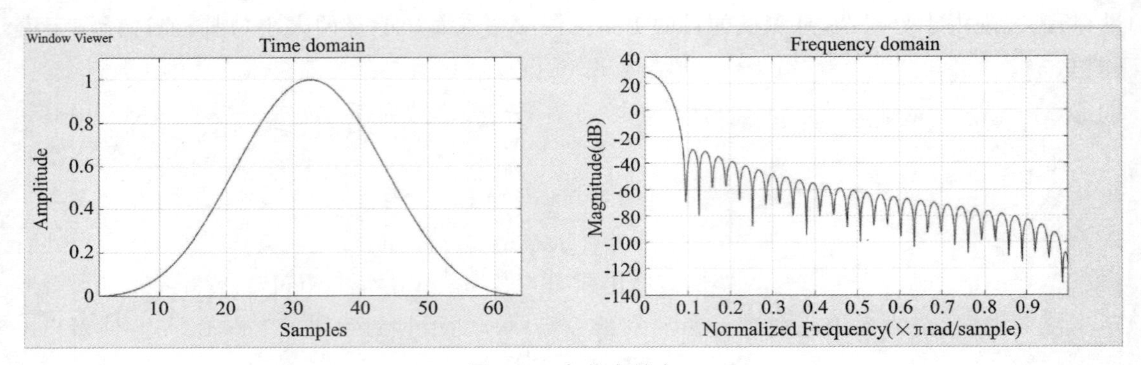

图 9.5　布莱克曼窗

$$H(e^{j\Omega}) = H(e^{j\Omega_m}) = \sum_{n=0}^{M} h(n)\, e^{-jn\Omega_m}, m = 0,1,\cdots,M \tag{9.11}$$

进行频率抽样，是在 Z 平面单位圆上的 N 个等间隔点上抽样出频率响应值，然后变换到时域，从而得到滤波器的系数。

9.3　FIR 滤波器 MATLAB 实现

假设某 FIR 滤波器设计要求如下：

(1)低通，等波纹，阶数最小；

(2)采样频率为 1200Hz，通带截止频率为 200Hz，阻带截止频率为 250Hz；

(3)通带衰减小于或等于 1dB，阻带衰减大于或等于 80dB。

如何设计这个滤波器呢？我们往往利用 MATLAB 自带的滤波器设计工具来求取滤波器的系数。

首先在 MATLAB 命令行窗口输入 Filter Designer 命令打开滤波器设计工具(图 9.6)。

如图 9.6 所示的滤波器设计工具中有如下参数需要设置：

(1)响应类型：包括低通 Lowpass，高通 Highpass，带通 Bandpass，带阻 Bandstop 等。

(2)设计方法：分为 FIR 和 IIR。FIR 滤波器的设计方法有 Equiripple 等波纹，Window 窗函数等；IIR 滤波器的设计方法有 Butterworth 巴特沃斯，Chebyshev 切比雪夫等。

(3)滤波器阶数：可以指定滤波器阶数或选择最小阶数。

(4)密度因子：一般设置大于 16 即可。

(5)频率设定：设置 Fs 采样频率，Fpass 通带截止频率，Fstop 阻带截止频率。

(6)幅度设定：设置 Apass 通带衰减，Astop 阻带衰减。

(7)在设定好如上参数之后，点击 Design Filter 设计滤波器。

在左上部分的 Current Filter Information 当前滤波器信息中，可以看到设计好的滤波器结构为直接型 FIR，阶数为 61，并且是稳定的。在设计好滤波器之后，如图 9.7 所示，可以点击 File→Export，输出滤波器系数到 Workspace 工作区的变量中。

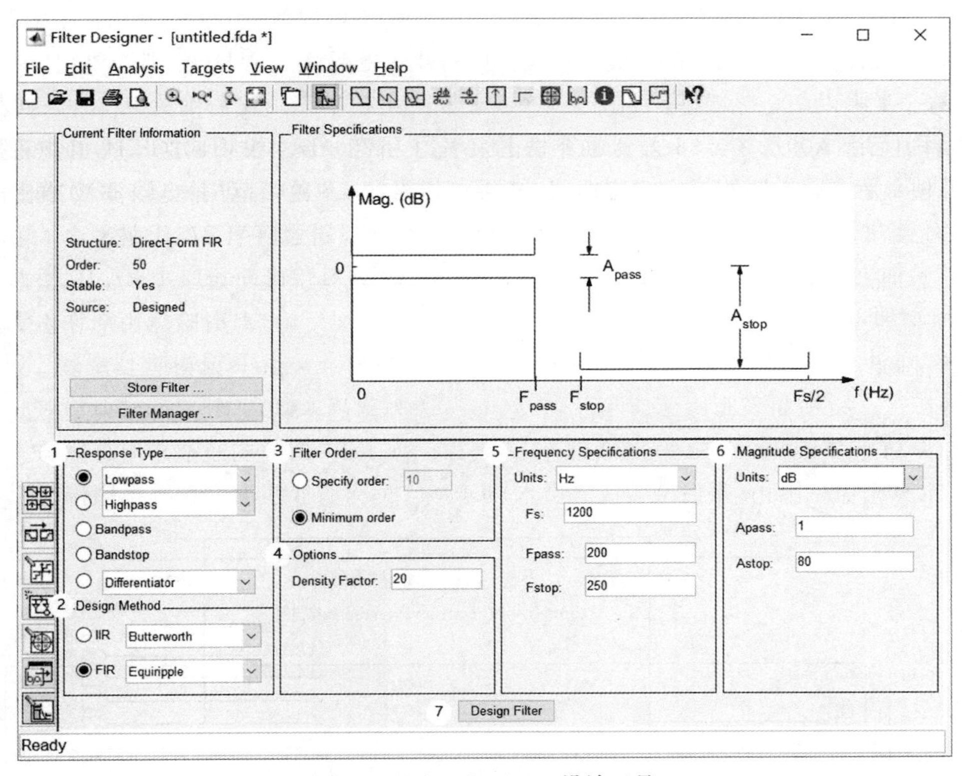

图 9.6　Filter Designer 设计工具

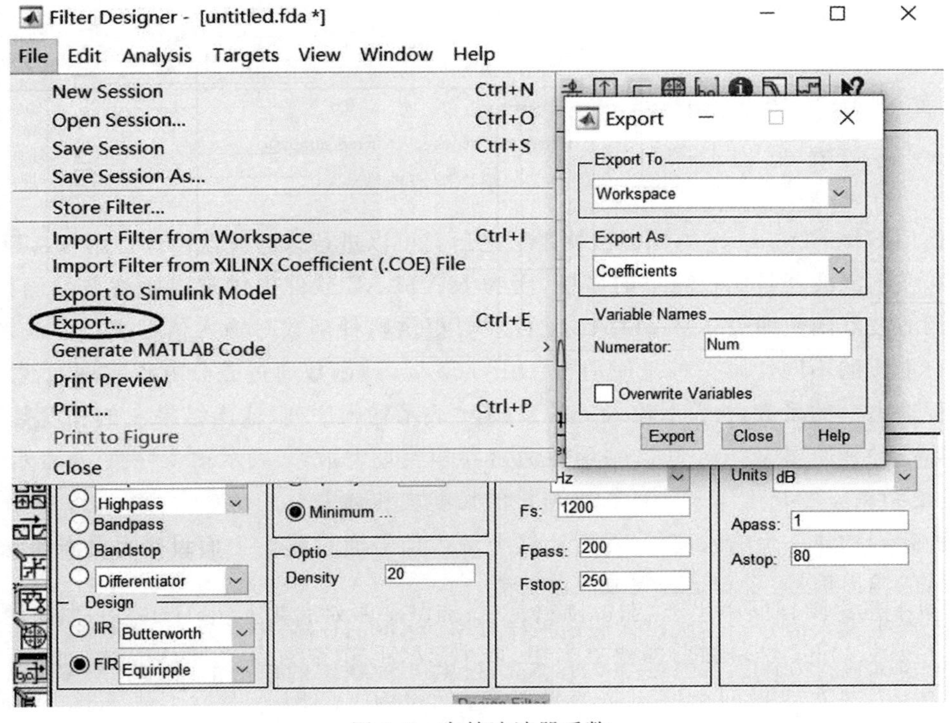

图 9.7　存储滤波器系数

使用 freqz('h(n)')函数可以绘制该滤波器的频率响应曲线,包括幅频响应和相频响应。幅频响应反映幅度随频率的变化,横轴单位为归一化后的频率,去归一化则需要用 Fs/2 即采样频率的一半乘以归一化频率。如图 9.8 中,通带截止频率归一化后约为 0.33,采样频率为 1200Hz,则使用 1200/2×0.33 得到通带截止频率约为 200Hz。相频响应反映相位随频率的变化,图 9.8 是该滤波器的频率响应曲线,从中可以看出,在通带范围内,该滤波器相位变化是线性的。

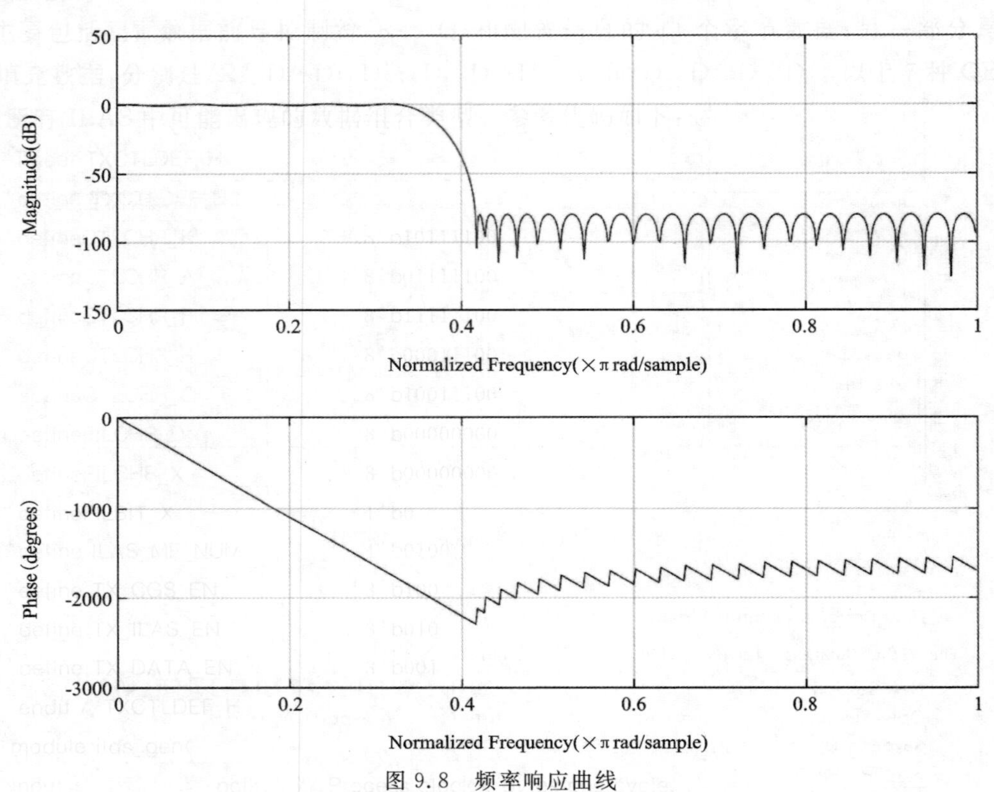

图 9.8 频率响应曲线

在使用 Filter Designer 得到滤波器系数之后就可以进行该滤波器设计。用 MATLAB 软件设计和实现滤波器是比较简单的事情,因为 MATLAB 软件提供现成的滤波器函数,我们直接调用滤波器函数即可。MATLAB 软件主要提供两种函数对输入信号进行滤波,它们之间并没有本质的不同。第一种是使用 $y=\text{filter}(p,d,x)$函数通过差分方程实现滤波,d 表示差分方程输出 y 的系数,p 表示输入 x 的系数,x 表示输入序列,输出结果 y 的长度等于 x 的长度。第二种是使用 $y=\text{conv}(x,h)$函数通过卷积实现滤波,x 表示输入序列,h 表示滤波器系数,输出结果 y 的长度等于 x 的长度与 h 的长度之和减去 1。

下面我们构建一个输入信号,然后让这个输入信号通过我们上面设定系数的滤波器,观察滤波后的输出信号,看看是否完成滤波功能。

首先产生输入信号。本次设计假定采样频率为 1200Hz,采样点数为 1000,输入信号频率为 100Hz、150Hz、200Hz、250Hz、300Hz、350Hz 共 6 种频率的信号的叠加。MATLAB 程序如下:

```
fs=1200;
f1=100; f2=150; f3=200;f4=250;f5=300; f6=350;
t=0:999;
x1=sin(2*pi*f1*t/fs);   x2=sin(2*pi*f2*t/fs);
x3=sin(2*pi*f3*t/fs);   x4=sin(2*pi*f4*t/fs);
x5=sin(2*pi*f5*t/fs);   x6=sin(2*pi*f6*t/fs);
x=x1+x2+x3+x4+x5+x6;
```

接着对输入信号进行滤波，最后使用 fft()函数求出信号的频谱，并使用 abs()函数取模。

具体 MATLAB 程序如下。绘制出输入信号与输出信号的波形和频谱对比图，分别如图 9.9 和图 9.10 所示。从图中可以看出，低于 200Hz 的频率成分被保留，高于 200Hz 的频率成分被滤除。

```
xfft=abs(fft(x));
y=conv(x,h);
yfft=abs(fft(y));
figure(1)
subplot(2,1,1),plot(x(1:200),'lineWidth',2)
subplot(2,1,2),plot(y(1:200),'lineWidth',2)
figure(2)
subplot(2,1,1),plot(xfft)
subplot(2,1,2),plot(yfft)
```

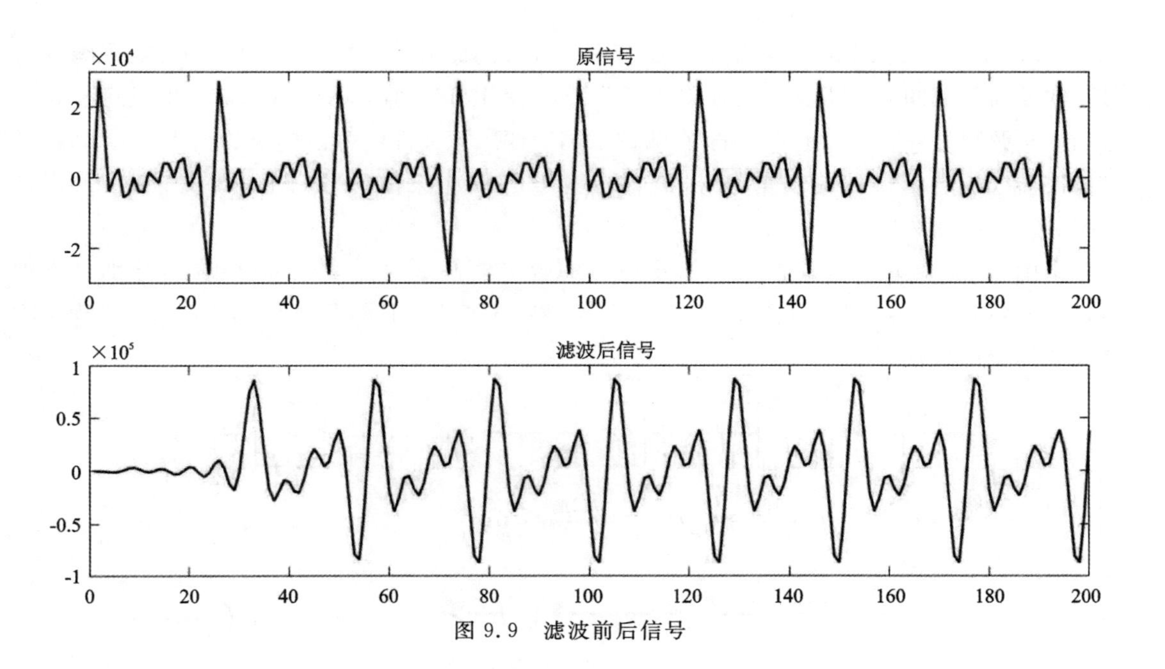

图 9.9　滤波前后信号

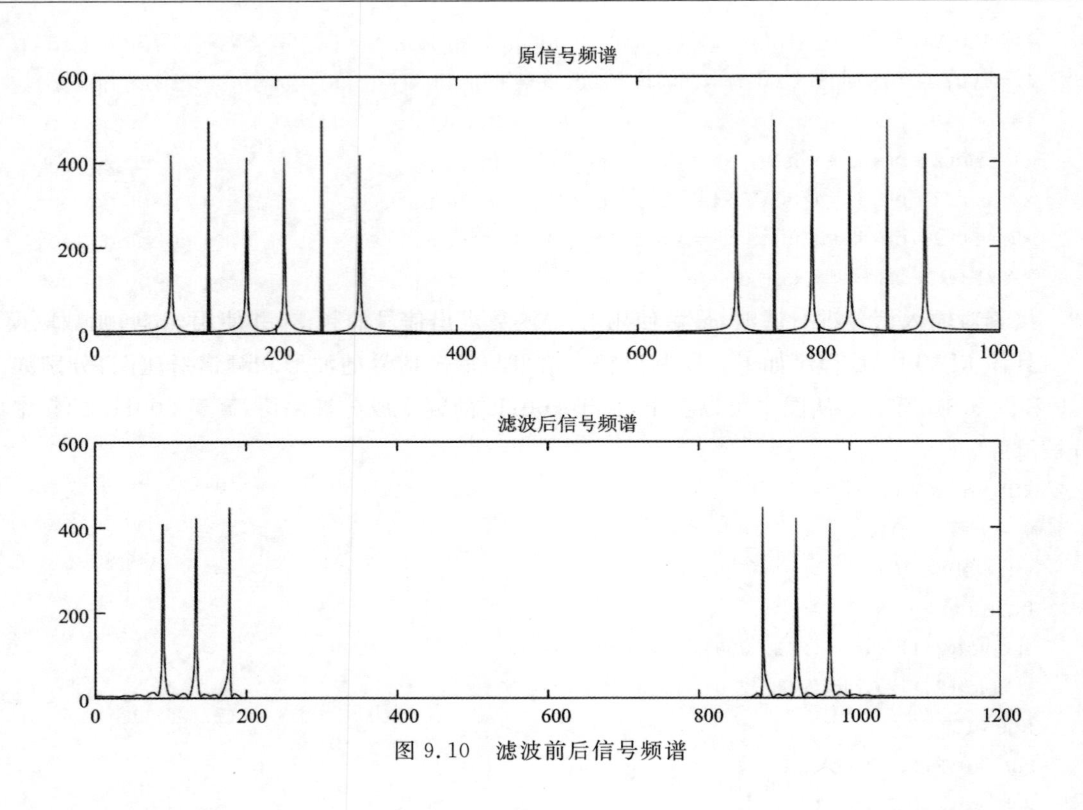

图 9.10　滤波前后信号频谱

9.4　FIR 滤波器 RTL 实现

RTL 设计的主要思路是采用 9.3 小节中设计好的滤波器系数，使用 Verilog 实现输入信号与滤波器系数的卷积运算。验证的主要思路是使用 9.3 小节中 MATLAB 生成多种频率叠加的正弦信号保存到 txt 文件中，在测试激励中读入该文件作为该模块的输入信号 x，在经过滤波器模块之后得到输出信号 y，接着将输出信号 y 保存到另一个 txt 文件中，并通过 MATLAB 读入做进一步分析。

由图 9.11 可知，FIR 滤波器的实现所需的数字器件主要由 3 个部分组成，分别是累加器、乘法器和延时器。下面我们承接上一节实现从 MATLAB 仿真到使用 Verilog 实现 FIR 滤波器的全部过程。

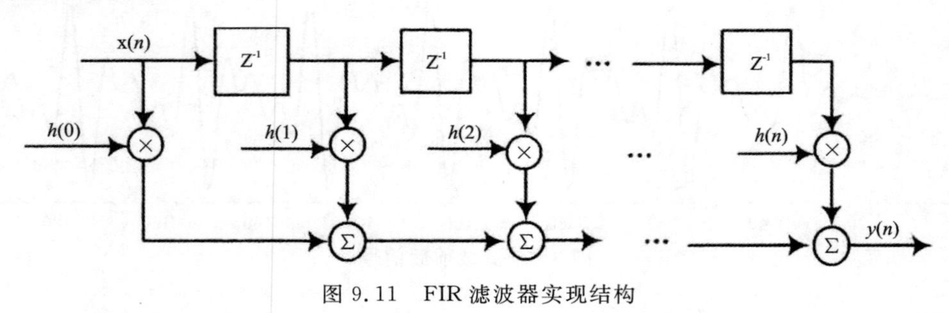

图 9.11　FIR 滤波器实现结构

9.4.1 RTL 设计

RTL 实现滤波器需要 9.3 小节中得到的滤波器系数，本次设计中定义系数位宽为 16bit，因此需要对系数进行 16bit 量化。因为系数是有符号数，范围在 −2^15～2^15−1，原有系数乘以 2^15 后四舍五入即可，得到量化后的系数如下：

[−23 −81 −156 −171 −47 199 413 406 150 −139 −173 102 390 325 −101 −450 −276 321 683 284 −572 −915 −151 1073 1305 −159 −2109 −2100 1325 6885 11136 11136 6885 1325 −2100 −2109 −159 1305 1073 −151 −915 −572 284 683 321 −276 −450 −101 325 390 102 −173 −139 150 406 413 199 −47 −171 −156 −81 −23]

首先需要定义输入输出端口(表 9.2)：

表 9.2　输入输出端口

端口名称	I/O(位宽)	功能描述
CLK	I(1)	时钟信号
RST_n	I(1)	复位信号，低电平有效
Data_in	I(16)	输入数据
Data_out	O(16)	输出数据

```
module filter(CLK, RST_n, Data_in, Data_out);
input CLK;
input RST_n;
input  signed [15 : 0] Data_in;
output signed [15 : 0] Data_out;
```

因为滤波器系数对称，因此只需要存储一半即可。定义一个位宽为 16 位、深度为 31 的 wire 型变量 h 来存储滤波器系数，使用 assign 语句对其进行赋值。

```
reg signed [15 : 0] h [0 : 30];
assign h[0]=−16'd23; assign h[1]=−16'd81; assign h[2]=−16'd156; assign h[3]=−16'd171;
assign h[4]=−16'd47; assign h[5]=16'd199; assign h[6]=16'd413; assign h[7]=16'd406;
assign h[8]=16'd150; assign h[9]=−16'd139; assign h[10]=−16'd173; assign h[11]=16'd102;
assign h[12]=16'd390; assign h[13]=16'd325; assign h[14]=−16'd101; assign h[15]=−16'd450;
assign h[16]=−16'd276; assign h[17]=16'd321; assign h[18]=16'd683; assign h[19]=16'd284;
assign h[20]=−16'd572; assign h[21]=−16'd915; assign h[22]=−16'd151; assign h[23]=
16'd1073;
assign h[24]=16'd1305; assign h[25]=−16'd159; assign h[26]=−16'd2109; assign h[27]=
−16'd2100;
assign h[28]=16'd1325; assign h[29]=16'd6885; assign h[30]=16'd11136;
```

接着定义一个位宽为 16 位、深度为 62 的 reg 型变量 data_buf 来存储和移位输入数据。

在每个 CLK 时钟上升沿到来时，将 Data_in 存入 data_buf 的最低位置中，并且 data_buf 中的数据左移一个位置。

```
integer i1,i2;
reg  signed  [15:0]  data_buf[0:61];
always @(posedge CLK or negedge RST_n)
begin
    if(~RST_n)
      for(i1=0;i1<=61;i1=i1+1)
        data_buf[i1]<=0;
    elsebegin
      data_buf[0]<=Data_in;
      for(i2=0;i2<=60;i2=i2+1)
        data_buf[i2+1]<=data_buf[i2];
    end
end
```

2 个 16bit 数据相加后与 16bit 数据相乘，所得数据为 33bit，因此定义一个位宽为 33 位、深度为 31 的 reg 型变量 product 来存储滤波器系数与移位寄存器 data_buf 中的数据相乘的结果。

```
integer j,s1;
reg signed  [31:0]  product [0:30];
always @(posedge CLK or negedge RST_n)begin
    if(~RST_n)begin
      for(j=0;j<=30;j=j+1)
        product[j]<=0;end
    else begin
      for(s1=0;s1<=30;s1=s1+1)
        product[s1]<=h[s1] * (data_buf[s1]+data_buf[61-s1]);end
end
```

接着定义一个位宽为 38 位的 reg 型变量 sum，在每个 CLK 上升沿到来时 sum 被赋值为 product 中所有数据累加求和的结果。

```
integer k1;
reg  signed  [37:0]  sum;
always @(posedge CLK or negedge RST_n)begin
    if(~RST_n)
        sum <=0;
    else begin
      for(k1=0;k1<=30;k1=k1+1)
```

```
        sum <= product[0]+ product[1]+product[2]+product[3]+product[4]+product[5]+
        product[6]+product[7]+product[8]+product[9]+product[10]+product[11]+
        product[12]+product[13]+product[14]+product[15]+product[16]+product[17]+
        product[18]+product[19]+product[20]+product[21]+product[22]+product[23]+
        product[24]+product[25]+product[26]+product[27]+product[28]+product[29]
        +product[30];end
end
```

因为输出数据是 16bit，最后需要对 sum 进行截位处理，再赋值给 Data_out 即可。代码如下：

```
assign   Data_out =sum[37 : 22];
endmodule
```

9.4.2 功能仿真

功能仿真的主要目的是分析电路逻辑关系的正确性。可以根据需要编写测试激励，观察电路输入输出端口和电路内部任意信号的波形，确保 RTL 代码符合设计要求。仿真验证流程如图 9.12 所示。

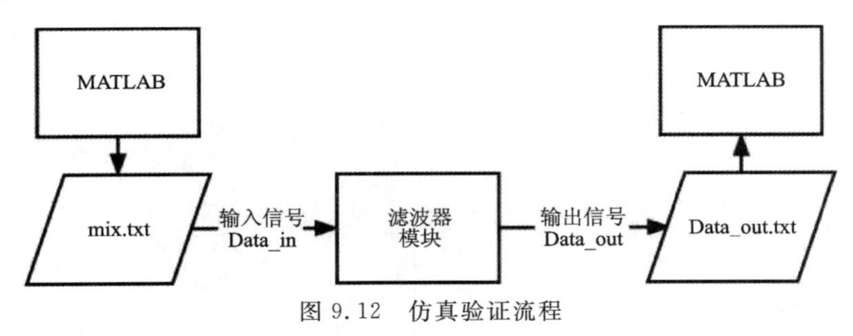

图 9.12　仿真验证流程

本次仿真中采用 50MHz 的时钟，输入信号与 9.3 小节中相同，为 6 种不同频率的正弦信号叠加的结果，由 MATLAB 将该信号写入 txt 文件中，再使用 Modelsim 读入，在 Modelsim 中观察仿真波形，并将输出信号写入 txt 文件中，最后由 MATLAB 读入做进一步频谱分析。该滤波器模块的 Modelsim 仿真结果如图 9.13 所示。测试激励如下：

```
'timescale 1ns / 1ps
module FIR_tb();

reg CLK;
reg RST_n;
reg signed [15 : 0] Data_in;
wire signed [15 : 0] Data_out;
//读入 txt 文件
integer fid_in,Data_in_int;
initial   begin
     fid_in= $fopen("D:/EDA/book/mix.txt","r");
end
```

```
always @(posedge CLK or negedge RST_n)
begin
    if(! RST_n)
      Data_in<=16'd0;
    else
    begin
       $fscanf(fid_in,"%d",Data_in_int);
      Data_in<=Data_in_int;
    end
end

initial
begin
    CLK = 0;
    RST_n = 0;
    Data_in = 0;
    #20
    RST_n = 1;
    #4000 $stop;
end

always #10 CLK = ~CLK;

FIR U1(
    .CLK(CLK),
    .RST_n(RST_n),
    .Data_in(Data_in),
    .Data_out(Data_out)
);
//写入 txt 文件
integer fid_out;
initial
begin
    fid_out= $fopen("D:/EDA/book/Data_out.txt","w");
end

always @ (posedge CLK or negedge RST_n)
if(RST_n)
begin
```

```
        $ fdisplay(fid_out, "%d", $ signed(Data_out));
end

endmodule
```

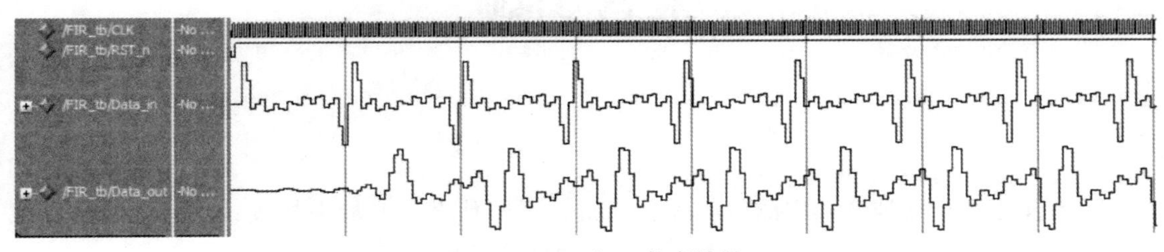

图 9.13　Modelsim 仿真结果

频谱分析的 MATLAB 程序如下：

```
data_out=load('D:\EDA\book\Data_out.txt');
data_out=data_out(1:1000);
dofft=abs(fft(data_out));
figure(1)
subplot(3,2,1),plot(x(1:200))
subplot(3,2,2),plot(xfft)
subplot(3,2,3),plot(y(1:200))
subplot(3,2,4),plot(yfft)
subplot(3,2,5),plot(data_out(1:200))
subplot(3,2,6),plot(dofft)
```

对比 MATLAB 滤波和 Verilog 滤波后的仿真结果如图 9.14 所示。

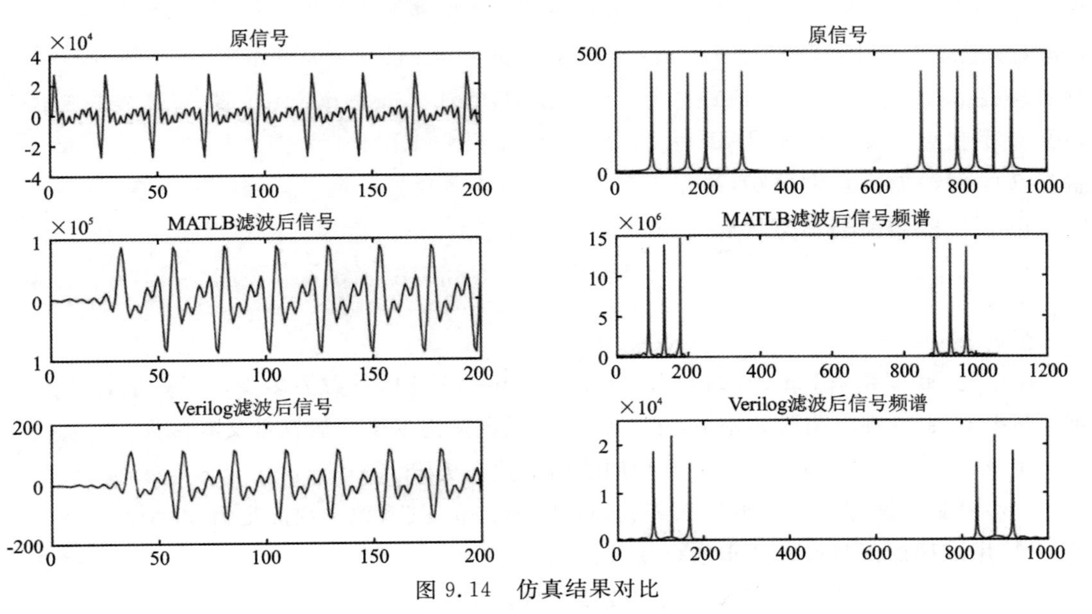

图 9.14　仿真结果对比

本章习题

1. 什么是 FIR 滤波器？它的一般表达式是什么？什么是时域采样设计法？什么是频域采样设计法？写出用窗函数法获取滤波器系数的详细过程。

2. 给定滤波器的参数要求，如何得到滤波器的系数？在 MATLAB 软件中输入命令 fdatool，学会 fdatool 工具的使用。滤波器系数有什么特征？滤波器系数组成的波形有什么特点？把各个系数进行累加，其累加和为多少？为什么会这样呢？

3. 假设某 FIR 滤波器系数为[－17，0，＋145，＋256，＋145，0，－17]，其幅频响应是什么？它的通带频率范围是多少？信号频率为 100Hz 的正弦信号能够通过这个滤波器吗？如何理解归一化频率？你认为模拟滤波器和数字滤波器的本质区别是什么？

4. 以下代码产生的信号 y 包括 f1 和 f2 两个频率，要求设计一个 FIR 滤波器，对信号 y 进行滤波，要求能够滤除输出信号 y 中的 f2 频率分量，且阻带衰减不小于 80dB。编写 MATLAB代码，实现信号的滤波。

```
clear all;
clc;
fs=1200;
f1=240;
f2=400;
n=0:1:5000;
y1=sin(2*pi*(f1/fs)*n);
y2=sin(2*pi*(f2/fs)*n);
y=0.5*y1+0.5*y2;
figure
plot(y)
```

注意：当通带频率 fpass＝240、阻带频率 fstop＝400 时，系数为多少？运算量有多大？当通带频率 fpass＝240、阻带频率 fstop＝360 时，系数又为多少？运算量又有多大？

注：滤波器运算量由需要的乘法和加法的次数来决定。

5. 假设某滤波器要求通带为 0.25pi，阻带为 0.3pi，其系数个数固定为 55 个。

(1)用矩形窗函数设计法求取该滤波器系数。

(2)用汉宁窗函数设计法求取该滤波器系数。

(3)用频域采样设计法求取该滤波器系数。

分别用以上 3 种方法求得滤波器系数，比较哪种方法求得的滤波器系数频谱响应更好？在同一个图中用 MATLAB 代码给出 3 种方法的频谱响应图形，每种波形用不同颜色显示。

6. 设计一个低通滤波器，要求通带为 0.25pi，阻带为 0.30pi，阻带衰减为 88dB。试给出该滤波器的阶数和系数。假设系数要用 16bit 来表示。作为小数的系数转换为二进制数（16 位位宽的二进制补码表示）之后，其幅频响应曲线又怎样？系数量化之后还符合要求吗？如何设计满足该滤波器性能要求、系数用 16bit 量化的滤波器？

7. 阅读 AD9910 芯片手册，尝试设计其中的 3 个半带滤波器，给出它们的 RTL 代码以及测试激励，并给出这 3 个半带滤波器级联后的幅频特性。

第 10 章　JESD204B 接口电路设计

本章给出 JESD204B 接口电路的设计描述。首先描述该接口的功能特征，然后进行模块划分和各模块设计要求描述，并给出设计提示。该接口功能比较复杂，涉及的信号处理环节比较多，如果能够学会该接口电路的设计，就完全有能力进行其他各类较为复杂的数字系统设计。

10.1　JESD204B 接口电路概述

随着数据转换器的分辨率和采样率不断提高，传统的 CMOS 并行接口和 LVDS 并行接口已经不能满足数据转换器和逻辑设备（FPGA、ASIC）之间高速互联的需求。CMOS 并行接口和 LVDS 并行接口传输数据较慢，易受码间同步和串扰影响，而且引脚数目多、布线复杂，这些因素导致数据转换器从并行接口向高速串行接口转变，JESD204B 接口标准应运而生。JESD204B 是一种新型的基于高速 SERDES 的 ADC/DAC 数据传输接口。对于 500MSPS 以上的 ADC/DAC，动辄就是几十吉（G）的数据吞吐率，采用传统的 CMOS 和 LVDS 已经很难满足设计要求，必须采用 JESD204B 接口。

JESD204B 接口功能比较复杂，涉及的信号处理环节比较多。如果学会该接口电路的设计知识，就完全有能力进行其他较为复杂的数字系统设计。

JESD204B 作为一种分层协议，分为应用层、传输层、数据链路层、物理层。在数据转换器和 FPGA 器件之间利用 JESD204B 接口协议进行数据传输时，必须对转换器和 FPGA 采用相同的链路配置，才能正确地接收数据。要正确进行 ADC 和 FPGA 之间的数据传输，首先通过 SPI 配置 ADC 实现链路参数设置。应用层用于链路配置和数据映射。ADC 采集到数字信号之后在 JESD204B 传输层根据给定器件已定义的链路配置参数，决定如何包装 ADC 的数据。这些参数通过初始通道对齐序列（ILAS）从 ADC 传输到 FPGA，以便校验通信双方链路参数是否相同，若 FPGA 检测到错误就会通过 SYNC 信号向 ADC 汇报错误。数据链路层收到并行成帧数据，输出 8B/10B 字。8B/10B 方案会增加一些开销，但能够提供直流平衡的输出数据和内置差错校验。链路建立包括 3 个不同阶段：①码组同步（CGS）。在 CGS 期间，一旦在所有链路通道上检测到某一数量的连续 K28.5 字符，FPGA 就会送至 ADC 的 SYNC 信号。在 JESD204B 中，ADC 捕捉到 SYNC 信号的变化，就会在下一个本地多帧时钟（LMFC）边界上启动 ILAS。②ILAS。ILAS 的主要作用是对齐链路的所有通道，验证链路参数，以及确定帧和多帧边界在接收器输入数据流中的位置。ILAS 由 4 个多帧组成。各多帧的最后一个字符是多帧对齐字符/A/。第一、第三和第四个多帧以/R/字符开始，以/A/字符结束。第二个多帧包含/R/和/Q/字符，随后是链路参数，/Q/字符表示此后的数据是链路配置参数。③用户数据。CGS 和 ILAS 阶段完成后，发送器开始发送 ADC 数据。用户数据根据 ADC 中定义，以流形式从发送器传输到接收器。如果需要，通过数据链路中的字符替换可以监视并纠正帧和通道对齐，字符替换在帧和多帧边界处进行。在物理层中，数据进行串行化，8B/10B 编码数据以线路速率发送和接收。物理层包括串行/解串器模块、驱动器、接收器和时钟恢复电路等。

我们主要关注传输层和数据链路层的设计与实现。如图 10.1 所示，传输层负责把样本数据按照一定形式进行组帧。数据链路层负责扰码、字符插入与替换和 8B/10B 编码等功能。物理层负责并串转换和信号放大等功能。其中物理层属于模拟电路设计范畴，传输层、数据链路层均由数字设计实现。

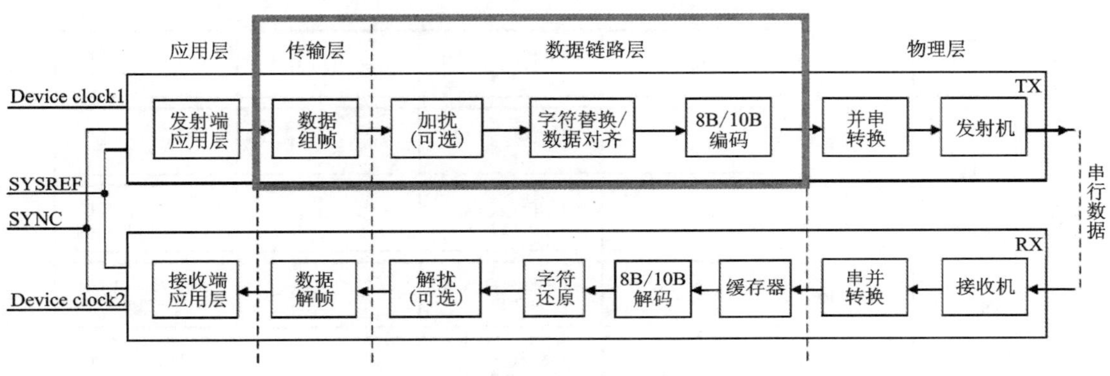

图 10.1　JESD204B 接口协议分层表示

ADC 样本数据首先经过传输层进行成帧操作，成帧操作通常是在采样之后加入一定数量的控制比特(control bits)使其成为 word，word 之后加入一定数量的尾位(tail bits)使其成为 nibble group(是 4 的倍数，对于 AD9144，始终为 16)，将 nibble group 划分为 octets，目的是使其更方便地成帧。具体成帧如何操作以及成为什么样结构的数据帧，由以下参数共同决定(表 10.1)。这些参数共同决定传输层成帧的方式以及帧的结构，这些参数之间相互关联。

表 10.1　链路配置参数及其定义

链路配置参数	链路配置参数定义
CS	每个样本所需要添加的控制位的位数，CS 的取值范围为(0,1,2,3)
CF	CF=0 时，控制位附加在每个样本的末尾；CF=1 时，将帧中所有样本的控制位组成一个控制字放置于帧的末尾
F	每帧包含的字节的个数
HD	如果一个样本被拆分到 1 个以上的通道中传输，HD=1，否则 HD=0
L	通道数目
M	转换器的个数

续表 10.1

链路配置参数	链路配置参数定义
N	转换器的分辨率(采样位数)
N′	每个转换器样本的位数、控制位的位数和结束位的位数之和,其大小必须为 4 的整数倍
S	每帧发送的每个转换器的样本数
K	每个多帧中包含的帧数目

下面以 CF=0,CS=2,F=4,HD=0,L=8,M=16,N=11,N′=16 为例,说明数据组帧的具体方式。图 10.2 表示组帧方式及帧结构。

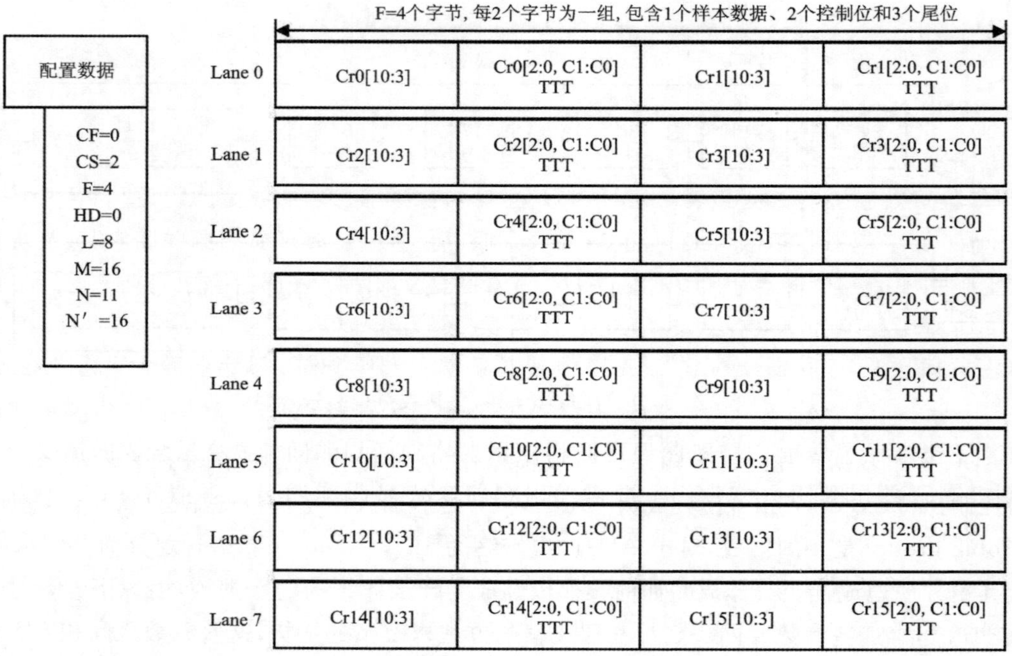

配置数据

CF=0
CS=2
F=4
HD=0
L=8
M=16
N=11
N′ =16

F=4个字节,每2个字节为一组,包含1个样本数据、2个控制位和3个尾位

Lane 0	Cr0[10:3]	Cr0[2:0, C1:C0] TTT	Cr1[10:3]	Cr1[2:0, C1:C0] TTT
Lane 1	Cr2[10:3]	Cr2[2:0, C1:C0] TTT	Cr3[10:3]	Cr3[2:0, C1:C0] TTT
Lane 2	Cr4[10:3]	Cr4[2:0, C1:C0] TTT	Cr5[10:3]	Cr5[2:0, C1:C0] TTT
Lane 3	Cr6[10:3]	Cr6[2:0, C1:C0] TTT	Cr7[10:3]	Cr7[2:0, C1:C0] TTT
Lane 4	Cr8[10:3]	Cr8[2:0, C1:C0] TTT	Cr9[10:3]	Cr9[2:0, C1:C0] TTT
Lane 5	Cr10[10:3]	Cr10[2:0, C1:C0] TTT	Cr11[10:3]	Cr11[2:0, C1:C0] TTT
Lane 6	Cr12[10:3]	Cr12[2:0, C1:C0] TTT	Cr13[10:3]	Cr13[2:0, C1:C0] TTT
Lane 7	Cr14[10:3]	Cr14[2:0, C1:C0] TTT	Cr15[10:3]	Cr15[2:0, C1:C0] TTT

图 10.2　组帧方式及帧结构

由图 10.2 可知,链路配置为 16 个转换单元,每个转换单元生成 11bit 的样本,使用 2bit 控制位,3bit 尾位,不使用控制字,在低分辨率模式下通过 8 条通道进行传输。可以看到,因为 CF=0,因此在每个 11bit 数据后面添加 2 位控制位 C1、C0。同时 HD=0,因此为了避免数据被分割到 2 个通道,在每个数据后面再添加 3 位尾位 T,使数据拓展为 16bit,可以正好通过两个 8bit 发送出去,从而数据不会被分割,每条通道正好传输对应于 2 个转换单元的样本。每个通道对应于 2 个转换单元的样本,16 个转换单元的样本正好通过 8 条通道传输完成。

JESD204B 接口电路包括发送端和接收端,它们互为逆过程。我们以 JESD204B 接口的发送端电路设计为例,描述该接口协议的基本知识和设计方法。

10.2　JESD204B 发送电路设计要求

JESD204B 发送端电路在上电后首先不断发送 K 字节，然后在检测到接收端反馈的 CGS 同步(Code Group Synchronization：码组同步)信号后，在下一个多帧时钟的上升沿开始，发送 ILAS 序列(Initial Lane Alignment Sequence：初始通道同步序列)信号。连续发送 4 个多帧的 ILAS 序列信号之后，自动开始发送用户数据。

JESD204B 接口传输的是连续比特流数据，通过开始时特定 K 字节的发送，可以方便接收端通过 K 字节的检测实现对串行比特流的字节定位和分界，从而能够把串行比特流数据正确区分为并行字节数据。ILAS 序列包含 4 个多帧，其中第二个多帧包括配置参数信息，其他就是填充数据和多帧头及多帧尾的指示信息等。通过 ILAS 序列的传递，可以让收发两端验证参数配置的一致性以及传递帧结构信息等。总之，在正式发送用户数据之前，要先进行 K 字节和 ILAS 序列的发送，以便收发两端建立正确的通信机制。

K 字节是一种控制字节。在 JESD204B 接口协议中规定的一些特殊字符，如取值为 8'b10111100或 8'hbc 的字节称为 K 字节。其他控制字节包括 R 字节、A 字节、Q 字节、F 字节，如表 10.2 所示。这些控制字节有比较特殊的含义和作用。它们对应的 10bit 编码已被事先确定。

表 10.2　控制字节及其用途

字符名称	描述	用途
/K/	/K28.5/	CGS 阶段识别符
/R/	/K28.0/	ILAS 每个多帧的开头
/Q/	/K28.4/	链路参数的开始标志
/F/	/K28.7/	帧对齐字符
/A/	/K28.3/	ILAS 每个多帧的结尾

ILAS 序列为初始通道对齐序列，它的组成结构已被事先确定。ILAS 由 4 个多帧组成，内容如图 10.3 所示。

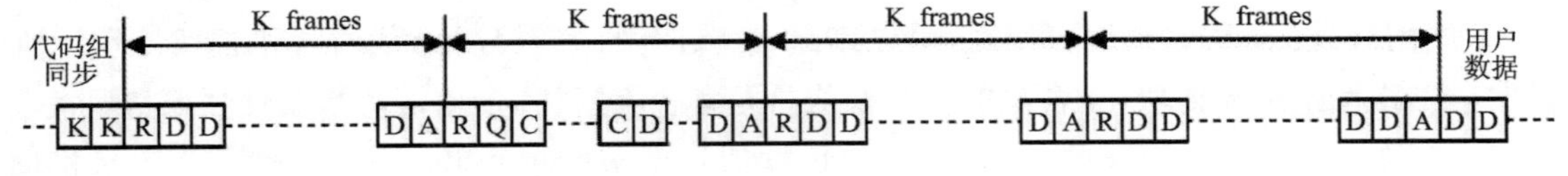

图 10.3　ILAS 序列组成框图

4个多帧都是以控制字节/R/字节开头，以/A/字节结尾。其中第二个多帧中第二个字节为/Q/字节，标志着链路配置信息的开始，/Q/字节之后的14个字节均为链路配置信息（传输层利用这些配置信息进行数据成帧和解帧操作）。多帧中剩余部分用D填充，D是0～255的重复，并不是真正的用户数据。

K字节和ILAS序列在发送端只进行8B/10B编码和并串转换处理。而用户数据除了进行8B/10B编码和并串转换处理之外，还可能进行加扰处理（可选），且必须进行控制字节插入和替换处理。控制字节插入和替换处理是在传输用户数据时，按照约定规则用控制字节替换用户数据，以便在用户数据传输时还能对数据传输状况进行监控。在接收端，这些控制字节还能根据约定规则还原为用户数据，不影响用户数据的完整性和一致性。

加扰和解扰处理。JESD204B协议将加扰处理作为发送端数据链路层的首个环节，对传输层输入的帧数据进行随机化处理。在接收端，将解扰作为数据链路层的最后一个处理环节，还原数据。扰码的作用主要分为两个方面：其一，数据经过加扰的随机化处理，打乱连续相同字节间的相关性，避免物理层转换后的模拟信号出现杂散频谱，防止杂散频谱引起的电磁干扰，减少误码发生的概率，增加数据传输的准确性；其二，经过随机化的数据，比特流中0和1分布更均匀，抑制了信号传输的直流分量，提高了接收端锁相环提取信号进行时钟恢复的效率。

控制字节替换。数据帧的对齐通过帧尾/F/和多帧尾/A/的控制字节检测来完成，这些控制字节将在特定的情况下插入到数据流中，接收端将通过是否在该出现的位置检测到帧尾控制字节/F/或多帧尾控制字节/A/，来判断数据传输过程是否维持同步。可见，这些控制字符在该出现的时候出现，表明同步没有问题，否则同步有问题。控制字节替换就是在用户数据流中按照一定条件来插入控制字符。控制字节插入和替换条件在协议中有详细描述。

8B/10B编码。8B/10B编码通过某种编码方式，把原来8bit变为10bit来传输。采用8B/10B编码，可以获得DC平衡。所谓DC平衡，就是在传输信号中0和1的数量各占50%。如果在传输信号中有一串很长的1，信号直流电平就会向上偏移；相反，如果有一串很长的0，信号就会向下偏移，导致接收端接收数据错误。另外，采用8B/10B编码，可以提供足够的比特转换（从1转换成0以及从0转换成1），方便接收端进行时钟恢复。

根据以上所述，发送电路所要完成的功能是：①在时钟控制下，在不同时刻发送相应数据，即K字节、ILAS序列、用户数据。②对不同时段的数据进行不同的处理。如K字节和ILAS序列只进行8B/10B编码处理，用户数据还需进行扰码、控制字节插入和替换处理。所以发送电路包括两大模块：一个总的控制模块（tx_ctr_top）和各个通道的数据处理模块（lane_top）。而每个通道数据处理模块（lane_top）包括加扰模块（scrambler32）、控制字节插入和替换处理模块（acg）、8B/10B编码模块（encode_top）。

需要特别说明的是，由于传输比特流最高速率为12.5Gbit/s，如果按照字节进行处理，所需工作频率为1.25Gbyte/s。这个工作频率对数字电路而言还是太高，所以我们整个电路都是进行四字节（Quad-Byte）并行处理，所需最大工作频率降低为312.5MHz。即加扰模块、控制字节插入和替换处理模块、8B/10B编码模块等，都是基于四字节并行处理进行设计和完成的。

10.3　JESD204B 发送电路具体设计

我们知道,JESD204B 发送端电路在上电后首先不断发送 K 字节数据,然后在检测到接收端反馈的 CGS 同步信号后,在下一个多帧时钟的上升沿开始发送 ILAS 序列数据,最后在连续发送 4 个多帧 ILAS 序列数据后开始自动发送用户数据。可见,链路发送的数据分别有 K 字节数据、ILAS 序列数据和用户数据。这些数据的发送时序不同,相应的处理过程不同。它们的发送时序由控制模块(tx_ctr_top)完成,它们的数据处理过程由通道处理模块(lane_top)完成。通道处理模块(lane_top)包括 3 个子模块:加扰模块(scrambler32)、控制字节插入和替换处理模块(acg)、8B/10B 编码模块(encode_top)。下面分别进行描述。

某发送端总体电路框图如图 10.4 所示,它由一个控制模块和多个通道处理模块组成,这里是一个控制模块和两个通道处理模块。至于具体要有多少个通道,由用户需求决定。

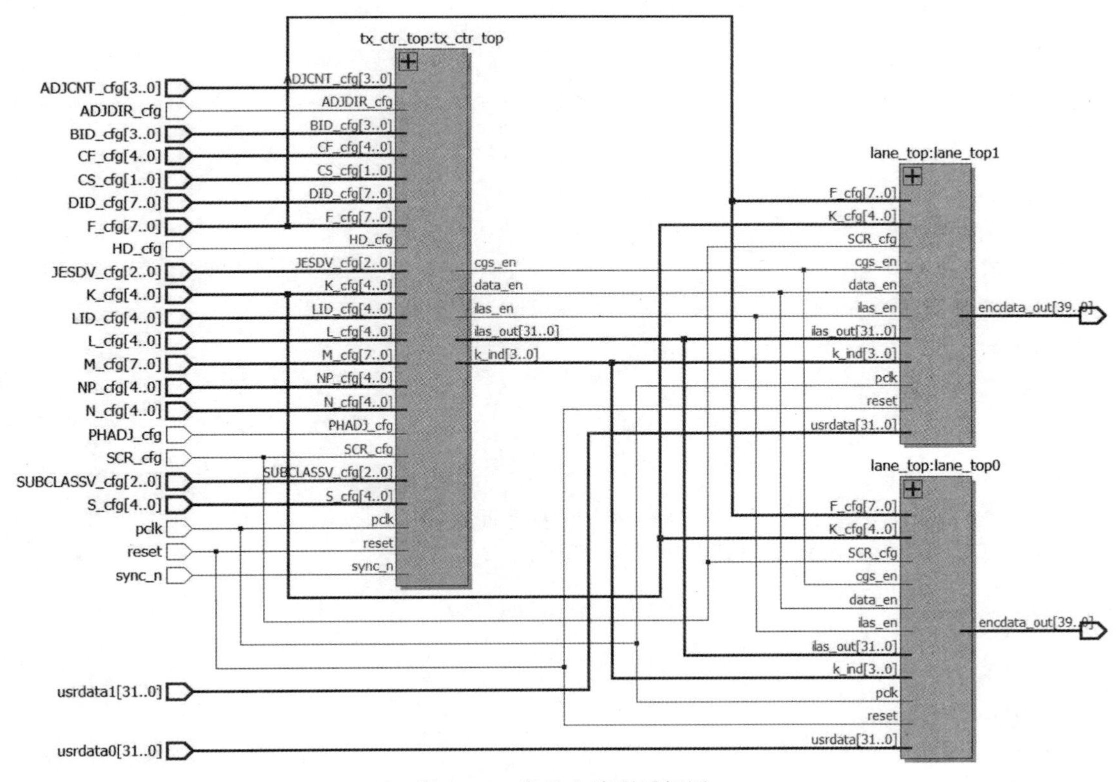

图 10.4　发送电路顶层框图

1. 控制模块设计描述

控制模块(tx_ctr_top)主要完成两个功能:一是控制功能,产生不同时刻发送不同数据的使能信号,即在规定时刻产生 K 字节、ILAS 序列、用户数据的使能信号,可以设计一个发送状态机,在时钟控制下产生不同的使能信号,控制数据发送的不同阶段或状态;二是产生

ILAS序列数据，不同通道发送的ILAS序列都是一样的，既包含配置参数信息，又包含其他填充信息，因为ILAS序列的数据要由模块电路自己产生，所以要有专门的ILAS序列数据产生电路支持。

控制模块就是产生ILAS序列数据和在时钟控制下产生不同的使能信号。ILAS序列数据的产生与输出通过两个子模块实现分别是ilas_gen子模块、cfg_tbl子模块。

ilas_gen子模块主要产生ILAS序列7种相关四字节QB数据：一部分是4个QB配置数据，主要包括配置数据前导控制符/R/、/Q/和配置信息的14个字节数据；另一部分是3个QB填充数据，分别是/R//D//D//D/、/D//D//D//A/和/D//D//D//D/。以上7种QB序列涵盖所有ILAS中可能出现的数据组合类型。参考代码如下：

```
'ifndef TXCTLDEF_H
'define TXCTLDEF_H
'defineCTLCHR_K              8'b10111100
'defineCTLCHR_A              8'b01111100
'defineCTLCHR_F              8'b11111100
'defineCTLCHR_R              8'b00011100
'defineCTLCHR_Q              8'b10011100
'defineFILCHR_D              8'b00000000
'defineFILCHR_X              8'b00000000
'defineFILBIT_X              1'b0
'define ILAS_MF_NUM          4'b0100
'define TX_CGS_EN            3'b100
'define TX_ILAS_EN           3'b010
'define TX_DATA_EN           3'b001
'endif //TXCTLDEF_H
module ilas_gen(
input               pclk,   // Process clock 4 bytes one cycle.
input               reset, // LOW   mean NEED reset.
// ILAS configure information.
input    [7:0]      DID_cfg,
input    [3:0]      ADJCNT_cfg,
input    [3:0]      BID_cfg,
input               ADJDIR_cfg,
input               PHADJ_cfg,
input    [4:0]      LID_cfg,
input               SCR_cfg,
input    [4:0]      L_cfg,
input    [7:0]      F_cfg,
input    [4:0]      K_cfg,
input    [7:0]      M_cfg,
```

```
input    [1 : 0]      CS_cfg,
input    [4 : 0]      N_cfg,
input    [2 : 0]      SUBCLASSV_cfg,
input    [4 : 0]      NP_cfg,
input    [2 : 0]      JESDV_cfg,
input    [4 : 0]      S_cfg,
input                 HD_cfg,
input    [4 : 0]      CF_cfg,
output   [31 : 0]     ilas_cfg_1st,
output   [3 : 0]      ilas_cfg_k_1st,
output   [31 : 0]     ilas_cfg_2nd,
output   [3 : 0]      ilas_cfg_k_2nd,
output   [31 : 0]     ilas_cfg_3rd,
output   [3 : 0]      ilas_cfg_k_3rd,
output   [31 : 0]     ilas_cfg_4th,
output   [3 : 0]      ilas_cfg_k_4th,
output   [31 : 0]     fill_dat_1st,
output   [3 : 0]      fill_dat_k_1st,
output   [31 : 0]     fill_dat_end,
output   [3 : 0]      fill_dat_k_end,
output   [31 : 0]     fill_dat_dat,
output   [3 : 0]      fill_dat_k_dat
);
parameter [7 : 0] ctrl_chr_A = 'CTLCHR_A;
parameter [7 : 0] ctrl_chr_R = 'CTLCHR_R;
parameter [7 : 0] ctrl_chr_Q = 'CTLCHR_Q;
parameter [7 : 0] fill_chr_X = 'FILCHR_X;
parameter [7 : 0] fill_chr_D = 'FILCHR_D;
parameter          fill_bit_X = 'FILBIT_X;
reg      [7 : 0]      check_sum;
// ILAS configure information
// 1st quad bytes
assign ilas_cfg_k_1st = 4'b0011;
assign ilas_cfg_1st[7 : 0] = ctrl_chr_R;
assign ilas_cfg_1st[15 : 8] = ctrl_chr_Q;
assign ilas_cfg_1st[23 : 16]  = DID_cfg;
assign ilas_cfg_1st[31 : 24]   = {ADJCNT_cfg, ADJDIR_cfg};
// 2nd quad bytes
assign ilas_cfg_k_2nd = 4'b0000;
assign ilas_cfg_2nd[7 : 0] = {fill_bit_X, BID_cfg, PHADJ_cfg, LID_cfg};
```

```
assign ilas_cfg_2nd[15 : 8] = {SCR_cfg, fill_bit_X, fill_bit_X, L_cfg};
assign ilas_cfg_2nd[23 : 16]  = F_cfg;
assign ilas_cfg_2nd[31 : 24]   = {fill_bit_X, fill_bit_X, fill_bit_X, K_cfg};
// 3rd quad bytes
assign ilas_cfg_k_3rd = 4'b0000;
assign ilas_cfg_3rd[7 : 0] = M_cfg;
assign ilas_cfg_3rd[15 : 8] = {CS_cfg, fill_bit_X, N_cfg};
assign ilas_cfg_3rd[23 : 16]  = {SUBCLASSV_cfg, NP_cfg};
assign ilas_cfg_3rd[31 : 24]   = {JESDV_cfg, S_cfg};
// 4th quad bytes
assign ilas_cfg_k_4th = 4'b0000;
assign ilas_cfg_4th[7 : 0] = {HD_cfg, fill_bit_X,  fill_bit_X, CF_cfg};
assign ilas_cfg_4th[15 : 8] = fill_chr_X;
assign ilas_cfg_4th[23 : 16]  = fill_chr_X;
assign ilas_cfg_4th[31 : 24] = check_sum;
// fill data
// /R/ /D/ /D/ /D/
assign fill_dat_k_1st = 4'b0001;
assign fill_dat_1st[7 : 0] = ctrl_chr_R;
assign fill_dat_1st[15 : 8] = fill_chr_D;
assign fill_dat_1st[23 : 16]  = fill_chr_D;
assign fill_dat_1st[31 : 24]   = fill_chr_D;
// /D/ /D/ /D/ /A/
assign fill_dat_k_end = 4'b1000;
assign fill_dat_end[7 : 0] = fill_chr_D;
assign fill_dat_end[15 : 8] = fill_chr_D;
assign fill_dat_end[23 : 16]  = fill_chr_D;
assign fill_dat_end[31 : 24]   = ctrl_chr_A;
// /D/ /D/ /D/ /D/
assign fill_dat_k_dat = 4'b0000;
assign fill_dat_dat[31 : 24] = fill_chr_D;
assign fill_dat_dat[23 : 16] = fill_chr_D;
assign fill_dat_dat[15 : 8]  = fill_chr_D;
assign fill_dat_dat[7 : 0]   = fill_chr_D;
reg                 check_sum_get;
always @(posedge pclk or posedge reset)
begin
  if (reset)
  begin
    check_sum <= 8'b0;
```

```
        check_sum_get <= 1'b0;
    end
    else
    begin
        check_sum <= check_sum_get ? check_sum :  ilas_cfg_1st[15:8] +
ilas_cfg_1st[7:0]+ ilas_cfg_2nd[31:24] + ilas_cfg_2nd[23:16] +
ilas_cfg_2nd[15:8]+ilas_cfg_2nd[7:0]+ilas_cfg_3rd[31:24]+
        ilas_cfg_3rd[23:16]+ilas_cfg_3rd[15:8]+ilas_cfg_3rd[7:0]+
        ilas_cfg_4th[31:24]+ilas_cfg_4th[23:16]+ilas_cfg_4th[15:8]+
        ilas_cfg_4th[7:0];
        check_sum_get <= 1'b1;
    end
end
endmodule
```

cfg_tbl 子模块主要根据 ilas_en 信号使能和 ilas_gen 输出的 ILAS 序列相关数据，通过 pclk 的计数来控制完成 ILAS 序列的输出。ILAS 序列实际上是 4 个多帧的数据，其中在第二个多帧包含相关配置信息。可以通过 ilas_gen 模块产生的 7 种 QB 数据组合生成完整的 ILAS 序列。本模块由 pclk 时钟驱动，在 ilas_en 使能控制下在输出端输出对应时序的 ILAS 数据。可以主要分为计数部分和发送部分。

具体的计数部分：当 ilas_en 使能启动时，会启动两个计数器，qb_send_cnt 和 mf_send_cnt，分别用来指示发送的 QB 计数和多帧计数。需要配置的是根据多帧和帧配置信息计算出来的一个多帧中 QB 的数量，即为配置信号 mf_qb_num。当 qb_send_cnt 记到 mf_qb_num 时会复位计数器，并对 mf_send_cnt 增加计数。

具体的发送部分：在 pclk 的驱动下，根据计数器值发送对应序列。在第二个多帧发送 ILAS 配置信息序列，其余 3 个多帧时发送填充数据。第二个多帧中，第一个 pclk 发送 ilas_cfg_1st，第二个 pclk 发送 ilas_cfg_2nd，第三个 pclk 发送 ilas_cfg_3rd，第四个 pclk 发送 ilas_cfg_4th，第 mf_qb_num 个 pclk 发送 fill_dat_end，其余 pclk 发送 fill_dat_dat。其余多帧中，第一个 pclk 发送 fill_dat_1st，第 mf_qb_num 个 pclk 发送 fill_dat_end，其余 pclk 发送 fill_dat_dat。参考代码如下：

```
'ifndef TXCTLDEF_H
'define TXCTLDEF_H
'defineCTLCHR_K         8'b10111100
'defineCTLCHR_A         8'b01111100
'defineCTLCHR_F         8'b11111100
'defineCTLCHR_R         8'b00011100
'defineCTLCHR_Q         8'b10011100
'defineFILCHR_D        8'b00000000
'defineFILCHR_X        8'b00000000
```

```
'defineFILBIT_X          1'b0
'define ILAS_MF_NUM          4'b0100
'define TX_CGS_EN          3'b100
'define TX_ILAS_EN          3'b010
'define TX_DATA_EN          3'b001
'endif //TXCTLDEF_H
module cfg_tbl(pclk, reset, F_cfg, K_cfg, ilas_cfg_1st, ilas_cfg_k_1st, ilas_cfg_2nd,ilas_cfg_k_
2nd, ilas_cfg_3rd, ilas_cfg_k_3rd, ilas_cfg_4th, ilas_cfg_k_4th, fill_dat_1st, fill_dat_k_1st, fill_
dat_end, fill_dat_k_end, fill_dat_dat, fill_dat_k_dat, ilas_en, ilas_out, k_ind);
input                pclk;
input                reset;
input   [7:0]              F_cfg;
input   [4:0]              K_cfg;
input    [31:0]     ilas_cfg_1st;
input    [3:0]      ilas_cfg_k_1st;
input    [31:0]     ilas_cfg_2nd;
input    [3:0]      ilas_cfg_k_2nd;
input    [31:0]     ilas_cfg_3rd;
input    [3:0]      ilas_cfg_k_3rd;
input    [31:0]     ilas_cfg_4th;
input    [3:0]      ilas_cfg_k_4th;
input    [31:0]     fill_dat_1st;
input    [3:0]      fill_dat_k_1st;
input    [31:0]     fill_dat_end;
input    [3:0]      fill_dat_k_end;
input    [31:0]     fill_dat_dat;
input    [3:0]      fill_dat_k_dat;
input               ilas_en;
output   reg[31:0] ilas_out;
output   reg[3:0]  k_ind;

//generate mf_qb_num
reg   [5:0]      mf_qb_num;//QuadBytes Numbers per multi-frame
always @ (F_cfg or K_cfg)
case (F_cfg)
    2'b00: mf_qb_num = (K_cfg==5'b01111) ? 6'b000011 : 6'b000111;
    2'b01: mf_qb_num = (K_cfg==5'b01111) ? 6'b000111 : 6'b001111;
    2'b11: mf_qb_num = (K_cfg==5'b01111) ? 6'b001111 : 6'b011111;
    default: mf_qb_num = (K_cfg==5'b01111) ? 6'b000111 : 6'b001111;
endcase
```

```
reg      [5:0]      qb_send_cnt;
reg      [3:0]      mf_send_cnt;
always @(posedge pclk or posedge reset)
begin
  if (reset)
  begin
    ilas_out <= 32'b0;
    k_ind <= 4'b0;
    qb_send_cnt <= 6'b0;
    mf_send_cnt <= 4'b0;
  end
end
// counter always module
always @(posedge pclk)
begin
  if (! ilas_en)
  begin
    qb_send_cnt <= 6'b0;
    mf_send_cnt <= 4'b0;
  end
  else
  begin
    if (qb_send_cnt ! = mf_qb_num)
      qb_send_cnt <= qb_send_cnt + 1;
    else
    begin
      qb_send_cnt <= 6'b0;
      mf_send_cnt <= mf_send_cnt + 1;
    end
  end
end
// ilas output always module
always @(posedge pclk)
begin
  if (! ilas_en)
  begin
    ilas_out <= 32'b0;
    k_ind <= 4'b0;
  end
  else
```

```
begin
  if (mf_send_cnt ! = 4'b0001)          // indicator non cfg multiframe
  begin
    case (qb_send_cnt)
      4'b0000:                           // start of non cfg multiframe
      begin
        ilas_out <= fill_dat_1st;
        k_ind <= fill_dat_k_1st;
      end
      mf_qb_num:                // end of non cfg multiframe
      begin
        ilas_out <= fill_dat_end;
        k_ind <= fill_dat_k_end;
      end
      default:                           // mid of non cfg multiframe
      begin
        ilas_out <= fill_dat_dat;
        k_ind <= fill_dat_k_dat;
      end
    endcase
  end
  else                                   // indicator cfg multiframe
  begin
    case (qb_send_cnt)
      4'b0000:
      begin
        ilas_out <= ilas_cfg_1st;
        k_ind <= ilas_cfg_k_1st;
      end
      4'b0001:
      begin
        ilas_out <= ilas_cfg_2nd;
        k_ind <= ilas_cfg_k_2nd;
      end
      4'b0010:
      begin
        ilas_out <= ilas_cfg_3rd;
        k_ind <= ilas_cfg_k_3rd;
      end
      4'b0011:
```

```
        begin
          ilas_out <= ilas_cfg_4th;
          k_ind <= ilas_cfg_k_4th;
        end
        mf_qb_num:                    // end of cfg multiframe
        begin
          ilas_out <= fill_dat_end;
          k_ind <= fill_dat_k_end;
        end
        default:                              // other fill data of cfg multiframe
        begin
          ilas_out <= fill_dat_dat;
          k_ind <= fill_dat_k_dat;
        end
      endcase
    end
  end
end
endmodule
```

上面描述的是控制模块的第一个功能，产生 ILAS 序列数据。控制模块还有第二个功能，就是在时钟控制下产生不同的使能信号。在 pclk 时钟控制下，reset 复位后开始发送 K 字节，即 cgs_en 为高。当 sync_n 信号为低时，在多帧时钟 LMFC 上升沿来临时，开始发送 ILAS 序列，此时 ilas_en 为高，并输出 ILAS 序列数据 ilas_out。注意，多帧时钟 LMFC 由 pclk 时钟分频产生，电路内部需要自己产生这个时钟。经过 4 个多帧时钟 LMFC 周期之后，自动发送用户数据，即 data_en 为高。另外，伴随 ILAS 序列数据 ilas_out 输出的还要有控制字节指示信号，方便 8B/10B 编码模块进行相应编码。因为 ILAS 序列中既有控制字节又有一般的填充数据，而控制字节和一般数据对应不同的编码结果，需要指示当前传输的 8 比特信号是一个控制字节还是一般数据，以便进行相应的编码。请大家根据提供的参考端口信号，补充完成电路主体设计。参考端口信号定义如下：

```
input pclk;
input reset;
input sync_n;
input  [7:0] DID_cfg;
input  [3:0] ADJCNT_cfg;
input  [3:0] BID_cfg;
input  ADJDIR_cfg;
input  PHADJ_cfg;
input  [4:0] LID_cfg;
input  SCR_cfg;
```

```
input  [4:0] L_cfg;
input  [7:0] F_cfg;
input  [4:0] K_cfg;
input  [7:0] M_cfg;
input  [1:0] CS_cfg;
input  [4:0] N_cfg;
input  [2:0] SUBCLASSV_cfg;
input  [4:0] NP_cfg;
input  [2:0] JESDV_cfg;
input  [4:0] S_cfg;
input  HD_cfg;
input  [4:0] CF_cfg;
output        cgs_en;   //发送K字节数据的使能信号
output        ilas_en;  //发送ILAS序列数据的使能信号
output        data_en;  //发送用户数据的使能信号
output [31:0] ilas_out;   //ILAS序列数据
output [3:0]  k_ind;  //ILAS序列数据的控制字节指示信号。该信号与ILAS序列数据一起输入到编码模块,一起决定编码输出。因为数据和控制字节有不同的编码输出。
```

2. 通道数据处理模块(lane_top)设计描述

K字节和ILAS序列只进行8B/10B编码处理,而用户数据还需进行扰码、控制字节插入和替换处理。通道数据处理模块(lane_top)就是完成不同数据的不同处理功能。具体包括加扰模块(scrambler32)、控制字节插入和替换处理模块(acg)、8B/10B编码模块(encode_top),其原理框图如图10.5所示。

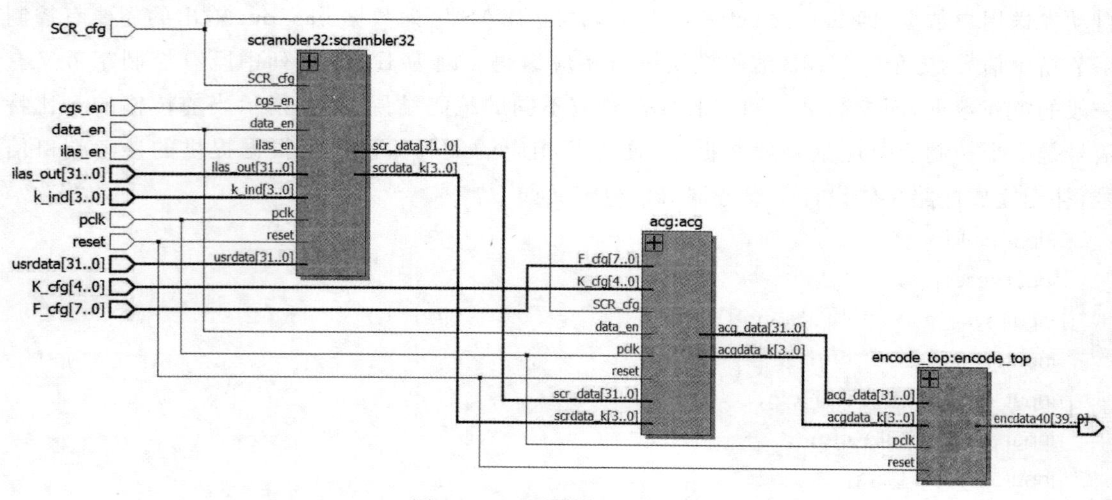

图10.5　通道数据处理框图

通道数据处理模块的端口信号如下：

```
input             pclk;
input             reset;
input             cgs_en;
input             ilas_en;
input             data_en;
input [31 : 0]   ilas_out;       //ILAS 序列数据输入
input [31 : 0]   usrdata;        //用户数据输入
input [3 : 0]   k_ind;           //控制字节指示信号
input               SCR_cfg;                   //扰码开启使能信号
input  [7 : 0]   F_cfg;
input [4 : 0]   K_cfg;
output  [39 : 0]    encdata_out;        //发送端输出数据
```

用户数据首先进行扰码(可选)，然后进行控制字节插入和替换处理，最后进行编码。K 字节和 ILAS 序列在扰码模块、控制字节插入和替换处理模块都会被旁路，而只进行最后的编码处理。

加扰模块(可选)完成对用户数据的 32bit 并行加扰功能，其完成的扰码多项式为 $1+x^{14}+x^{15}$。只有用户数据才可能进行扰码，K 字节和 ILAS 序列则不允许进行扰码。用户数据根据参数配置要求可以选择进行扰码或选择不进行。另外，用户数据加扰时，其最先的 16bit 数据作为初始数据(种子数据)不加扰。用户数据的加扰是从第三个字节开始的。请大家参照 JESD204B 协议对扰码的描述，完成扰码电路的设计。

控制字节插入和替换处理模块按照协议规定进行 32bit 并行的控制字节的插入和替换处理。只有用户数据才进行控制字节插入和替换处理。具体规则是：在不扰码时，每帧尾数据如果与上一帧尾数据相同，则本帧尾数据被替换为控制字节 F，如果本帧尾数据与上一帧尾数据相同且本帧尾同时为多帧尾，则本帧尾数据被替换为控制字节 A；如果开启扰码，如果本帧尾数据刚好等于 D28.7 时则替换为控制字节 F。如果多帧尾数据刚好等于 D28.7 时则替换为控制字节 A。本模块就是根据协议规定的替换规则来完成控制字节的正确插入和替换处理，大家尝试进行设计。

8B/10B 编码模块完成 4 字节并行的 8B/10B 编码功能。8B/10B 编码就是按照码表完成从 8 比特到 10 比特的转换。在完成单字节编码处理的基础上，完成四路并行即 32 比特并行的 8B/10B 编码功能。各字节编码规则请参见 8B/10B 编码表，如表 10.3 所示。本表只给出部分码表。

表 10.3　8B/10B 编码表(部分)

Data Byte Name	Bits HGF EDCBA	Current RD − abcdei fghj	Current RD + abcdei fghj
D0.0	000 00000	100111 0100	011000 1011
D1.0	000 00001	011101 0100	100010 1011
D2.0	000 00010	101101 0100	010010 1011
D3.0	000 00011	110001 1011	110001 0100
D4.0	000 00100	110101 0100	001010 1011
D5.0	000 00101	101001 1011	101001 0100
D6.0	000 00110	011001 1011	011001 0100
D7.0	000 00111	111000 1011	000111 0100
D8.0	000 01000	111001 0100	000110 1011
D9.0	000 01001	100101 1011	100101 0100
D10.0	000 01010	010101 1011	010101 0100
D11.0	000 01011	110100 1011	110100 0100
D12.0	000 01100	001101 1011	001101 0100
D13.0	000 01101	101100 1011	101100 0100
D14.0	000 01110	011100 1011	011100 0100
D15.0	000 01111	010111 0100	101000 1011
D16.0	000 10000	011011 0100	100100 1011
D17.0	000 10001	100011 1011	100011 0100
D18.0	000 10010	010011 1011	010011 0100
D19.0	000 10011	110010 1011	110010 0100

本章习题

1. JESD204B 接口电路的配置参数主要有哪些？分别是什么意思？

2. 以 JESD204B 接口电路发送端为例，其输出数据过程是怎样的？在什么情况下开始发送 K 字节？在什么情况下开始发送 ILAS 序列？在什么情况下开始发送用户数据？其中

ILAS序列是指怎样的序列？

3. 以 JESD204B 接口电路发送端为例，假定参数 M＝4、N＝16、L＝2、F＝4、S＝32，组帧后的数据结构应该是怎样的？代码是如何实现这个组帧的？

4. 以 JESD204B 接口电路发送端为例，说明组帧后的数据接下来在数据链路层依次要经过怎样的处理？什么是字符替换？为什么要进行字符替换？什么是扰码？如何进行扰码？

5. 8B/10B 编码的码表是怎样的？如何实现这个编码？为什么要进行 8B/10B 编码？

6. 我们知道，在 JESD204B 协议中，K 字节就是“01001000”这个 8bit 数据，如果用户数据中刚好出现这个数值，它们在进行 8B/10B 编码时，编码结果有什么不同？在 8B/10B 解码时，是如何区分用户数据“01001000”和 K 字节的？在传输数据时，为什么一开始要发送 K 字节数据？

7. 什么是确定性时延？JESD204B 协议如何保证确定性时延？

第11章　FPGA 开发入门

本章主要介绍 FPGA 芯片特征和开发流程，并且给出 FPGA 芯片开发软件的安装方法和应用实例描述。我们用 Verilog 设计的电路，最终实现的产品形式是 FPGA 或 ASIC 等，所以需要了解 FPGA 开发和芯片设计流程。

11.1　什么是 FPGA

FPGA 的全称是 Field Programmable Gate Array——现场可编程门阵列，是指一种通过开发软件可以更改、配置器件内部连接结构和逻辑单元，完成特定设计功能的数字集成电路。顾名思义，其内部的硬件资源都是一些呈阵列排列的、功能可配置的基本逻辑单元，是一个可以通过编程来改变内部结构的芯片。它是在 PAL、GAL、CPLD 等可编程器件的基础上进一步发展的产物。纵观整个 FPGA 市场，美国硅谷的四家公司 Xilinx、Altera、Lattice、Microsemi占据大部分市场，形成垄断的格局。其中 Xilinx 与 Altera 这两家公司共占有近 90％的市场份额，Xilinx 始终保持着全球 FPGA 的霸主地位。

FPGA 的理念是在短时间能以低成本让用户得到想要的逻辑。随着芯片制造工艺的进步，现在 FPGA 的性能已经能够满足大多数应用的需要。FPGA 采用逻辑单元阵列 LCA（Logic Cell Array）这样一个概念，内部包括可配置逻辑模块 CLB（Configurable Logic Block）、输出输入模块 IOB（Input Output Block）和内部连线（Interconnect）3 个部分。FPGA 利用小型查找表来实现组合逻辑，每个查找表连接到一个 D 触发器的输入端，触发器再来驱动其他逻辑电路或驱动 I/O，由此构成既可实现组合逻辑功能又可实现时序逻辑功能的基本逻辑单元模块，这些模块间利用金属连线互相连接或连接到 I/O 模块。FPGA 的逻辑是通过向内部静态存储单元加载编程数据来实现的，存储在存储单元中的值决定逻辑单元的逻辑功能以及各模块之间或模块与 I/O 间的连接方式，并最终决定 FPGA 所能实现的功能，FPGA 允许无限次的编程。

如图 11.1 所示的 FPGA 可编程性示意图，查找表是这样实现的：首先 FPGA 开发软件会自动计算逻辑电路所有的可能结果，然后把结果事先写入查找表中。FPGA 工作时，输入信号所进行的逻辑运算就等于输入一个地址进行查表，找出地址对应的内容后输出，即实现该逻辑功能。当然，对于复杂的设计，一个 LUT 是无法完成的，FPGA 可以通过进位逻辑将多个 LUT 连接起来，实现复杂的设计，达到设计要求。通俗地说，FPGA 就是由查找表、触发器和布线资源组成的。

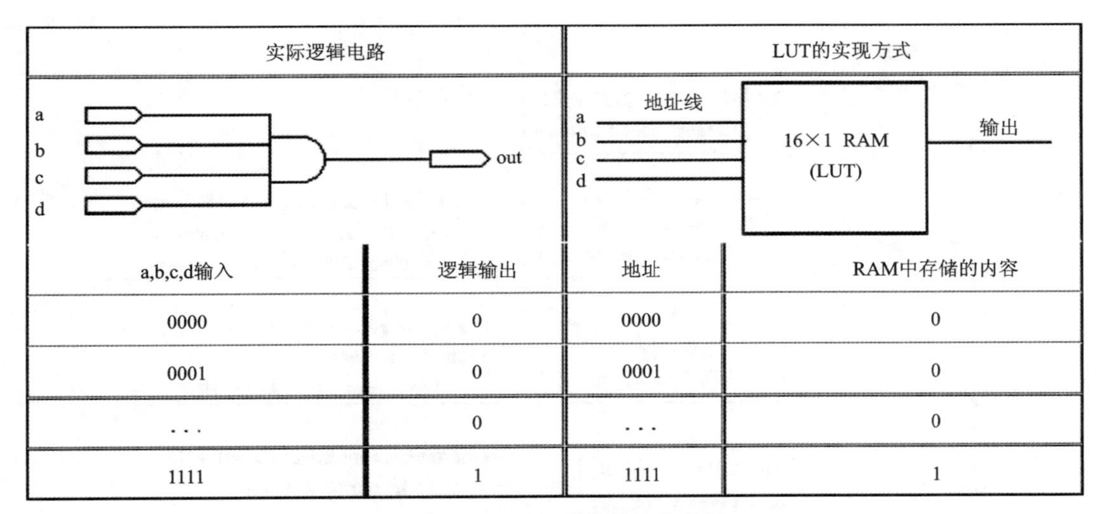

a,b,c,d输入	逻辑输出	地址	RAM中存储的内容
0000	0	0000	0
0001	0	0001	0
...	0	...	0
1111	1	1111	1

图 11.1　FPGA 可编程性示意图

在此补充说明一下 FPGA 芯片和专用集成电路 ASIC（Application Specific Integrated Circuit）的区别。ASIC 和 FPGA 都是芯片，但又有区别。ASIC 是指应特定用户要求和特定电子系统的需要而设计、制造的集成电路，是为了某种特定的需求而专门定制的芯片。FPGA 包括成千上万个逻辑单元，通过可编程开关连接起来，通过单元的逻辑互联来满足不同的设计要求，可重复编程是它的最大特点。ASIC 逻辑电路是固化在芯片中的，我们可以将 ASIC 理解为不可编程的 FPGA。

11.2　FPGA 开发流程

原理图和 HDL（Hardware Description Language，硬件描述语言）是两种最常用的数字硬件电路描述方法，其中 HDL 设计法具有更好的可移植性、通用性和模块划分与重用性的特点，在目前的工程设计中被广泛使用，如图 11.2 所示 FPGA 设计数字电路时的开发流程是基于 HDL 的。

1. 需求定义（功能定义）

设计和实现一个系统的第一步，是明确整个系统的性能指标，然后进一步将系统功能划分为可实现的具体功能模块，同时明确各模块的功能与基本时序，并大致确定模块间的接口，如时钟、读写信号、数据流和控制信号等。

2. RTL 级 HDL 描述

RTL 级（寄存器传输级）指不关注寄存器和组合逻辑的细节（如使用多少逻辑门、逻辑门的连接拓扑结构等），描述寄存器到寄存器之间的逻辑功能的 HDL 设计方法。RTL 级比门级更抽象，同时更简单和高效。RTL 级的最大特点是可以直接用综合工具将其综合为门级网表。RTL 级设计直接决定着系统的功能和效率。我们使用的 HDL 语言是 Verilog。

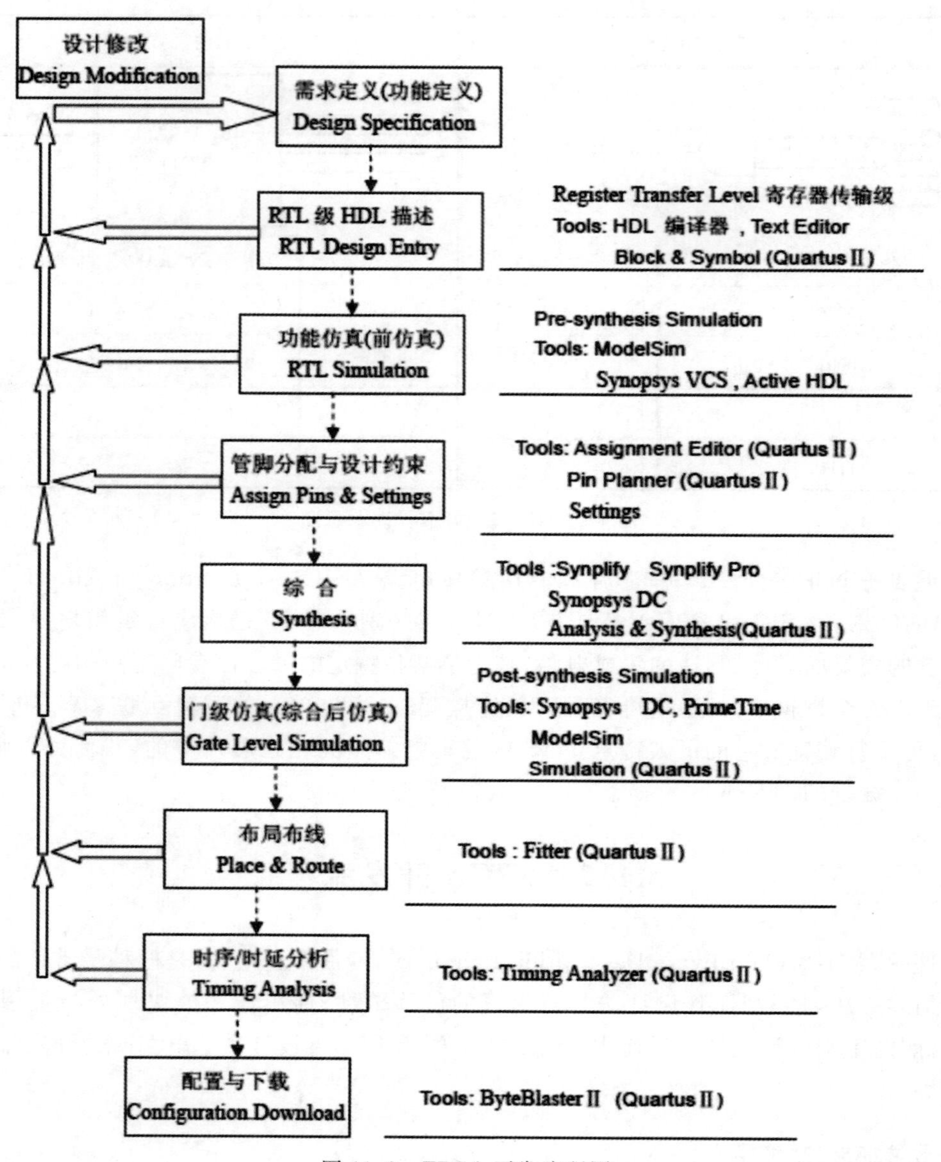

图 11.2　FPGA 开发流程图

3. 功能仿真(前仿真)

功能仿真又称综合前仿真,其目的是验证 RTL 级描述是否与设计意图一致。为了提高效率,功能仿真需要建立 testbench,其测试激励一般使用行为级 HDL 语言描述。

4. 管脚分配与设计约束

无论是 RTL 级还是门级的 HDL 设计方法,在实现该逻辑时都需要与实际的 FPGA 芯片相匹配。管脚分配指将设计文件的输入输出信号指定到器件的某个管脚,设置此管脚的电平标准、电流强度等。设计约束指对设计的时序约束和在综合、布局布线阶段附加的约束等。

5. 电路综合

将 RTL 级 HDL 语言翻译成由与、或、非门等基本逻辑单元组成的门级连接（网表），并根据设计目标与要求（约束条件）优化所生成的逻辑连接，输出门级网表文件。

6. 门级仿真（综合后仿真）

在综合后通过后仿真来检查综合结果是否与原设计一致。一般，综合后仿真和功能仿真的测试激励相同。由于综合工具日益完善，在目前的 FPGA 设计中，这一步骤被省略掉。

7. 布局布线

布局布线就是使用综合后的网表文件，将工程的逻辑和时序要求与器件的可用资源相匹配。可以简单地将布局布线理解为对 FPGA 内部查找表和寄存器资源的合理配置，那么布局可以被理解为挑选可实现设计网表的最优资源组合，布线就是将这些查找表和寄存器资源以最优方式连接起来。

8. 时序/时延分析

通过时序/时延分析获得布局布线后系统的延时信息，不仅包括门延时，还包括实际的布线延时。时序/时延分析的时序仿真是最准确的，能较好地反映芯片的实际工作情况，同时发现时序违规（Timing Violation），即不满足时序约束条件或者器件固有时序规则（建立时间、保持时间）的情况。

9. 配置与下载

通过编程器将布局布线后的配置文件下载到 FPGA 中，对硬件进行编程。硬件文件一般为.pof 或.sof 文件格式，下载方式包括 AS（主动）、PS（被动）、JTAG（边界扫描）等方式。

11.3　FPGA 开发实例

11.3.1　安装 Quratus Ⅱ

Vivado 是 Xilinx 公司的 FPGA 开发软件，高校用得多的是 Altera 公司的 Quartus Ⅱ 软件。本节先介绍本软件的安装，然后再举一个基础的 FPGA 开发实例。本次安装的软件是 Quartus Ⅱ 15.0，在下载好对应的安装包后将其解压，而后打开解压好的 Quartus Ⅱ 15.0 文件夹，找到可执行文件“Quartus setup-15.0.0.145-windows . exe”，选择以管理员的身份将其打开，然后单击“Next”，选择“I accept the agreement”，再单击“Next”，然后单击文件夹图标以更改软件安装路径（注意安装路径中不要出现中文），然后一直点击“Next”，直到进入安装进度界面，接下来要取消选择“Launch USB Blaster Ⅱ driver installation”，然后单击“完成”，如图 11.3 所示。

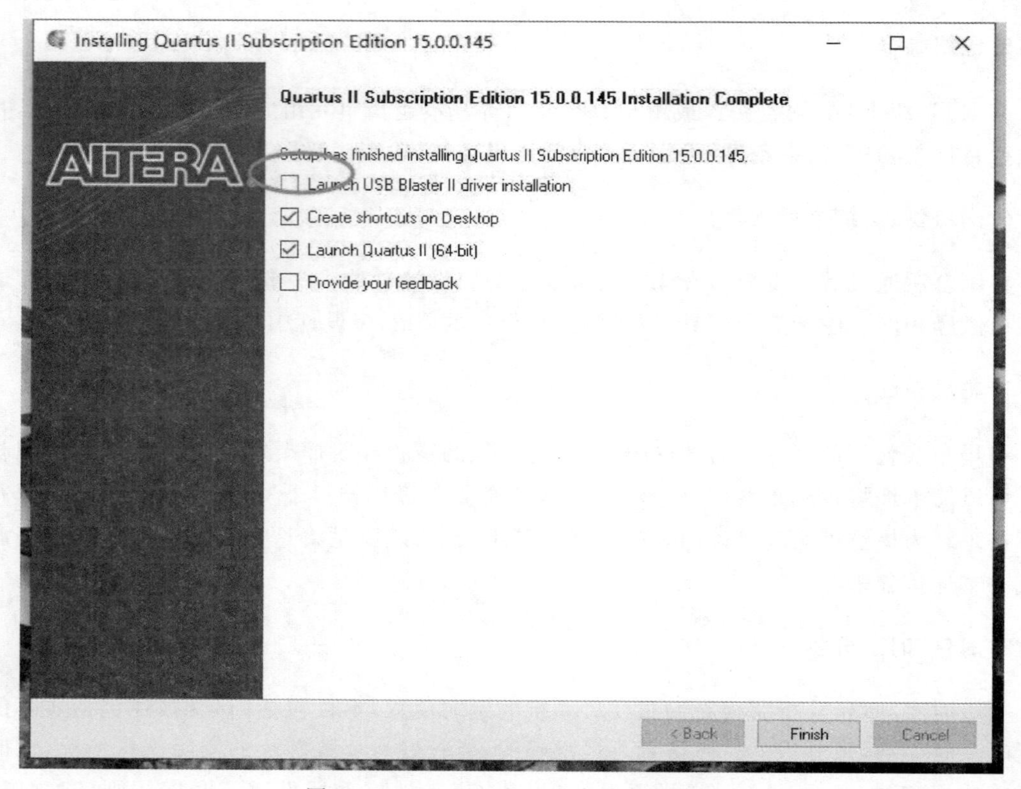

图 11.3　Quartus Ⅱ15.0 安装完成界面

在完成 Quartus Ⅱ15.0 软件的安装后，还需要将其与 Modelsim 软件关联起来。关联步骤为：在解压的 Quartus Ⅱ 15.0 文件夹中，打开 Quartus 文件夹，右键单击“modelsim setup-15.0.0.145-windows”，选择以管理员的身份运行，然后点击“Next”，选择“ModeSim-Altera Staner Edition License is not required”，一直点击“Next”，选择“I accept the agreement”，然后单击“Next”。需要注意的是，Modelsim 的安装路径必须与 Quartus Ⅱ 15.0 中设置的路径一样，然后单击“Next”，接着会提示已经安装 Modelsim 在当前目录下，直接点击“Yes”，一直点击“Next”，直到出现进度条，显示安装过程。直到安装完成，点击“Finish”。

如果之前安装过相关的 Quartus Ⅱ软件，并且没有卸载，有 License 文件，接下来这一步可以不用做，软件会直接找到对应的 Lincense 文件，可以正常地使用，否则还要进行软件破解。在解压缩安装软件包的 Quartus Ⅱ 15.0 文件夹中，双击 Crack 文件夹将其打开。右键单击“Quartus_Ⅱ_15.0.exe”，选择以管理员的身份运行，然后单击“查找”。打开软件安装路径下的“bin64”文件夹（我的路径为 D：\ altera \ quartus \ bin64），选择“gcl_afcq.dll”文件，然后单击“打开”，再单击“下一步”，再单击“确定”，再单击“OK”，再单击“确定”。最后双击桌面上的“Quartus Ⅱ 15.0（64 位）”软件图标以启动软件。单击“Tools（工具）”，然后选择“License Setup（许可设置）”。使用快捷键 Ctrl+C 复制“Network Interface Card（NIC）ID”框中的任一串字符（有很多串，选择一个就好），然后关闭软件。以“记事本”方式打开 license.

dat(在下载的安装包里面)文件,将 HOSTID=XXXXXXX 后面的 XXXXXXX 替换为之前复制的网卡号码。保存之后,启动 Quartus 软件,选择“if you have a.”,然后单击“确定”,选择之前保存的“license. dat”文件,然后单击“打开”,点击“确定”。

11.3.2　FPGA 开发实例

接下来通过一个具体实验来展示 FPGA 的开发流程。实验内容为:用 Verilog HDL 语言设计一个电子钟,用 4 个数码管分别显示分和秒,复位时,显示“00.00”。本次实验采用的 FPGA 开发板型号是 Cyclone V SoC 系列的 5CSEMA5F31C6,如图 11.4 所示。

图 11.4　5CSEMA5F31C6 开发板

具体实验步骤如下:

1. 建立工程

(1) 新建工程:打开 Quartus Ⅱ 15.0,点击“New Project Wizard”按钮新建工程(图 11.5)。

(2)弹出“Introduction”界面,其介绍新建工程的 5 个步骤依次为:指定工程名称与其工作目录,指定顶层模块的名称,选择添加工程文件和其他库文件,指定 FPGA 开发板的型号以及设置所使用的 EDA 工具,这里点击“Next”即可(图 11.6)。

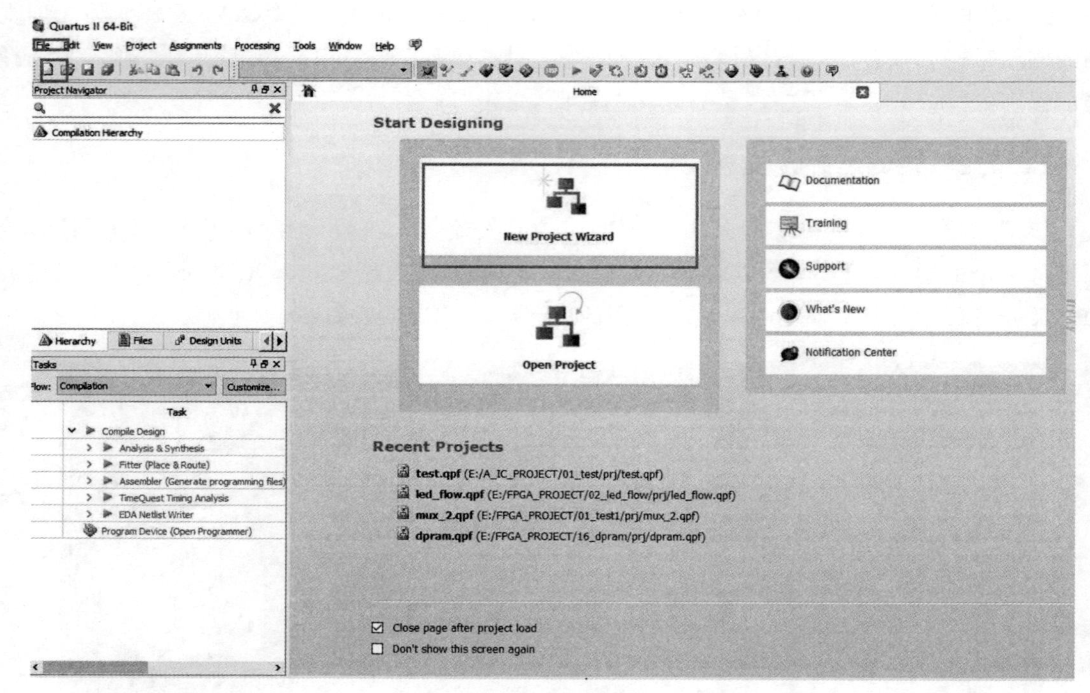

图 11.5　选择新建工程

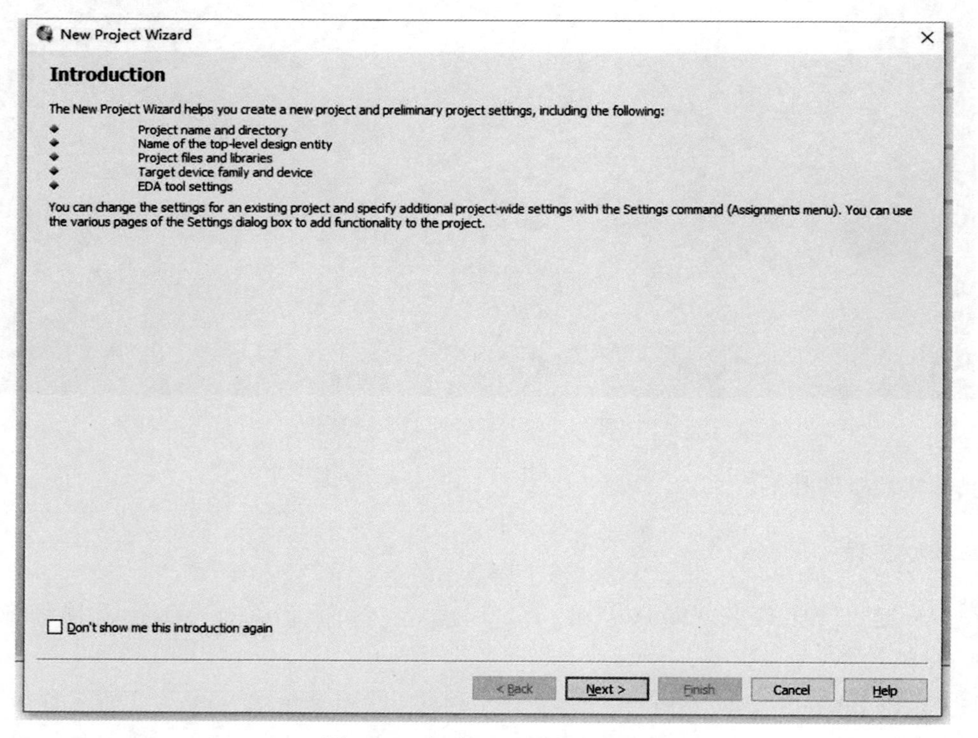

图 11.6　新建工程的步骤介绍

(3)指定当前工程的工作目录、工程名称以及顶层文件的名称。需要注意的是,工程路径中不要包含空格、中文、括号等字符,同时工程的名称不要以数字开头。为了便利,这里直接将工程名称命名为顶层文件的名称,设置完毕后点击“Next”即可(图 11.7)。

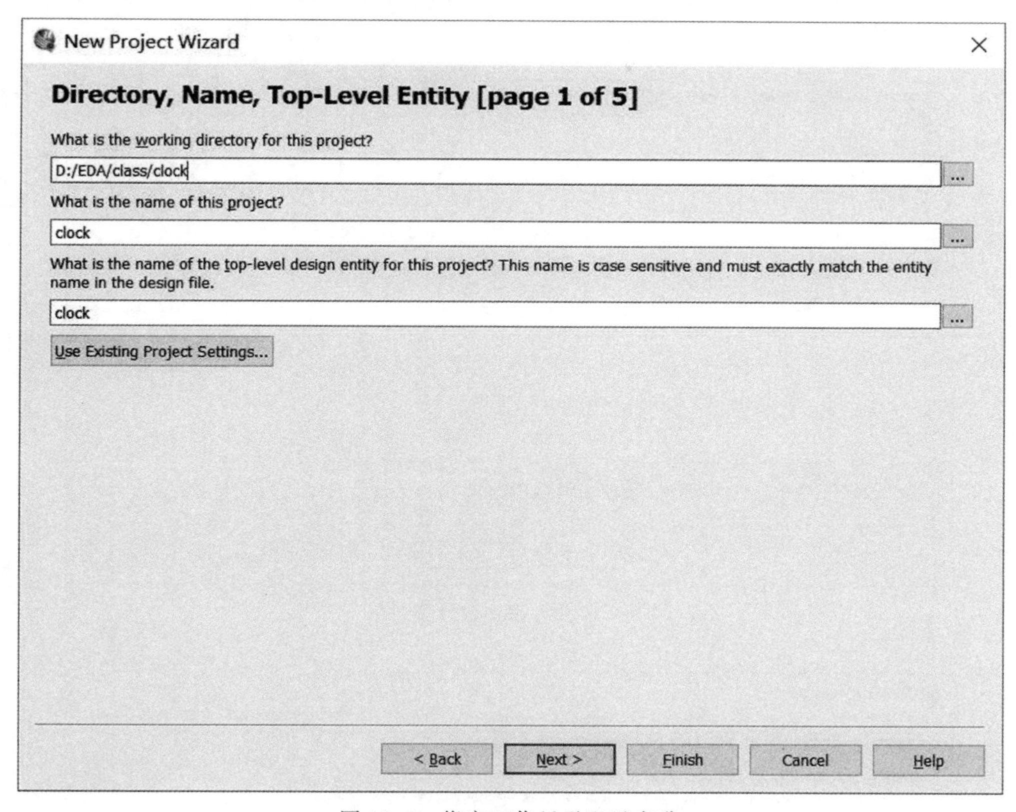

图 11.7　指定工作目录以及名称

(4)添加设计文件。若已经提前写好工程所需的文件,则可在这步将其直接添加到新建工程中。在“File name”栏后浏览本地文件,找到要添加的.v 文件,双击即可将其直接加入工程中,添加完毕后点击“Next”进行下一步(图 11.8)。

(5)指定芯片型号:通过指定开发板所对应的系列、封装、管脚数以及速度级别等信息可以快速找到开发板的型号,还可以在“Name filter”上直接输入型号,而后在“Available devices”界面就会显示出来,可以看到本实验选择的开发板为 5CSEMA5F31C6,其核心电压为 1.1v,基本逻辑单元 32 070 个,I/0 端口 457 个,将其选中后点击“Next”进行下一步(图 11.9)。

(6)设置 EDA 工具:这里需要将仿真工具改为“Modelsim-Altera”,所对应的语言为“Verlilog HDL”,其余则保持默认即可(图 11.10)。

(7)完成新建工程:最后弹出 Summary 界面,其展示当前工程的一些基本信息。点击 Finish 完成新建工程(图 11.11)。

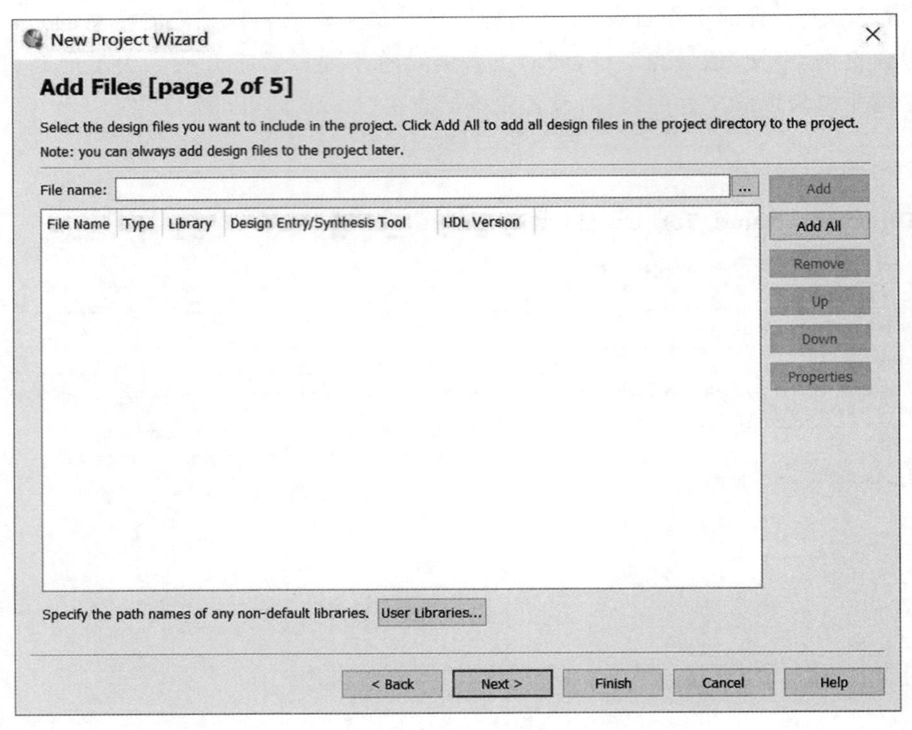

图 11.8　添加设计文件

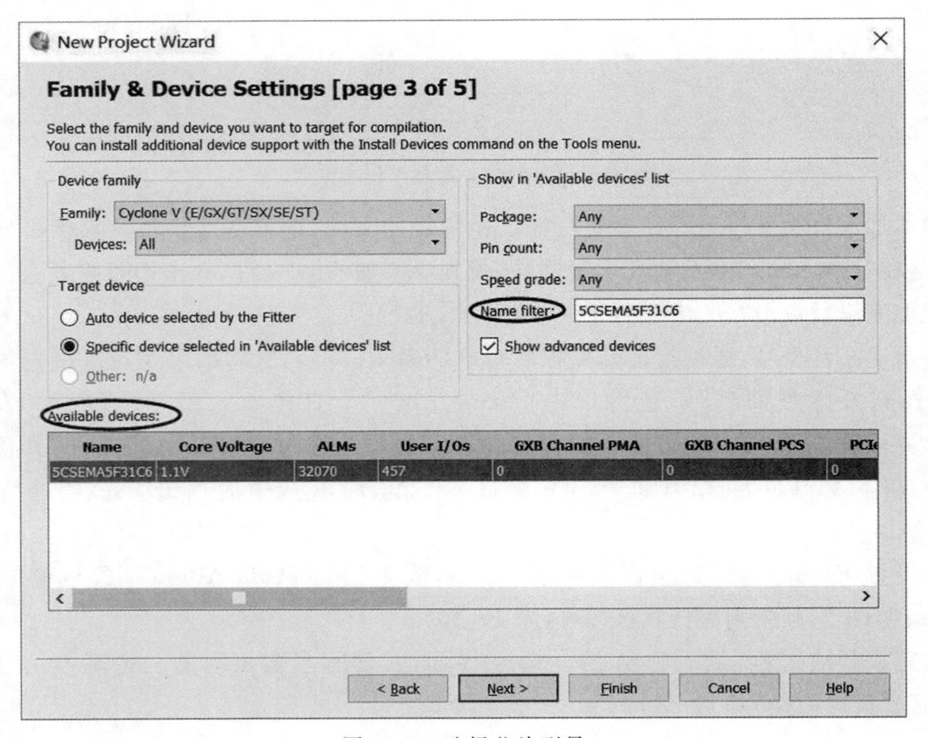

图 11.9　选择芯片型号

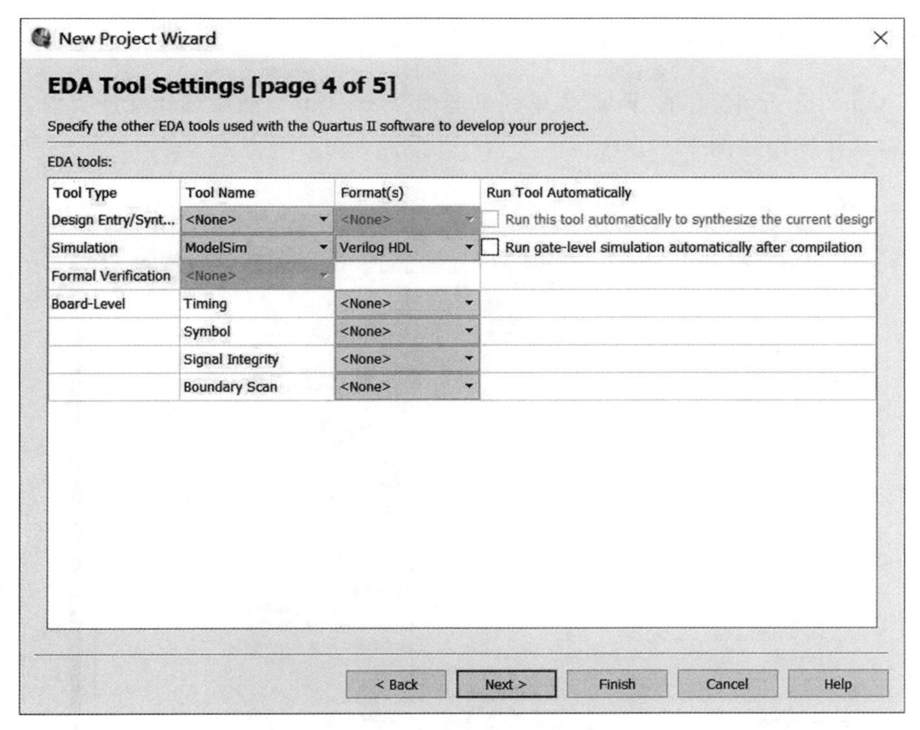

图 11.10　设置 EDA 工具

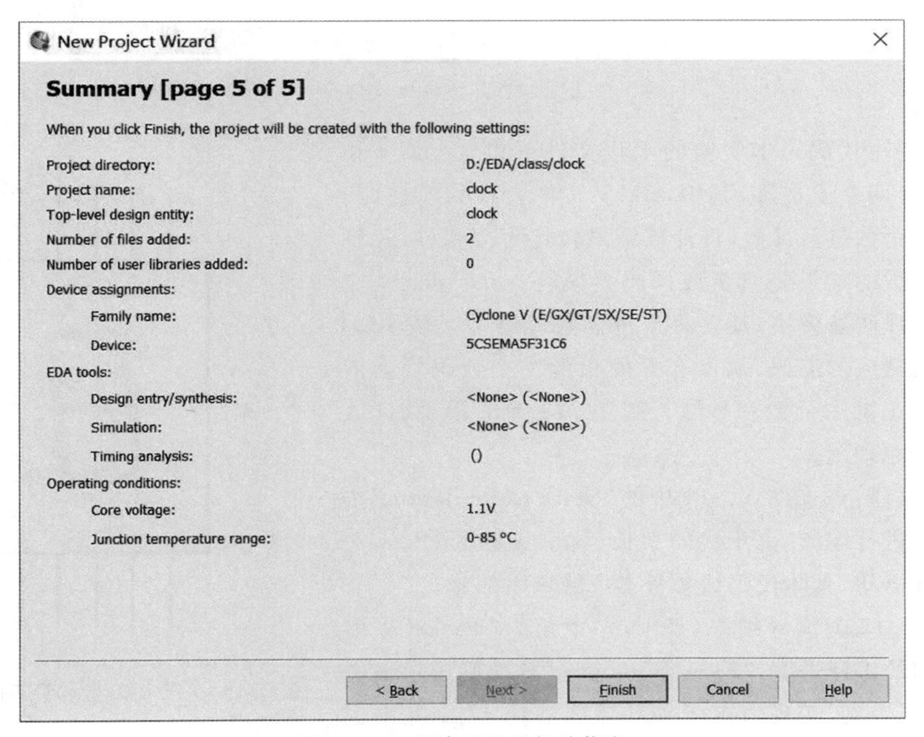

图 11.11　新建工程的相关信息

2. 新建.v文件并对工程进行编译

(1)在Quartus Ⅱ 15.0的“File”菜单栏里选择“New File”,然后选择文件类型为“Verilog HDL File”,具体操作如图11.12所示。

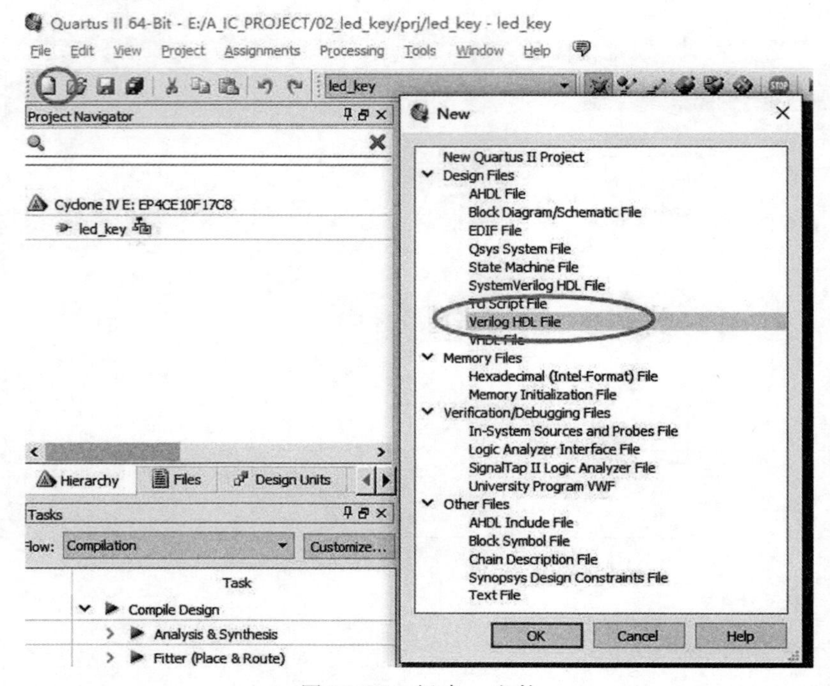

图11.12 新建.v文件

(2)编写代码。本实验的工程文件下包含clk.v和seg_dec.v两个子文件,其中,clk.v文件为计数模块,其会对时钟个数进行计数,将计数结果转化为分和秒,并将分数和秒数的结果传给7段译码器模块。seg_dec.v文件为7段译码器模块,其会将十进制数译码为7段LED数码管所对应的编码,从而在开发板的4个数码管上依次显示出正确的分数和秒数。图11.13为7段LED数码管工作原理图。

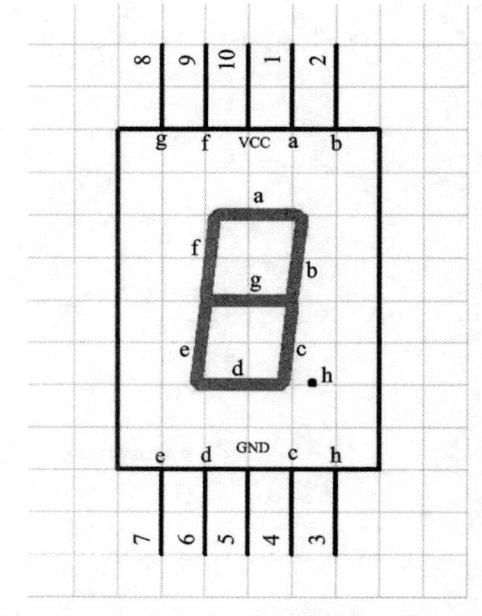

图11.13 7段LED数码管工作原理图

(3)编译:点击图11.14中的“Start Compilation”按钮对工程进行编译,由于代码太长,这里只展示clk.v文件的部分语句,具体代码请参考本章的末尾部分。

图11.15为编译结果,其中,左下角的“Tasks”界面展示当前的编译进度,“Flow Summary”界面则展示编译结果,可以看到,实现该电子钟共需要消耗47个基本逻辑单元、44个寄存器与33个端口。

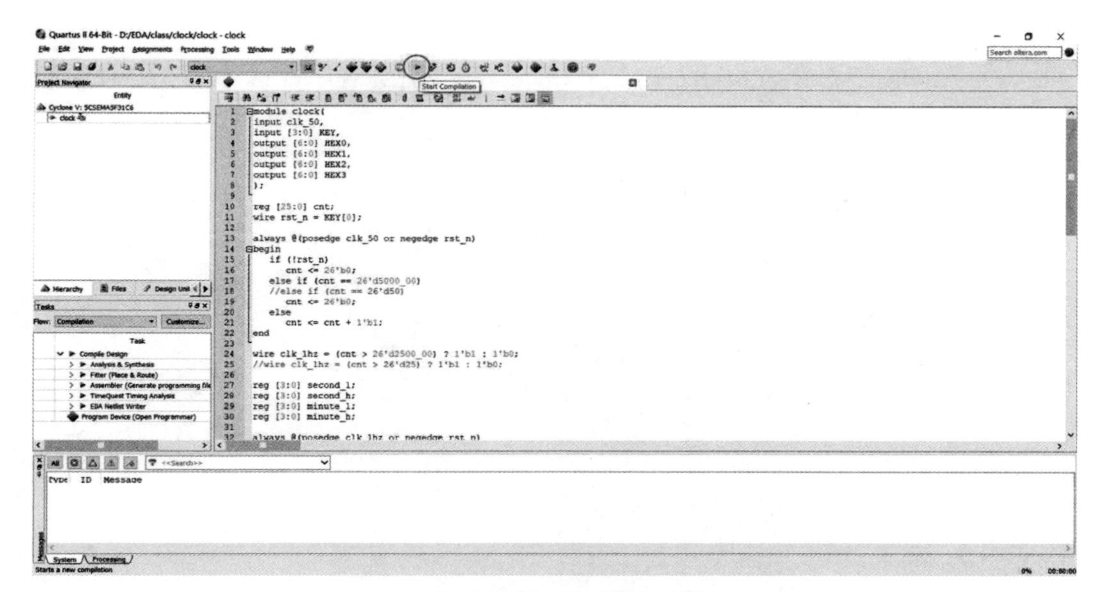

图 11.14　Quartus 界面总览

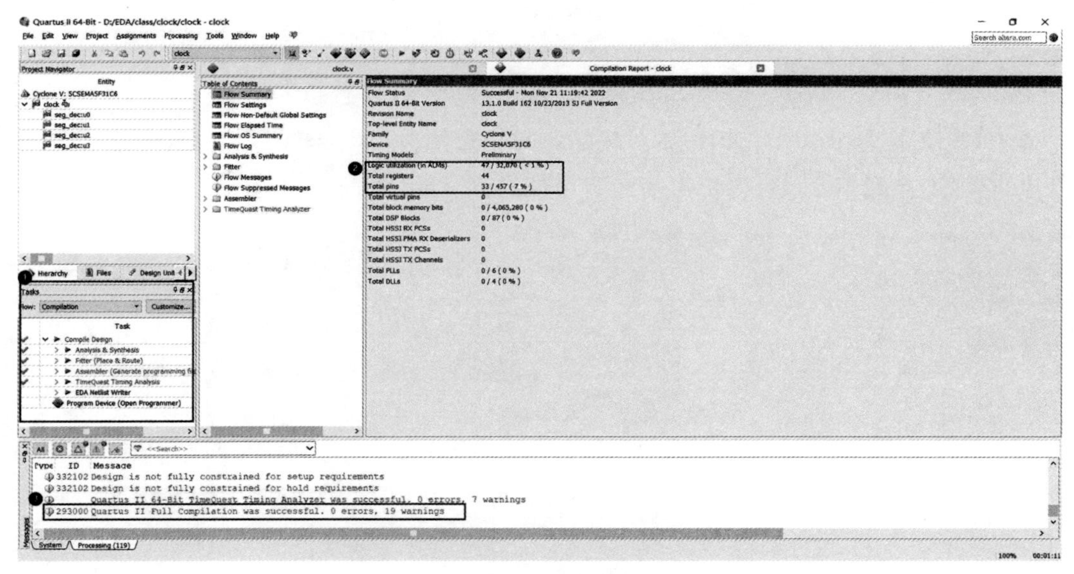

图 11.15　编译结果

3. 功能仿真

(1)首先使用 Quartus 自动生成测试激励 TestBench 的模板(图 11.16)。在 Quartus 界面的上方点击“Processing”选项,再在其下拉菜单中选择“Start”→“Start Test Bench Template Writer”,即可生成测试激励模板。该模板会对顶层模块进行例化并对其进行简单测试,实际中常常需要对其进行修改,以保证功能仿真的完整性,修改后的测试激励请参考本章的末尾部分。

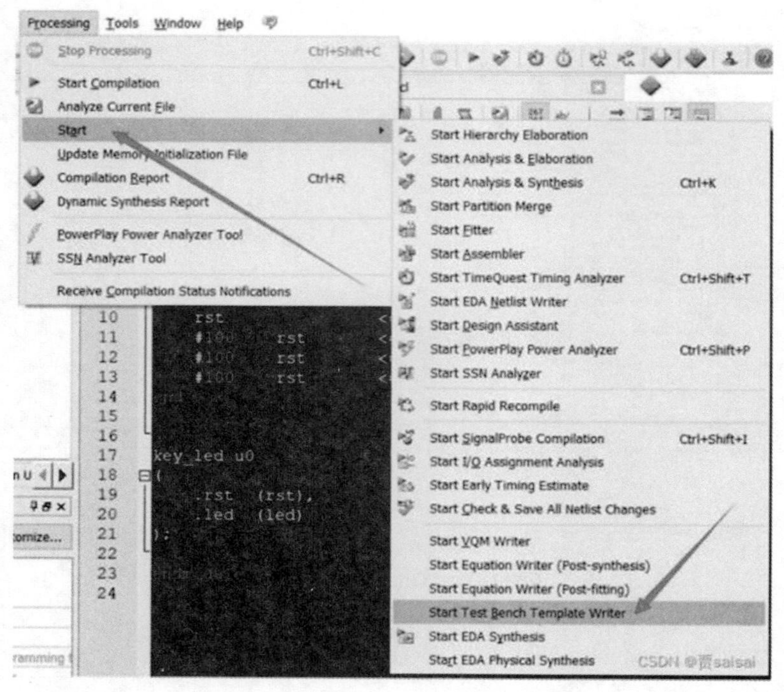

图 11.16　生成 TestBench 的菜单选项

(2)在修改完 TestBench 文件后，可在工具栏中使用“Analysis & Synthesis”工具对单个文件进行编译，从而检查 TestBench 中是否出现语法错误(图 11.17)。

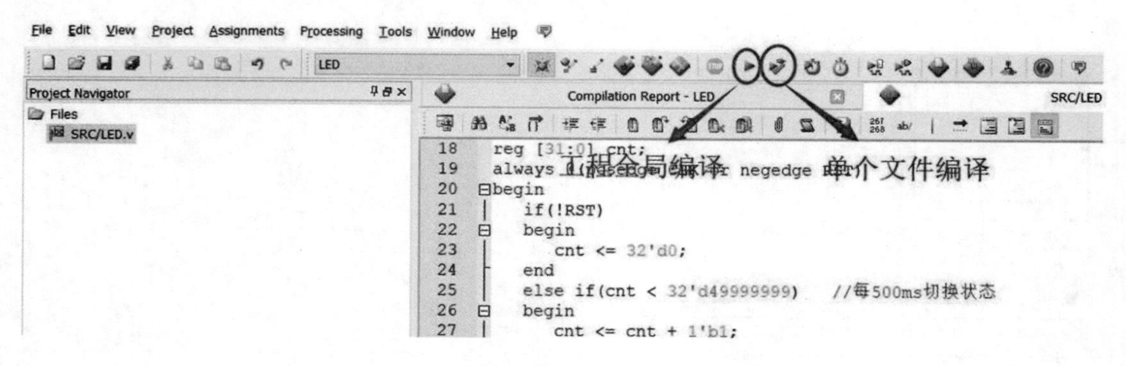

图 11.17　单独对 TestBench 编译的图标位置

(3)在确保 TestBench 正确后，可为功能仿真指定 TestBench 的具体位置，具体操作如图 11.18所示。

(4)在完成上述步骤后，在 Quartus 界面的上方点击“Tools”选项，再在其下拉菜单中选择“Run Simulation Tool”→“RTL Simulation”，即可开始功能仿真，仿真结果如图 11.19 所示。

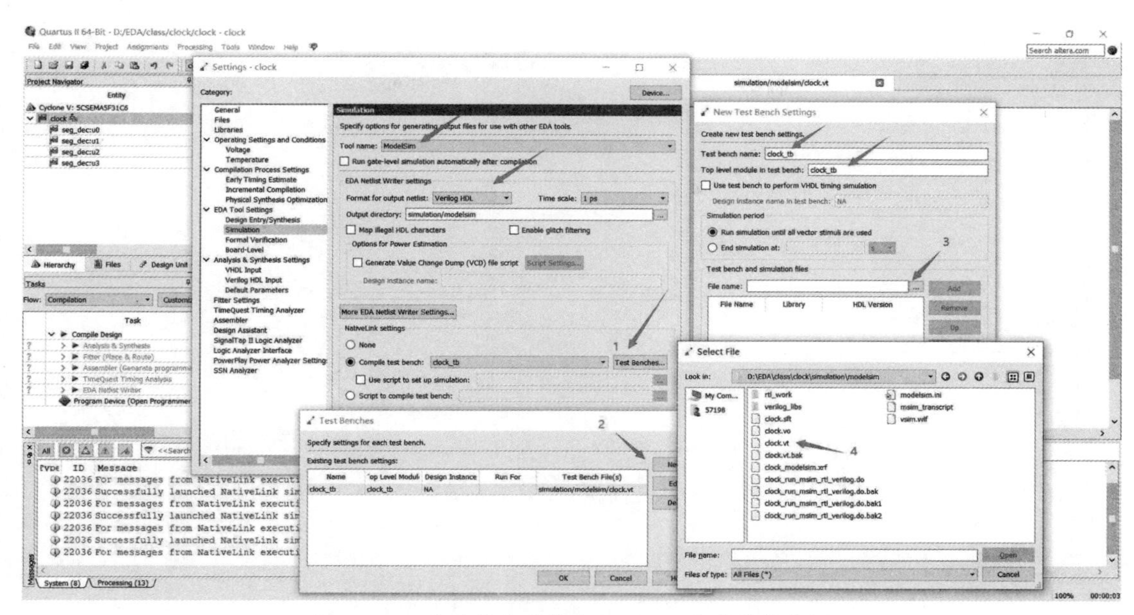

图 11.18　为功能仿真指定 TestBench 的具体位置

图 11.19　功能仿真结果

4. 板级验证

(1)在完成功能仿真后,需要为顶层模块的端口分配开发板上对应的管脚。使用工具栏中的“Pin Planner”工具即可进行管脚分配(图 11.20)。如图 11.21 所示,“Pin Planner”界面列出所有需要进行管脚分配的端口,接下来只需指定每个端口所对应的开发板管脚及其 I/O 电平标准,即可完成管脚分配。显然,当顶层模块的端口较多时,使用该方法分配管脚会过于麻烦,这里介绍另一种分配管脚的方法,为使用 TCL 脚本文件进行管脚分配的方法。

图 11.20　“Pin Planner”按键

这里只介绍管脚分配的两条简单的 TCL 语句,它们分别用来指定端口所对应的管脚位置与 I/O 电平标准:

```
set_location_assignment PIN_XXX -to Node_Name;
set_instance_assignment -name IO_STANDARD "3.3 V" -to Node_Name -entity module_Name
```

至于管脚位置和 I/O 电平标准的具体取值,则需要结合开发板的电路原理图来确定。打开开发板的原理图文件,目录内容如图 11.22 所示,结合目录我们可以很快地确定管脚位置。

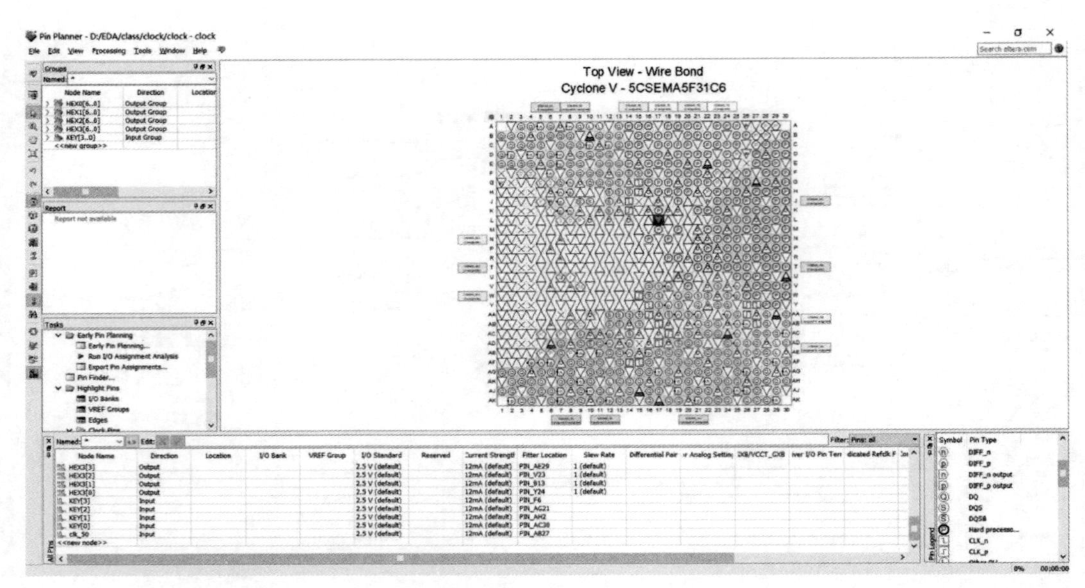

图 11.21 “Pin Planner”界面

这里以时钟端口 clk_50 为例，从目录中可以看出，与时钟相关的信息在原理图的第 6 页，直接跳转到原理图第 6 页(图 11.23)可以看到，50MHz 的时钟对应的管脚为 AF14，I/O 电平标准为 VCCIO＝3.3V，因此为 clk_50 分配管脚的 TCL 语句：

```
set_location_assignment PIN_AF14 -to clk_50
set_instance_assignment -name IO_STANDARD "3.3-V LVTTL" -to clk_50
```

ALTERA Cyclone V SoC Development & Education Board (DE1-SoC)

PAGE	CONTENT	PAGE	CONTENT
1	Cover Page	16	ADV7123 VGA
2	Block Diagram	17	ADV7180 Video Decoder
3	FPGA BANK 3, BANK 4	18	Audio CODEC
4	FPGA BANK 5, BANK 6	19	7-Segment Display, LED
5	FPGA BANK 7, BANK 8	20	FPGA BUTTON, Switch
6	FPGA Clocks, GND	21	ADC, PS2, IR Tx, IR Rx
7	FPGA Configuration	22	2-port USB Host
8	FPGA Decoupling	23	1 Gagabit Ethernet
9	FPGA Power	24	UART to USB, SD CARD
10	USB Blaster II	25	Accelerometer, LTC Connector
11	JTAG Chain	26	I2C Multiplexer, HPS BUTTON, HPS LED
12	GPIO 0	27	Power - 1.1V
13	GPIO 1	28	Power - 5V, 3.3V
14	SDRAM, HPS QSPI Flash	29	Power - 9V, 2.5V, 1.5V
15	HPS DDR3 SDRAM	30	Power - 1.2V, 1.8V, DDR3 VREF, DDR3 VTT

图 11.22 原理图文件目录

接着，执行 TCL 脚本文件即可完成对管脚的分配。点击 Quartus 上方的“Tools”选项，在其下拉菜单中选择“Tcl Scripts”选项，然后找到脚本文件所在的位置，点击“Run”即可执行脚本文件(图 11.24)。执行完毕后，再次打开“Pin Planner”界面，可以看到所有端口都有了不同的底色，代表管脚分配成功(图 11.25)。

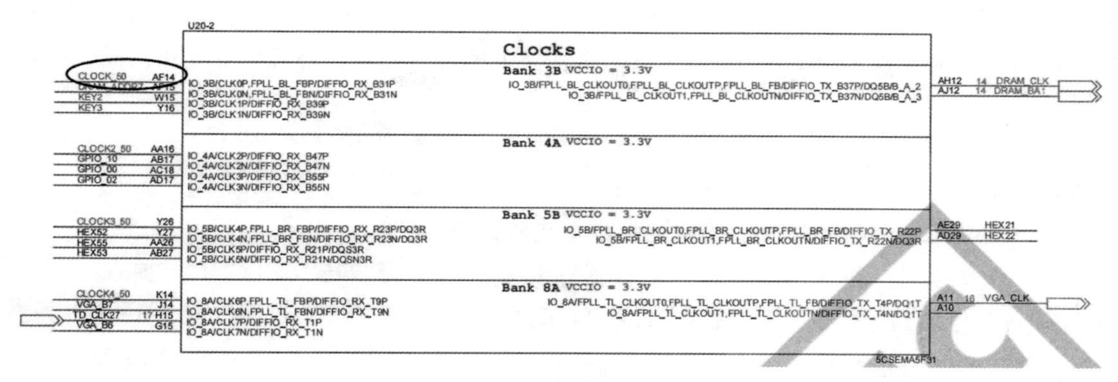

图 11.23　时钟原理图

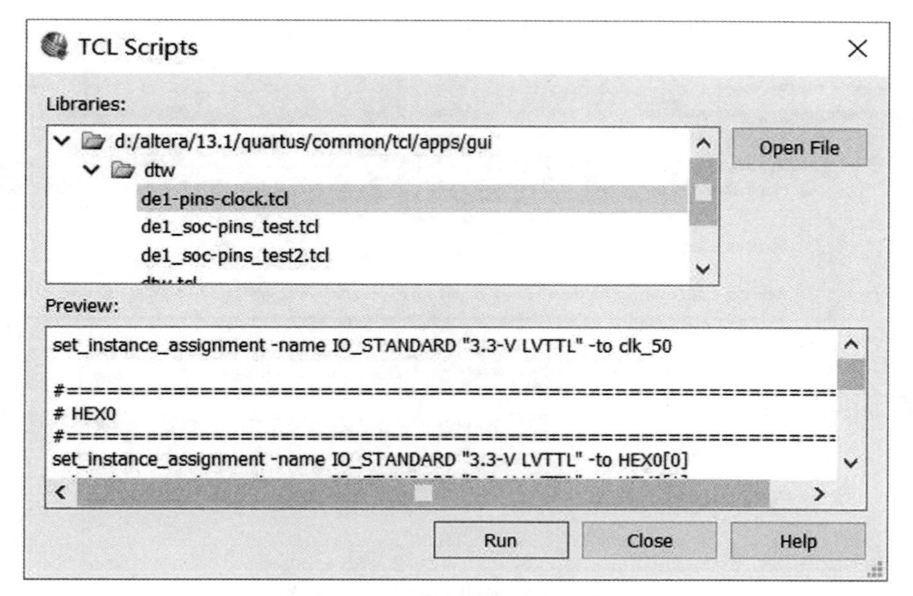

图 11.24　执行管脚分配脚本

Node Name	Direction	Location	I/O Bank	VREF Group	I/O Standard	Reserved	Current Strength	Fitter Location	Slew Rate	Differential Pair	Analog Settings	XB/VCCT_GX
HEX0[6]	Output	PIN_AH28	5A	B5A_N0	3.3-V LVTTL		16mA (default)	PIN_AA28	1 (default)			
HEX0[5]	Output	PIN_AG28	5A	B5A_N0	3.3-V LVTTL		16mA (default)	PIN_AB30	1 (default)			
HEX0[4]	Output	PIN_AF28	5A	B5A_N0	3.3-V LVTTL		16mA (default)	PIN_W24	1 (default)			
HEX0[3]	Output	PIN_AG27	5A	B5A_N0	3.3-V LVTTL		16mA (default)	PIN_AF30	1 (default)			
HEX0[2]	Output	PIN_AE28	5A	B5A_N0	3.3-V LVTTL		16mA (default)	PIN_AB28	1 (default)			
HEX0[1]	Output	PIN_AE27	5A	B5A_N0	3.3-V LVTTL		16mA (default)	PIN_AA30	1 (default)			
HEX0[0]	Output	PIN_AE26	5A	B5A_N0	3.3-V LVTTL		16mA (default)	PIN_AF29	1 (default)			
HEX1[6]	Output	PIN_AD27	5A	B5A_N0	3.3-V LVTTL		16mA (default)	PIN_AC28	1 (default)			
HEX1[5]	Output	PIN_AF30	5A	B5A_N0	3.3-V LVTTL		16mA (default)	PIN_A13	1 (default)			
HEX1[4]	Output	PIN_AF29	5A	B5A_N0	3.3-V LVTTL		16mA (default)	PIN_Y26	1 (default)			
HEX1[3]	Output	PIN_AG30	5A	B5A_N0	3.3-V LVTTL		16mA (default)	PIN_W25	1 (default)			
HEX1[2]	Output	PIN_AH30	5A	B5A_N0	3.3-V LVTTL		16mA (default)	PIN_Y27	1 (default)			
HEX1[1]	Output	PIN_AH29	5A	B5A_N0	3.3-V LVTTL		16mA (default)	PIN_V25	1 (default)			
HEX1[0]	Output	PIN_AJ29	5A	B5A_N0	3.3-V LVTTL		16mA (default)	PIN_AA26	1 (default)			
HEX2[6]	Output	PIN_AC30	5B	B5B_N0	3.3-V LVTTL		16mA (default)	PIN_Y23	1 (default)			
HEX2[5]	Output	PIN_AC29	5B	B5B_N0	3.3-V LVTTL		16mA (default)	PIN_AD26	1 (default)			
HEX2[4]	Output	PIN_AD30	5B	B5B_N0	3.3-V LVTTL		16mA (default)	PIN_AC27	1 (default)			
HEX2[3]	Output	PIN_AC28	5B	B5B_N0	3.3-V LVTTL		16mA (default)	PIN_AG30	1 (default)			
HEX2[2]	Output	PIN_AD29	5B	B5B_N0	3.3-V LVTTL		16mA (default)	PIN_AD30	1 (default)			
HEX2[1]	Output	PIN_AE29	5B	B5B_N0	3.3-V LVTTL		16mA (default)	PIN_H15	1 (default)			
HEX2[0]	Output	PIN_AB23	5A	B5A_N0	3.3-V LVTTL		16mA (default)	PIN_AC29	1 (default)			
HEX3[6]	Output	PIN_AB22	5A	B5A_N0	3.3-V LVTTL		16mA (default)	PIN_G15	1 (default)			
HEX3[5]	Output	PIN_AB25	5A	B5A_N0	3.3-V LVTTL		16mA (default)	PIN_AH30	1 (default)			
HEX3[4]	Output	PIN_AB28	5B	B5B_N0	3.3-V LVTTL		16mA (default)	PIN_AD29	1 (default)			
HEX3[3]	Output	PIN_AC25	5A	B5A_N0	3.3-V LVTTL		16mA (default)	PIN_AE29	1 (default)			
HEX3[2]	Output	PIN_AD25	5A	B5A_N0	3.3-V LVTTL		16mA (default)	PIN_V23	1 (default)			
HEX3[1]	Output	PIN_AC27	5A	B5A_N0	3.3-V LVTTL		16mA (default)	PIN_B13	1 (default)			
HEX3[0]	Output	PIN_AD26	5A	B5A_N0	3.3-V LVTTL		16mA (default)	PIN_Y24	1 (default)			
KEY[3]	Input	PIN_Y16	3B	B3B_N0	3.3-V LVTTL		16mA (default)	PIN_F6				
KEY[2]	Input	PIN_W15	3B	B3B_N0	3.3-V LVTTL		16mA (default)	PIN_AG21				
KEY[1]	Input	PIN_AA15	3B	B3B_N0	3.3-V LVTTL		16mA (default)	PIN_AH2				
KEY[0]	Input	PIN_AA14	3B	B3B_N0	3.3-V LVTTL		16mA (default)	PIN_AC30				

图 11.25　管脚分配成功时的“Pin Planner”界面

(2)再次对整个工程进行编译,此次编译是在基于(1)中的管脚约束的条件下进行的,编译完成后在当前工程目录下的 output_files 文件夹下即可得到可以烧录到开发板的 clock. sof 文件。

(3)在完成管脚分配后,可将代码烧录至开发板,代码烧录需要用到一个 USB-Blaster 下载器,PC 端需要先下载其对应的驱动程序后才能正常烧录代码。驱动程序安装好后,将 USB-Blaster 下载器连接到 PC,PC 就会检测到相关的信息,如图 11.26 所示。

通用串行总线控制器
Altera USB-Blaster
USB Composite Device
USB Composite Device
英特尔(R) USB 3.0 根集线器
英特尔(R) USB 3.0 可扩展主机控制器

图 11.26　PC 检测到相关的信息

然后,点击工具栏中的"Programmer"工具对代码进行烧录,在跳出的界面中选择"Hardware Setup"选项,在该选项下选择下载器"USB-Blaster[USB-0]",之后添加. sof 文件,具体操作如图 11.27 和图 11.28 所示。

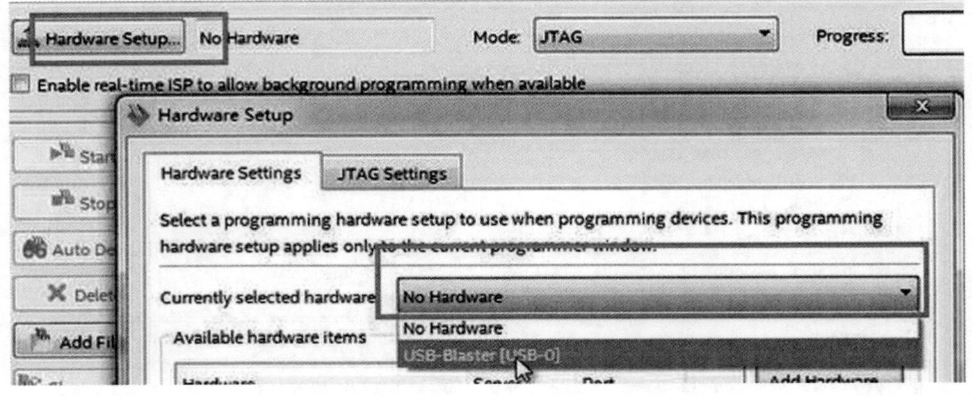

图 11.27　选择下载器

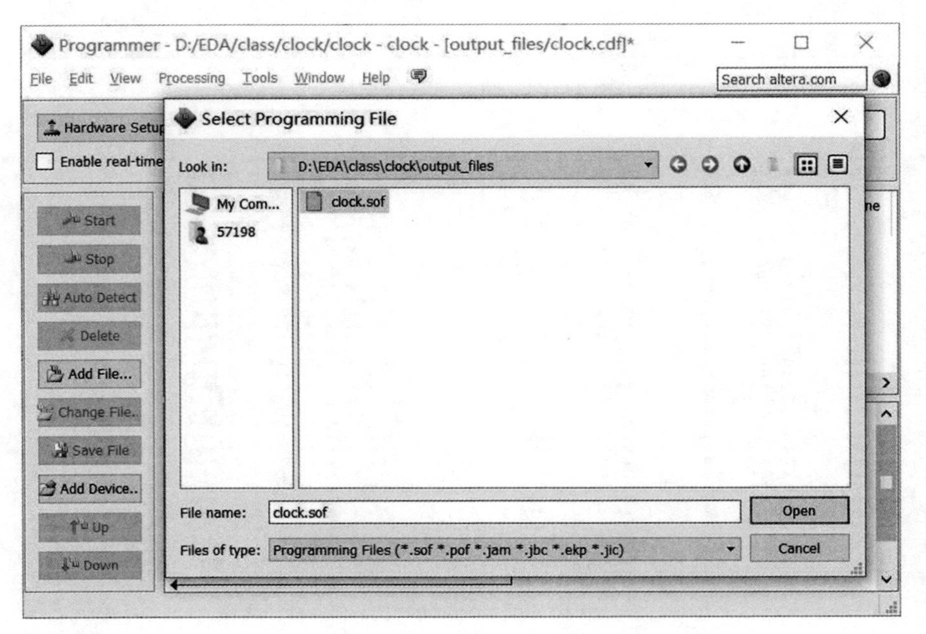

图 11.28　添加. sof 文件

最后，点击“Start”，在右上角的进度条加载完毕后，即完成烧录代码。下载完成后，可通过观察数码管是否正确显示分秒来验证代码的正确与否。

本实例的参考代码如下：

```
//顶层文件
module clock(
input clk_50,
input [3 : 0] KEY,
output [6 : 0] HEX0,
output [6 : 0] HEX1,
output [6 : 0] HEX2,
output [6 : 0] HEX3
);

reg [25 : 0] cnt;
wire rst_n = KEY[0];

always @(posedge clk_50 or negedge rst_n)
begin
    if (! rst_n)
        cnt <= 26'b0;
    else if (cnt == 26'd5000_00)
        cnt <= 26'b0;
    else
        cnt <= cnt + 1'b1;
end

wire clk_1hz = (cnt > 26'd2500_00) ? 1'b1 : 1'b0;
reg [3 : 0] second_l;
reg [3 : 0] second_h;
reg [3 : 0] minute_l;
reg [3 : 0] minute_h;

always @(posedge clk_1hz or negedge rst_n)
begin
    if (! rst_n)
        second_l <= 4'b0;
    else if (second_l == 4'd9)
        second_l <= 4'b0;
    else
        second_l <= second_l + 1'b1;
```

```
end

always @(posedge clk_1hz or negedge rst_n)
begin
    if (! rst_n)
        second_h <= 4'b0;
    else if (second_h == 4'd5 && second_l == 4'd9)
        second_h <= 4'b0;
    else if (second_l == 4'd9)
        second_h <= second_h + 1'b1;
    else
        second_h <= second_h;
end

always @(posedge clk_1hz or negedge rst_n)
begin
    if (! rst_n)
        minute_l <= 4'b0;
    else if (second_h == 4'd5 && second_l == 4'd9 && minute_l == 4'd9)
        minute_l <= 4'b0;
    else if (second_h == 4'd5 && second_l == 4'd9)
        minute_l <= minute_l + 1'b1;
    else
        minute_l <= minute_l;
end

always @(posedge clk_1hz or negedge rst_n)
begin
    if (! rst_n)
        minute_h <= 4'b0;
    else if (second_h == 4'd5 && second_l == 4'd9 && minute_l == 4'd9 && minute_h =
= 4'd5)
        minute_h <= 4'b0;
    else if (second_h == 4'd5 && second_l == 4'd9 && minute_l == 4'd9)
        minute_h <= minute_h + 1'b1;
    else
        minute_h <= minute_h;
end

seg_dec u0(.num(second_l), .a_g(HEX0));
```

```
seg_dec u1(.num(second_h), .a_g(HEX1));
seg_dec u2(.num(minute_l), .a_g(HEX2));
seg_dec u3(.num(minute_h), .a_g(HEX3));

endmodule

//7 段译码器
module seg_dec(
input [3:0] num,
output reg [6:0] a_g
);

always@(num) begin
    case(num)
    4'd0: a_g<=7'b1000000;
    4'd1: a_g<=7'b1111001;
    4'd2: a_g<=7'b0100100;
    4'd3: a_g<=7'b0110000;
    4'd4: a_g<=7'b0011001;
    4'd5: a_g<=7'b0010010;
    4'd6: a_g<=7'b0000010;
    4'd7: a_g<=7'b1111000;
    4'd8: a_g<=7'b000_0000;
    4'd9: a_g<=7'b001_0000;
    default: a_g<=7'b111_1111;
    endcase
end

endmodule
//测试激励
module clock_tb();

reg clk_50m;
reg reset;

wire [3:0] key;
wire [6:0] HEX0;
wire [6:0] HEX1;
wire [6:0] HEX2;
wire [6:0] HEX3;
```

```
clock dut(
.clk_50(clk_50m),
.KEY(key),
.HEX0(HEX0),
.HEX1(HEX1),
.HEX2(HEX2),
.HEX3(HEX3)
);

assign key = {3'b111,reset};

initial begin
    clk_50m = 1'b0;
    reset = 1'b0;
#35 reset = 1'b1;
#3000 $stop;
end

always #10 clk_50m = ~clk_50m;

endmodule
```

本实例管脚分配的参考代码如下：

```
#设置供电标准,均为3.3V
set_instance_assignment -name IO_STANDARD "3.3-V LVTTL" -to clk_50
#=======================================
# HEX0
#=======================================
set_instance_assignment -name IO_STANDARD "3.3-V LVTTL" -to HEX0[0]
set_instance_assignment -name IO_STANDARD "3.3-V LVTTL" -to HEX0[1]
set_instance_assignment -name IO_STANDARD "3.3-V LVTTL" -to HEX0[2]
set_instance_assignment -name IO_STANDARD "3.3-V LVTTL" -to HEX0[3]
set_instance_assignment -name IO_STANDARD "3.3-V LVTTL" -to HEX0[4]
set_instance_assignment -name IO_STANDARD "3.3-V LVTTL" -to HEX0[5]
set_instance_assignment -name IO_STANDARD "3.3-V LVTTL" -to HEX0[6]

#=======================================
# HEX1
#=======================================
set_instance_assignment -name IO_STANDARD "3.3-V LVTTL" -to HEX1[0]
```

```
set_instance_assignment -name IO_STANDARD "3.3-V LVTTL" -to HEX1[1]
set_instance_assignment -name IO_STANDARD "3.3-V LVTTL" -to HEX1[2]
set_instance_assignment -name IO_STANDARD "3.3-V LVTTL" -to HEX1[3]
set_instance_assignment -name IO_STANDARD "3.3-V LVTTL" -to HEX1[4]
set_instance_assignment -name IO_STANDARD "3.3-V LVTTL" -to HEX1[5]
set_instance_assignment -name IO_STANDARD "3.3-V LVTTL" -to HEX1[6]

#========================================
# HEX2
#========================================
set_instance_assignment -name IO_STANDARD "3.3-V LVTTL" -to HEX2[0]
set_instance_assignment -name IO_STANDARD "3.3-V LVTTL" -to HEX2[1]
set_instance_assignment -name IO_STANDARD "3.3-V LVTTL" -to HEX2[2]
set_instance_assignment -name IO_STANDARD "3.3-V LVTTL" -to HEX2[3]
set_instance_assignment -name IO_STANDARD "3.3-V LVTTL" -to HEX2[4]
set_instance_assignment -name IO_STANDARD "3.3-V LVTTL" -to HEX2[5]
set_instance_assignment -name IO_STANDARD "3.3-V LVTTL" -to HEX2[6]

#========================================
# HEX3
#========================================
set_instance_assignment -name IO_STANDARD "3.3-V LVTTL" -to HEX3[0]
set_instance_assignment -name IO_STANDARD "3.3-V LVTTL" -to HEX3[1]
set_instance_assignment -name IO_STANDARD "3.3-V LVTTL" -to HEX3[2]
set_instance_assignment -name IO_STANDARD "3.3-V LVTTL" -to HEX3[3]
set_instance_assignment -name IO_STANDARD "3.3-V LVTTL" -to HEX3[4]
set_instance_assignment -name IO_STANDARD "3.3-V LVTTL" -to HEX3[5]
set_instance_assignment -name IO_STANDARD "3.3-V LVTTL" -to HEX3[6]

#========================================
# KEY
#========================================
set_instance_assignment -name IO_STANDARD "3.3-V LVTTL" -to KEY[0]
set_instance_assignment -name IO_STANDARD "3.3-V LVTTL" -to KEY[1]
set_instance_assignment -name IO_STANDARD "3.3-V LVTTL" -to KEY[2]
set_instance_assignment -name IO_STANDARD "3.3-V LVTTL" -to KEY[3]

set_global_assignment -name CYCLONEII_RESERVE_NCEO_AFTER_CONFIGURATION "USE AS REG-
ULAR IO"
#分配管脚位置
```

```
set_location_assignment PIN_AF14 -to clk_50

set_location_assignment PIN_AE26 -to HEX0[0]
set_location_assignment PIN_AE27 -to HEX0[1]
set_location_assignment PIN_AE28 -to HEX0[2]
set_location_assignment PIN_AG27 -to HEX0[3]
set_location_assignment PIN_AF28 -to HEX0[4]
set_location_assignment PIN_AG28 -to HEX0[5]
set_location_assignment PIN_AH28 -to HEX0[6]
set_location_assignment PIN_AJ29 -to HEX1[0]
set_location_assignment PIN_AH29 -to HEX1[1]
set_location_assignment PIN_AH30 -to HEX1[2]
set_location_assignment PIN_AG30 -to HEX1[3]
set_location_assignment PIN_AF29 -to HEX1[4]
set_location_assignment PIN_AF30 -to HEX1[5]
set_location_assignment PIN_AD27 -to HEX1[6]
set_location_assignment PIN_AB23 -to HEX2[0]
set_location_assignment PIN_AE29 -to HEX2[1]
set_location_assignment PIN_AD29 -to HEX2[2]
set_location_assignment PIN_AC28 -to HEX2[3]
set_location_assignment PIN_AD30 -to HEX2[4]
set_location_assignment PIN_AC29 -to HEX2[5]
set_location_assignment PIN_AC30 -to HEX2[6]
set_location_assignment PIN_AD26 -to HEX3[0]
set_location_assignment PIN_AC27 -to HEX3[1]
set_location_assignment PIN_AD25 -to HEX3[2]
set_location_assignment PIN_AC25 -to HEX3[3]
set_location_assignment PIN_AB28 -to HEX3[4]
set_location_assignment PIN_AB25 -to HEX3[5]
set_location_assignment PIN_AB22 -to HEX3[6]

set_location_assignment PIN_AA14 -to KEY[0]
set_location_assignment PIN_AA15 -to KEY[1]
set_location_assignment PIN_W15 -to KEY[2]
set_location_assignment PIN_Y16 -to KEY[3]
```

本章习题

1. FPGA 芯片为什么具有可编程性？它具有哪些电路特征来支持它的可编程性？
2. 走通本章描述的 FPGA 开发实例。
3. 用 FPGA 完成两种 DDS 电路设计，并比较它们的优缺点。

第12章　数字芯片设计流程

本章简介数字芯片设计流程，并且通过一个具体的设计实例，较为详细地描述芯片设计过程中的电路综合、布局布线等相关工具软件的使用方法，帮助大家建立一个较为全面的芯片设计流程方面的认识。

12.1　数字芯片设计流程概述

专用集成电路(ASIC)是指针对特定应用的集成电路。ASIC的早期设计方法是依赖于电路原理图的人工设计方法，而现在大规模电路广泛采用基于计算机语言的现代设计方法。实现这种变革有几个方面的原因，其中最重要的原因是没有任何一支设计工程师团队能够用人工方法有效、全面、正确地设计和管理百万门级的现代集成电路，基于硬件描述语言的电路及其工具软件可以自动地进行电路综合，不用经历人工设计方法中那些费力的步骤，工程师们能很容易地实现大型复杂电路系统的设计和管理。其次，基于语言的设计易于移植且不依赖于工艺，设计团队可以重用或修改以前的设计，以保持与更先进工艺的一致性。此外，硬件描述语言是将各种设计专利成果集成为知识产权核(IP)的一种方便而有效的工具和手段。

典型的ASIC设计流程如图12.1所示，该流程包括RTL设计、逻辑综合、芯片级布局布线以及时序分析等几个设计步骤。

ASIC流程开始于高层设计规范与芯片架构。芯片架构捕获高层功能、功率(设计消耗的电量)和时序(设计运行的速度)需求。紧接着对设计进行寄存器传输级(RTL)的描述。RTL提供电路功能行为的抽象表达。RTL通常用Verilog、System Verilog、VHDL等硬件描述语言实现。编程设计完成后还要通过功能仿真进行验证。在仿真过程中将各种激励应用到设计的表现方式中，并捕获设计的响应。仿真的目的是验证输出结果与电路预期的功能是否相匹配。验证完成之后，设计就做好了电路综合前的准备。

电路综合又叫逻辑综合，是将RTL描述转换到门级网表表示的步骤，这一步是用芯片生产厂家工艺库里面的标准单元来搭建和实现RTL描述的电路。电路综合输出文件是门级网表。所谓门级网表，是对电路的一种结构化描述，是厂家工艺库标准单元及其连线的描述，它与RTL描述在功能上是等价的。电路综合就是完成RTL设计描述到门级网表的转化。一般来说，综合工具还能够去除冗余逻辑，以寻求能实现功能特性并满足性能(速度)指标要求的最小面积的逻辑电路结构。

在综合之后，设计开始为可测试性做准备。DFT可测试性设计指的是在完成IC制造以

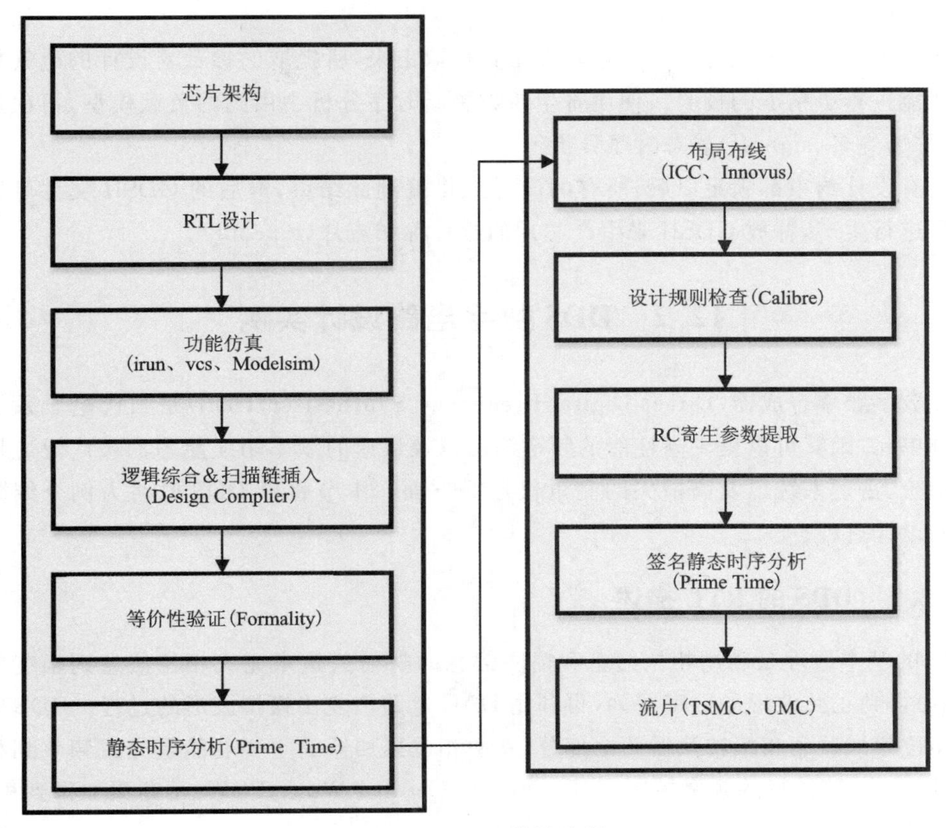

图 12.1　ASIC 设计流程

后还能对电路进行测试的技术，这种技术称为扫描链插入，又称为测试点插入。该技术通过在寄存器的输入端加入多路选择器，将所有寄存器都连到一条或多条链路上。该技术使设计中所有的寄存器可以通过设计的输入输出端口进行控制和观察。

等价性验证是一种形式化验证方法，它可以验证同一设计在每个阶段的表达方式在逻辑功能上是否等价，以此确保综合后或物理版图设计后的门级网表是正确的。与动态仿真相比，它无需开发测试用例，完全靠工具来完成对电路逻辑功能的全面检查，相当程度上提高了验证速度。

静态时序分析(STA)是检查设计能否满足预期时序需求的方法，它的内容包括分析电路拓扑并计算电路中不同信号到达各个点的时间窗口，然后将其与要求信号到达该点的时间(建立时间和保持时间要求)进行比较。只要信号达到的时间范围满足要求，从 STA 的角度来看设计就是可行的。

ASIC 设计流程中的布局布线又称为后端设计或物理设计，它主要是确定标准单元和连线的位置，形成一个能把全部逻辑门电路刻制在硅晶片上的完整掩膜版图案(GDSII 文件)。这一过程包括布局规划、电源规划、标准单元布局、时钟树综合、布线等步骤。

物理设计规则检查是为了检查线宽、交叠、间隔等约束是否满足要求。电气规则检查是检查扇出约束是否满足，信号的完整性是否被电气串扰和电源栅压降所破坏。噪声电平检查是判断电平瞬变特性是否存在问题。

版图所形成的寄生电容能够通过软件工具提取出来，所提取的参数对设计的电气特性和时序性能能进行更精准的校验。使用寄生参数更新时序分析中用到的负载模型，再次进行时序分析，称为签名(signoff)静态时序分析。

在所有设计约束都满足以后，所有的设计工作就到此结束，最后的GDSII文件可以交付给代工厂进行生产，释放GDSII来生产芯片的过程称作流片(tapeout)。

12.2 DDS数字电路设计实例

直接数字频率合成器(Direct Digital Frequency Synthesizer，DDS)是当代电子系统中的一个关键单元，因其可以提供高性能的频率输出以及快速的频率切换能力而被广泛应用于现代通信系统、雷达系统以及高精尖的测量仪器等方面。本节将以DDS电路为例介绍数字集成电路的设计过程。

12.2.1 DDS的RTL描述

DDS的基本原理是利用相位信息和幅度信息的映射关系来完成相位信息到幅度信息的转化，从而得到正弦波形的数字序列，再利用DAC电路恢复出模拟波形的过程。DDS电路主要包括相位累加器和相幅转换器两个部分，其中相位累加器的主要功能是完成频率到相位的转换，利用一个N比特的频率控制字(Frequency Control Word，FCW)不断累加得到相位值，相位累加器的Verilog代码如下：

```
module accum(
    input           reset   , //0:work, 1:reset
    input           softreset  , //sync reset
    input           clk   ,
    input  [47:0]      FTW  ,
    input  [47:0]      POW  ,
    output  reg [47:0]      accum_out
);
reg  [47:0]    acc1;
always @(posedge clk or posedge reset)
begin
    if(reset)
        acc1  <= 48'b0;
    else if (softreset)
        acc1  <= 48'b0;
    else
        acc1  <= acc1 + FTW;
```

```
    end
    always @(posedge clk or posedge reset)
    begin
        if(reset)
            accum_out  <= 48'b0;
        else if (softreset)
            accum_out  <= 48'b0;
        else
            accum_out  <= acc1 + POW;
    end
    endmodule
```

其中频率控制字与系统时钟频率之间的对应关系如式(12.1)所示：

$$FCW = \frac{f}{f_s} \times 2^N \tag{12.1}$$

其中相位累加器的输出与真实的相位之间的对应关系如式(12.2)所示：

$$\theta_{acc} \times \frac{2\pi}{2^N} = \theta_{real} \tag{12.2}$$

而相幅转换器是 DDS 电路的核心模块，主要完成相位信息到幅度信息的转换。常见的方法包括查表法、角度分解法、角度旋转法(CORDIC 算法)、多项式近似法等，而 CORDIC 算法理论上可以只用移位和加法操作就能实现全部相幅转换的过程，因此被学者和工业界广泛使用。本书采用的方法是改进 CORDIC 算法，该算法解决了迭代次数过多的问题，同时针对改进算法进行了一些电路上的优化，使其更适合于高速 DDS 实现，下面直接给出 Verilog 代码：

```
module nco_top(
    input              reset        ,//0:work, 1:reset
    input              softreset    ,//sync reset
    input              clk          ,
    input   [47:0]  accum_out ,
    output  reg signed [13:0]  cos_out,
    output  reg signed [13:0]  sin_out
);
wire[2:0]   msb3_in;
assign  msb3_in=accum_out[47:45];
reg  [2:0]msb3_i,msb3_s1,msb3_s2,msb3_s3,msb3_s4,msb3_s5;
reg  [14:0]  angle_i,angle_s1,angle_s2,angle_s3,angle_s4,angle_s5;
always @ (posedge clk or posedge reset)
    if (reset)
        begin
            msb3_i<=3'h0;
            msb3_s1<=3'h0;
```

```
            msb3_s2<=3'h0;
            msb3_s3<=3'h0;
            msb3_s4<=3'h0;
            msb3_s5<=3'h0;
            angle_s1<=15'h0;
            angle_s2<=15'h0;
            angle_s3<=15'h0;
            angle_s4<=15'h0;
            angle_s5<=15'h0;
        end
    else if (softreset)
        begin
            msb3_i<=3'h0;
            msb3_s1<=3'h0;
            msb3_s2<=3'h0;
            msb3_s3<=3'h0;
            msb3_s4<=3'h0;
            msb3_s5<=3'h0;
            angle_s1<=15'h0;
            angle_s2<=15'h0;
            angle_s3<=15'h0;
            angle_s4<=15'h0;
            angle_s5<=15'h0;
        end
    else
        begin
            msb3_i<= msb3_in;
            msb3_s1<=msb3_i;
            msb3_s2<= msb3_s1;
            msb3_s3<= msb3_s2;
            msb3_s4<= msb3_s3;
            msb3_s5<= msb3_s4;
            angle_s1<= angle_i;
            angle_s2<= angle_s1;
            angle_s3<= angle_s2;
            angle_s4<= angle_s3;
            angle_s5<= angle_s4;
        end
//transform angle to radix express
reg  [14:0]  angle00;
```

```
always @(*)
begin
    if(reset)
        angle00 <= 15'h0;
    else if (softreset)
        angle00 <= 15'h0;
    else if (accum_out[45])
        angle00 <= ~accum_out[44:30];
    else        angle00 <= accum_out[44:30];
end
always @(*)
begin
    if(reset)
        angle_i <= 15'h0;
    else if (softreset)
        angle_i <= 15'h0;
    else
        angle_i <= (angle00>>1)+(angle00>>2)+(angle00>>5)+(angle00>>8)+
(angle00>>12);// pi/4
end
reg  signed [21:0]x5,x6,x7,x8,x9;
reg  signed [21:0]y5,y6,y7,y8,y9;
reg  signed [21:0]x_s10, x_s11, x_s12, x_s13, x_s14, x_s15, x_s16;
reg  signed [21:0]y_s10, y_s11, y_s12, y_s13, y_s14, y_s15, y_s16;
reg  signed [21:0]x15;
reg  signed [21:0]y15;
reg  signed [21:0]cos_tmp, sin_tmp;
always @ (posedge clk or posedge reset)
    if (reset)
    begin
        x5<=22'h0;
        y5<=22'h0;
    end
    else if (softreset)
    begin
        x5<=22'h0;
        y5<=22'h0;
    end
    else
        begin
```

```
            case (angle_i[14 : 11])
              4'h0:begin
x5<=22'b0111111111101010101010;y5<=22'b0000001111111111101010; end
              4'h1:begin
x5<=22'b0111111101101010110010;y5<=22'b0000101111111011000000; end
              4'h2:begin
x5<=22'b0111111001101011100010;y5<=22'b0001001111101010010111; end
              4'h3:begin
x5<=22'b0111110011101101111010;y5<=22'b0001101111000101110100; end
              4'h4:begin
x5<=22'b0111101011110011011001;y5<=22'b0010001110000101011111; end
              4'h5:begin
x5<=22'b0111100001111101111101;y5<=22'b0010101100100001101011; end
              4'h6:begin
x5<=22'b0111010110010000000101;y5<=22'b0011001010010010101111; end
              4'h7:begin
x5<=22'b0111001000101100101011;y5<=22'b0011100111010001001111; end
              4'h8:begin
x5<=22'b0110111001010111001000;y5<=22'b0100000011010101111100; end
              4'h9:begin
x5<=22'b0110101000010011010010;y5<=22'b0100011110011001110101; end
              4'hA:begin
x5<=22'b0110010101100101011001;y5<=22'b0100111000010110001001; end
              4'hB:begin
x5<=22'b0110000001010010001001;y5<=22'b0101010001000100011001; end
              4'hC:begin
x5<=22'b0101101011011110100110;y5<=22'b0101101000011110011001; end
              default: begin
x5<=22'b0;y5<=22'b0; end
          endcase
      end
always @ (posedge clk or posedge reset)
      if (reset)
      begin
          x6<=22'h0;
          y6<=22'h0;
      end
      else if (softreset)
      begin
          x6<=22'h0;
```

```
        y6<=22'h0;
    end
    else if ( angle_s1[10] )
        begin
          x6<= x5 - (y5>>>6);
          y6<= y5 + (x5>>>6);
        end
    else
        begin
          x6<= x5 + (y5>>>6);
          y6<= y5 - (x5>>>6);
        end
always @ (posedge clk or posedge reset)
    if (reset)
    begin
        x7<=22'h0;
        y7<=22'h0;
    end
    else if (softreset)
    begin
        x7<=22'h0;
          y7<=22'h0;
    end
    else if ( angle_s2[9] )
        begin
          x7<= x6 - (y6>>>7);
          y7<= y6 + (x6>>>7);
        end
    else
        begin
          x7<= x6 + (y6>>>7);
          y7<= y6 - (x6>>>7);
        end
always @ (posedge clk or posedge reset)
    if (reset)
    begin
        x8<=22'h0;
        y8<=22'h0;
    end
    else if (softreset)
```

```
        begin
            x8<=22'h0;
            y8<=22'h0;
        end
        else if ( angle_s3[8] )
            begin
              x8<= x7 - (y7>>>8);
              y8<= y7 + (x7>>>8);
            end
        else
            begin
              x8<= x7 + (y7>>>8);
              y8<= y7 - (x7>>>8);
            end
    always @ (posedge clk or posedge reset)
        if (reset)
        begin
            x9<=22'h0;
            y9<=22'h0;
        end
        else if (softreset)
        begin
            x9<=22'h0;
            y9<=22'h0;
        end
        else if ( angle_s4[7] )
            begin
              x9<= x8 - (y8>>>9);
              y9<= y8 + (x8>>>9);
            end
        else
            begin
              x9<= x8 + (y8>>>9);
              y9<= y8 - (x8>>>9);
            end
    always @ (angle_s5 or x9 or y9 or reset)
        if (reset)
            begin
              x_s10<=22'h0;
              x_s11<=22'h0;
```

```
                x_s12<=22'h0;
                x_s13<=22'h0;
                x_s14<=22'h0;
                x_s15<=22'h0;
                x_s16<=22'h0;
                y_s10<=22'h0;
                y_s11<=22'h0;
                y_s12<=22'h0;
                y_s13<=22'h0;
                y_s14<=22'h0;
                y_s15<=22'h0;
                y_s16<=22'h0;
        end
    else if (softreset)
        begin
                x_s10<=22'h0;
                x_s11<=22'h0;
                x_s12<=22'h0;
                x_s13<=22'h0;
                x_s14<=22'h0;
                x_s15<=22'h0;
                x_s16<=22'h0;
                y_s10<=22'h0;
                y_s11<=22'h0;
                y_s12<=22'h0;
                y_s13<=22'h0;
                y_s14<=22'h0;
                y_s15<=22'h0;
                y_s16<=22'h0;
        end
    else
        begin
                x_s10<= angle_s5[6] ? (x9>>>10) : ((-x9)>>>10);
                x_s11<= angle_s5[5] ? (x9>>>11) : ((-x9)>>>11);
                x_s12<= angle_s5[4] ? (x9>>>12) : ((-x9)>>>12);
                x_s13<= angle_s5[3] ? (x9>>>13) : ((-x9)>>>13);
                x_s14<= angle_s5[2] ? (x9>>>14) : ((-x9)>>>14);
                x_s15<= angle_s5[1] ? (x9>>>15) : ((-x9)>>>15);
                x_s16<= angle_s5[0] ? (x9>>>16) : ((-x9)>>>16);
                y_s10<= angle_s5[6] ? ((-y9)>>>10) : (y9>>>10);
```

```
            y_s11<= angle_s5[5] ? ((-y9)>>>11) : (y9>>>11);
            y_s12<= angle_s5[4] ? ((-y9)>>>12) : (y9>>>12);
            y_s13<= angle_s5[3] ? ((-y9)>>>13) : (y9>>>13);
            y_s14<= angle_s5[2] ? ((-y9)>>>14) : (y9>>>14);
            y_s15<= angle_s5[1] ? ((-y9)>>>15) : (y9>>>15);
            y_s16<= angle_s5[0] ? ((-y9)>>>16) : (y9>>>16);
          end
    always @ (posedge clk or posedge reset)
       if (reset)
          begin
            x15<= 22'h0;
            y15<= 22'h0;
          end
       else if (softreset)
          begin
            x15<= 22'h0;
            y15<= 22'h0;
          end
          else if (angle_s5==15'h0)
            begin
              x15<= 22'h1FFFFF;
              y15<= 22'h0;
            end
       else
          begin
              x15<= x9 + y_s10+ y_s11 + y_s12 + y_s13 + y_s14+ y_s15 + y_s16;
              y15<= y9 + x_s10+ x_s11 + x_s12 + x_s13 + x_s14+ x_s15 + x_s16;
            end
    always @ (msb3_s5 or x15 or y15 or reset)
       if (reset)
          begin
            cos_tmp<=22'h0;
            sin_tmp<=22'h0;
          end
       else if (softreset)
          begin
            cos_tmp<=22'h0;
            sin_tmp<=22'h0;
          end
       else
```

```
        begin
          case (msb3_s5)
            3'h0: begin cos_tmp<=x15;sin_tmp<=y15; end
            3'h1: begin cos_tmp<=y15;sin_tmp<=x15; end
            3'h2: begin cos_tmp<=-y15;sin_tmp<=x15; end
            3'h3: begin cos_tmp<=-x15;sin_tmp<=y15; end
            3'h4: begin cos_tmp<=-x15;sin_tmp<=-y15; end
            3'h5: begin cos_tmp<=-y15;sin_tmp<=-x15; end
            3'h6: begin cos_tmp<=y15;sin_tmp<=-x15; end
            3'h7: begin cos_tmp<=x15;sin_tmp<=-y15; end
             default: begin  cos_tmp<=22'h0;sin_tmp<=22'h0; end
          endcase
        end
always@ (posedge clk or posedge reset)
    if (reset)
        begin
          cos_out <= 14'b0;
          sin_out <= 14'b0;
        end
    else if (softreset)
        begin
          cos_out <= 14'b0;
          sin_out <= 14'b0;
        end
    else
        begin
          cos_out <= cos_tmp[21:8];
          sin_out <= sin_tmp[21:8];
        end
endmodule
```

DDS 顶层模块的代码没有组合逻辑和时序逻辑，只进行模块的连接，Verilog 代码如下：

```
module dds(
    input                  reset   ,
    input                  softreset    ,
    input                  clk   ,
    input      [47:0]              FTW   ,
    input      [47:0]              POW         ,
    output    signed [13:0]  cos_out    ,
    output    signed [13:0]  sin_out
);
wire [47:0]      accum_out;
```

```
accum accum_inst(
     .reset        (reset   ),
     .softreset  (softreset  ),
     .clk         (clk   ),
     .FTW    (FTW    ),
     .POW    (POW  ),
     .accum_out   (accum_out)
);
nco_top nco_top_inst(
     .reset    (reset    ),
     .softreset  (softreset  ),
     .clk        (clk        ),
     .accum_out  (accum_out  ),
     .cos_out   (cos_out  ),
     .sin_out    (sin_out  ),
);
endmodule
```

12.2.2 DDS 电路仿真

电路仿真的重要步骤就是测试激励的编写，它通过实例化设计单元，在设计的输入端口设置激励信号，来观察输出端口的波形。如下 Verilog 代码是 DDS 的测试激励实例，代码中的 $ fsdbDumpfile、$ fsdbDumpvars、$ fsdbDumpoff 系统函数的作用是将信号的仿真值加载到波形文件中。

```
module dds_tb();
reg          reset     ;
reg          softreset ;
reg          clk       ;
reg [47:0]      FTW          ;
reg [47:0]      POW          ;
wire signed [13:0]cos_out;
wire signed [13:0]sin_out ;
dds dds_inst(
     .reset     (reset      ),
     .softreset     (softreset      ),
     .clk     (clk         ),
     .FTW     (FTW       ),
     .POW      (POW        ),
     .cos_out      (cos_out  ),
     .sin_out      (sin_out    )
```

```
);
always #5 clk = ~clk;
initial begin
    clk = 1'b0;
    reset = 1'b1;
    softreset = 1'b1;
    FTW = 48'h0100_0000_0000;
    POW = 48'h0000_0100_0000;
    #55 reset = 1'b0;
    softreset = 1'b0;
    #10000
    $fsdbDumpoff;
    $finish;
end
initial  begin
    $fsdbDumpfile("dds_tb.fsdb");
    $fsdbDumpvars("+all");
end
endmodule
```

完成设计的 RTL 描述以及测试激励编写之后，可以使用 Candance 公司的编译器 irun 和波形查看器 Verdi 进行仿真，具体操作步骤如下。

（1）编写 filelist.f 文件，该文件的内容是存放代码的路径，如下所示：

```
[liulu@fedo dds]$  cat  filelist.f
./code/accum.v
./code/nco_top.v
./code/dds.v
./code/dds_tb.v
```

（2）编写 irun 仿真的 shell 脚本文件 irun.sim，内容如下：

```
[liulu@fedo dds]$  cat  irun.sim
rm -rf INCA_libs/ *.fsdb verdilog/ my_irun.log mdv.log novas.conf novas_dump.log novas.rc
irun -f filelist.f -l my_irun.log -access +rwc -64bit -define FSDB_DUMP -nospecity -timescale 1ns/
10ps
```

（3）为 shell 脚本添加可执行权限，使用如下命令：

```
[liulu@fedo dds]$ chmod 775 irun.sim
```

（4）运行脚本，对代码进行编译、仿真。

```
[liulu@fedo dds]$ ./irun.sim
```

（5）使用如下命令启动 Verdi，Verdi 的图形界面如图 12.2 所示。

```
[liulu@fedo dds]$ verdi -f filelist.f &
```

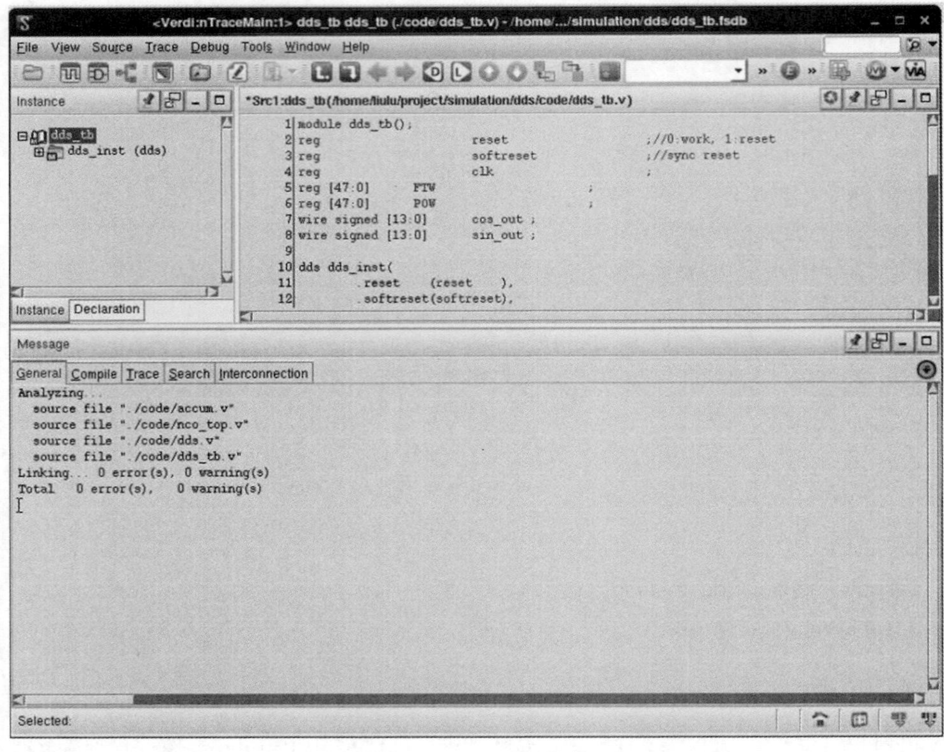

图 12.2　Verdi 图形界面

(6)按照图 12.3 和图 12.4 所示的操作步骤打开波形窗口,并添加波形文件 dds_tb.fsdb。

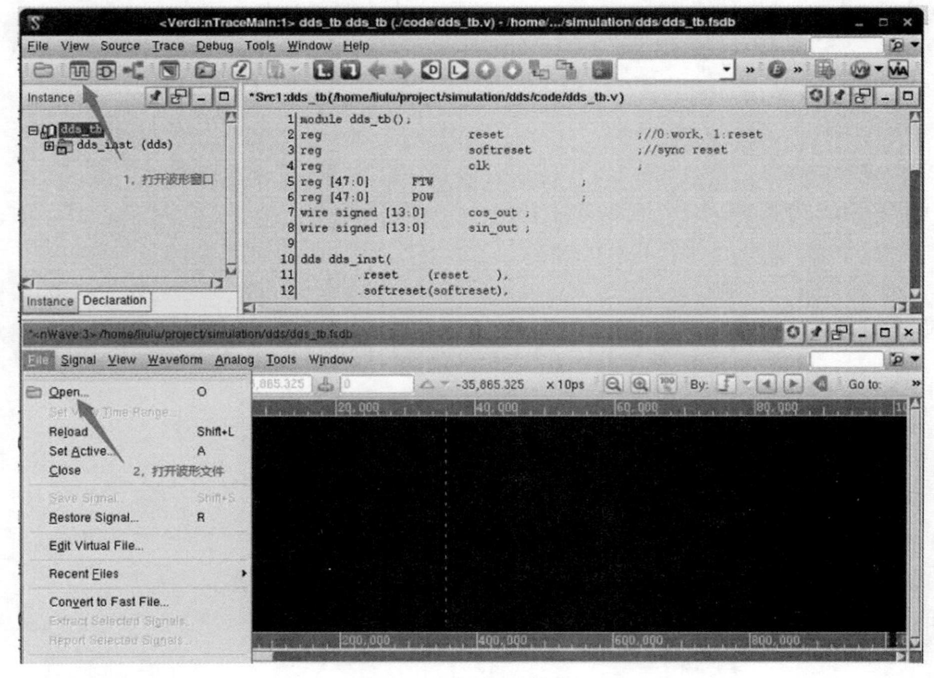

图 12.3　打开波形窗口

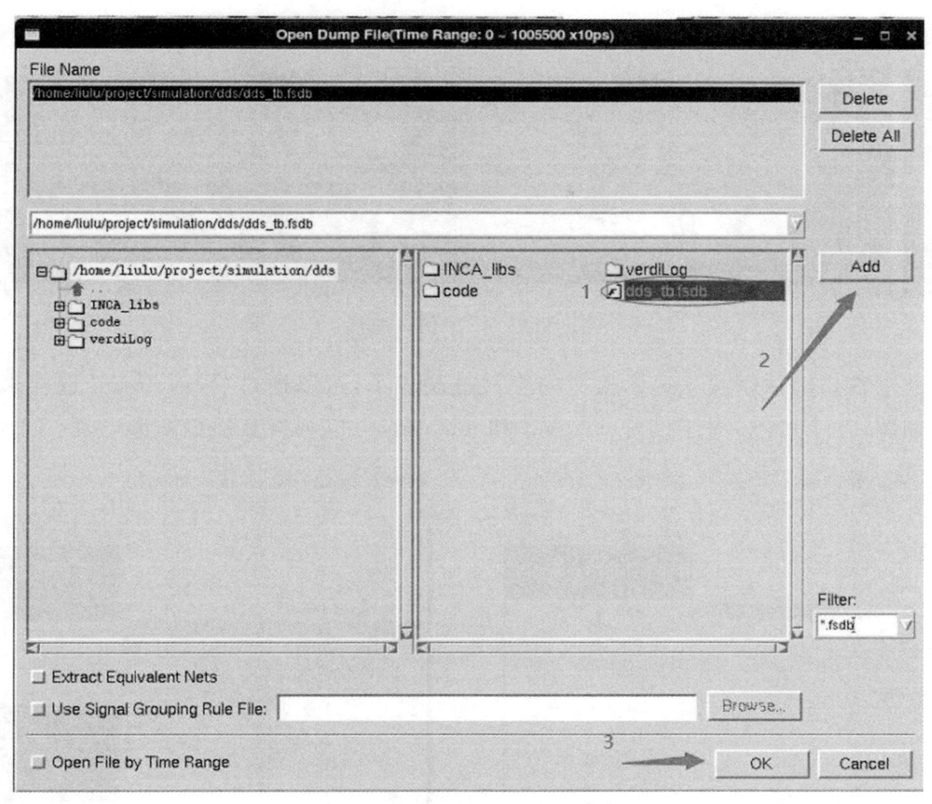

图 12.4　添加波形文件

(7)在代码文本中选中想要查看的信号名称，按快捷键 Ctrl + W 可以查看波形(图 12.5)，仿真波形如图 12.6 所示。

```
*Src1:dds_tb(/home/liulu/project/simulation/dds/code/dds_tb.v)
 1 module dds_tb();
 2 reg                         reset                  ;//0:work, 1:reset
 3 reg                         softreset              ;//sync reset
 4 reg                         clk                    ;
 5 reg [47:0]       FTW                  ;
 6 reg [47:0]       POW                  ;
 7 wire signed [13:0]          cos_out ;
 8 wire signed [13:0]          sin_out ;
 9
10 dds dds_inst(                              选中信号，按ctrl+w添加信号
11         .reset     (reset    ),
12         .softreset(softreset),
13         .clk       (clk      ),
14         .FTW       (FTW      ),
15         .POW       (POW      ),
16         .cos_out   (cos_out  ),
17         .sin_out   (sin_out  )
18 );
19
20 always #5 clk = ~clk;
21
```

图 12.5　添加信号到波形窗口

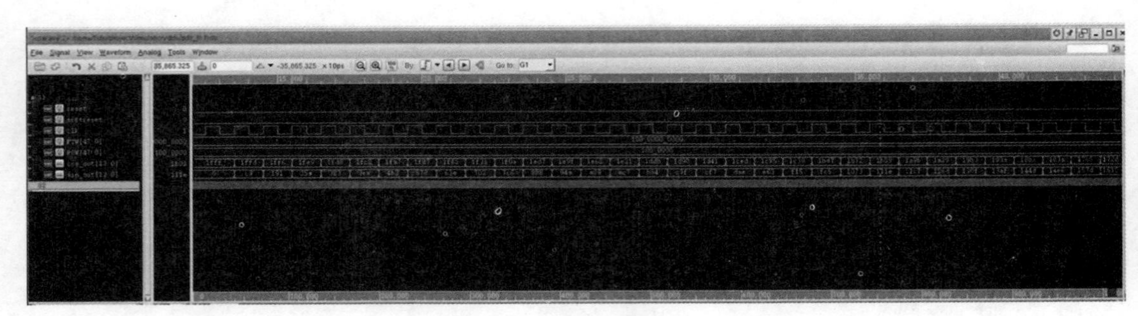

图 12.6　DDS 仿真波形

(8)波形窗口默认情况下显示信号的十六进制表示，可以通过“Waveform”选项来调整波形格式，如图 12.7 所示，对于信号 cos_out 和 sin_out，可以观察其模拟波形，如图 12.8 所示。

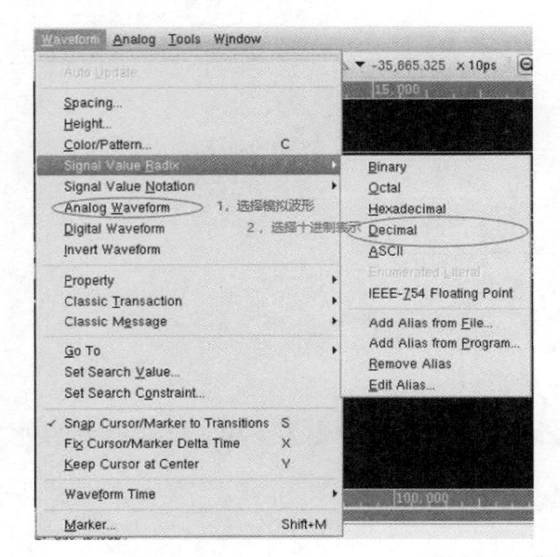

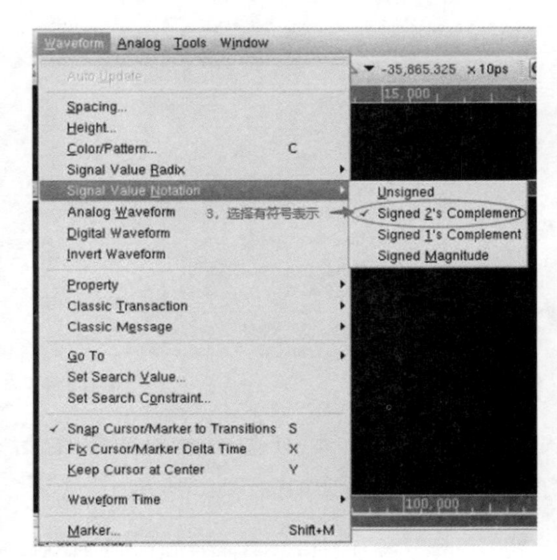

图 12.7　“Waveform”选项

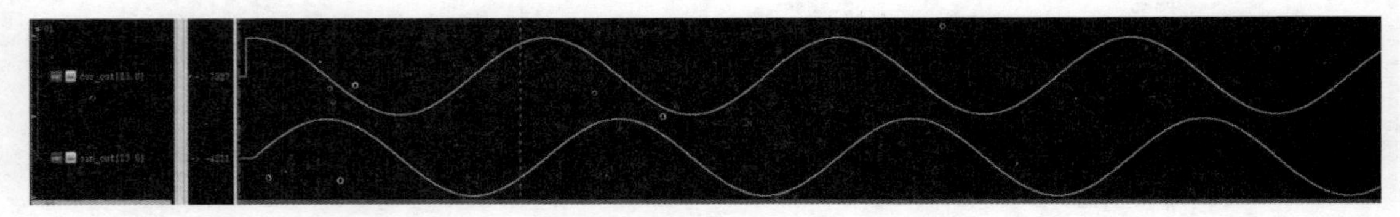

图 12.8　输出信号的模拟波形

12.2.3　DDS 电路逻辑综合

如前所述，逻辑综合(Logic Synthesis)就是根据半导体厂商提供的标准单元库，将采用 RTL 语言描述的抽象设计转化成对应特定工艺的门级网表的过程。最早的逻辑综合可以认为是采用人工化简的方式将布尔逻辑转化成电路的过程。但是人工采用卡诺图化简电路只能用到四五个元素，随着电路设计的规模越来越大，开始借助 EDA 工具来实现逻辑综合。

逻辑综合是在一定的约束条件下进行的，约束主要包括时序、面积、功耗和可测性等。在逻辑综合过程中，要实现设计目标，需要施加相应的约束条件，以保证逻辑综合按照要求实现，最终得到满足设计约束要求的最优结果。一般情况下，逻辑综合可分为三步，即：

(1) 转化(Translation)：读入 RTL 级的电路描述，转化成通用的布尔等式，即 GTECH (Generic Technology)，生成对应的功能模块，不进行逻辑重组和优化。

(2)逻辑优化(Logic Optimization)：根据所施加的约束条件，按照一定的算法对逻辑进行重组和优化。

(3)映射(Mapping)：根据所施加的约束，从工艺库里寻找合适的单元来构成实际的电路网表。半导体厂商提供的工艺库内包含逻辑综合的全部信息，如单元的逻辑功能、延迟、面积、功耗等。

目前，业界最常用的 ASIC 设计综合工具是 Synopsys 公司的 Design Compiler(简称 DC)。它对于 TCL(Tool Command Language)有着很好的支持。Synopsys 公司在 TCL 语言的基础上扩展了一些语法，形成了 DC-TCL。在 DC 软件中可以使用基本的 TCL 语法，还可以使用 DC 内部扩展的语法。

Design Compiler 提供两种用户接口，一种是命令行接口，另一种是图形接口。

在使用命令行接口时，在 Linux 命令行下执行命令 dc_shell。

```
[liulu@fedo dds]$ dc_shell
```

在使用图形(GUI)接口时，在 Linux 命令行下执行命令 design_vision。

```
[liulu@fedo dds]$ design_vision
```

目前我们在 DC 的接口里普遍使用 TCL 来执行 DC 的命令或脚本。Linux 命令行下执行命令 dc_shell -f syn. tcl 可以执行 TCL 脚本文件 syn. tcl。

```
[liulu@fedo dds]$ dc_shell -f syn. tcl
```

本节将基于 TCL 命令来解释逻辑综合的主要步骤，并完成 DDS 电路的综合。

1. 设置目标库和初始环境

在 DC 内部，有一系列保留变量来指定工具初始环境。DC 在做映射时，使用目标库来构成电路图；设置 target_library 这个保留变量以指向厂商提供的综合库文件；保留变量 link_library 用于分辨电路中逻辑门单元和子模块的功能；保留变量 search_path 用于定义技术库、设计和脚本的路径。具体设置方法如下：

```
set  TOP_DESIGN       dds
set  DUT_PATH         ./code
set  search_path      {.   /home/liulu/project/tsmc_lib/   $DUT_PATH}
set  target_library   "tcbn28hpcplusbwp30p140ssg0p72v125c_ccs.db"
set  link_library     "*   tcbn28hpcplusbwp30p140ssg0p72v125c_ccs.db"
```

2. 读入设计文件

读入设计的方式有 analyze、elaborate、read_file、read_verilog、acs_read_hdl 等，这些命令所做的工作都是相同的。读入设计的命令首先分析设计，检查 HDL 代码里的语法错误，并将 HDL 代码转化成中间文件保存在 Linux 目录下，然后通过生成的中间文件将设计转化成用通用逻辑(GTECH)表示的设计，GTECH 是 Synopsys 公司提供的与工艺无关的用布尔函数表示的库。本设计使用 acs_read_hdl 命令读入设计，只需指定设计文件的后缀与顶层设计，即可将所有设计读入内存，涉及的 TCL 命令如下：

```
define_design_lib  work  -path  ./work
define_design_lib  Work  -path  ./work
set  acs_verilog_extensions  "v vlib vh"
set  acs_vhdl_extensions     "vhdl vhd"
acs_read_hdl  $TOP_DESIGN  -hdl_source  $DUT_PATH  -format  verilog  -recurse > \
              ./reports/$TOP_DESIGN.acs_read_hdl.log
```

3. 设置操作环境与设计规则

为了保证时序分析的精确性，特别是输入/输出路径延迟约束的精确性，还应该提供设计的环境属性。环境约束主要包括设计的工艺参数，如温度、电压、输入端口的驱动和负载、线负载模型等。此外，半导体厂商在工艺库强加设计规则。这些设计规则用来约束有多少个单元可以互相连接。设计规则一般由半导体厂商提供。假如设计规则约束不能满足，半导体厂商将不能保证该电路正常工作。设置操作环境与设计规则的命令如下：

```
set_operating_condition  ssg0p72v125c
set_wire_load_model  -name  ZeroWireload
set_wire_load_mode   top
set_max_transition   0.7   $TOP_DESIGN
set_max_fanout       16    $TOP_DESIGN
set_max_capacitance  0.6   $TOP_DESIGN
set_max_area  0
```

4. 设置时序约束

时序约束规定电路需要工作的最小时钟周期，在此条件下，电路不能违反寄存器的建立时间的保持时间约束，否则电路会进入亚稳态。除此之外，为了准确地描述时钟树，我们需要对时钟树进行建模，使逻辑综合的结果与版图的结果相匹配。如图 12.9 所示是理想的时钟与实际时钟的对比，对实际时钟建模需要描述包括时钟延时、转换时间、时钟偏差等特性。

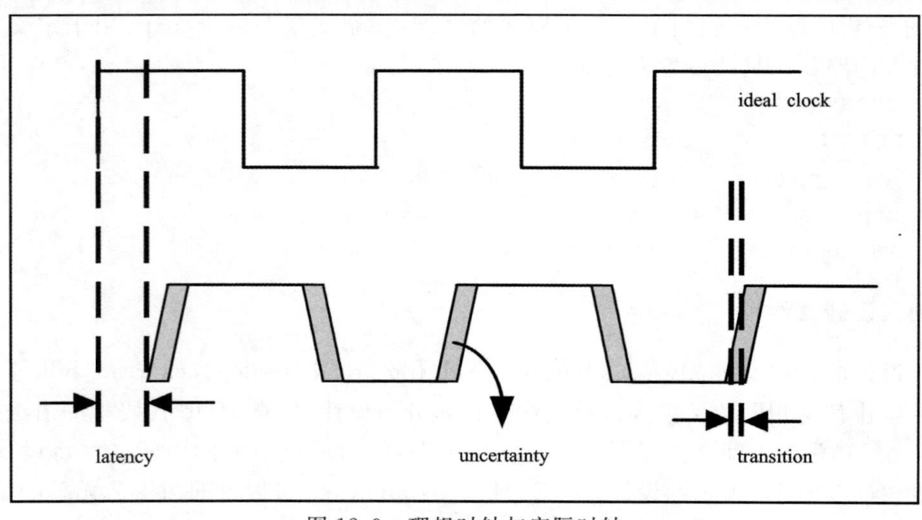

图 12.9　理想时钟与实际时钟

在本设计中，将时钟周期设为 1ns，即要求的时钟频率为 1GHz，将时钟延时、转换时间、时钟偏差设为时钟周期的 10%，将输入输出延迟设为时钟周期的 40%。在综合阶段，不进行时钟路径的优化，所以将时钟网络设置为 dont_touch。由于复位信号是异步信号，所以将 reset信号设为 false_path。涉及的 TCL 命令如下：

```
create_clock  -period  1  -name  clk  [get_ports  clk]
set_clock_uncertainty  0.1  [get_ports  clk]
set_clock_transition  0.1  [get_ports  clk]
set_dont_touch_network  [get_clocks clk]
set_input_delay  -max 0.4  -clock  clk  [remove_from_collection \
                                   [all_inputs]  [get_ports clk]]
set_output_delay  -max  0.4 -clock  clk  [all_outputs]
set_false_path  -from  reset
set_ideal_network  -no_propagate  reset
```

5. 编译和导出结果

使用 compile_ultra 命令对设计进行编译，执行该命令 DC 即完成综合中的逻辑优化和映射这两个步骤。综合的结果包括两部分内容，一部分是设计，另一部分是综合报告。设计是指工艺库表示的门级网表和约束文件. sdc，可以通过 write 命令输出。综合报告包括工艺下电路实现的时序、面积、功耗信息，通过 report_timing、report_area、report_power 命令写到文本中。涉及的 TCL 命令如下：

```
compile_ultra
report_area >  ./reports/ $ TOP_DESIGN. area. rpt
report_power  >  ./reports/ $ TOP_DESIGN. power. rpt
report_timing  -nworst 15  >  ./reports/ $ TOP_DESIGN. timing. rpt
write  -format verilog  -hierarchy  -output"./reports/ $ TOP_DESIGN. v"
write_sdc  "./reports/TOP_DESIGN. sdc"
```

如图 12.10 所示是 DDS 电路综合的时序报告，它说明关键路径从时序起点到时序终点之间组合逻辑的延时情况，要求到达时间和实际到达时间均是 0.88ns，裕度(slack)为 0ns，说明能够满足时序要求。如果裕度(slack)为负值，设计人员则需要修改代码重新综合。

如图 12.11 所示是 DDS 电路综合的面积报告，它显示 DDS 电路的组合逻辑、时序逻辑、黑盒子等单元的面积，可以看出 DDS 电路的总面积为 2985μm^2。

如图 12.12 所示是 DDS 电路综合的功率报告，它显示 DDS 电路的内部功耗、开关功耗、泄漏功耗，可以看出 DDS 电路的总功耗为 1.555 8mW。

```
****************************************
Report : timing
        -path full
        -delay max
        -nworst 15
        -max_paths 15
Design : dds
Version: K-2015.06
Date   : Fri Apr  8 15:18:31 2022
****************************************

Operating Conditions: ssg0p72v125c   Library: tcbn28hpcplusbwp30p140ssg0p72v125c_ccs
Wire Load Model Mode: top

  Startpoint: nco_top_inst/y9_reg[6]
              (rising edge-triggered flip-flop clocked by clk)
  Endpoint: nco_top_inst/x15_reg[10]
            (rising edge-triggered flip-flop clocked by clk)
  Path Group: clk
  Path Type: max

  Des/Clust/Port     Wire Load Model       Library
  ------------------------------------------------
  dds                ZeroWireload          tcbn28hpcplusbwp30p140ssg0p72v125c_ccs

  Point                                                    Incr       Path
  ---------------------------------------------------------------------------
  clock clk (rise edge)                                    0.00       0.00
  clock network delay (ideal)                              0.00       0.00
  nco_top_inst/y9_reg[6]/CP (DFCNQD4BWP30P140)             0.00       0.00 r
  nco_top_inst/y9_reg[6]/Q (DFCNQD4BWP30P140)              0.09       0.09 f
  nco_top_inst/U1813/ZN (NR4D1BWP30P140)                   0.04       0.13 r
  nco_top_inst/U1814/ZN (ND3OPTPAD2BWP30P140)              0.02       0.15 f
  nco_top_inst/U1815/ZN (NR2OPTPAD2BWP30P140)              0.02       0.17 r
  nco_top_inst/U1816/ZN (CKND2D3BWP30P140)                 0.01       0.18 f
  nco_top_inst/U1817/ZN (NR2OPTPAD2BWP30P140)              0.02       0.20 r
  nco_top_inst/U145/ZN (CKND2D3BWP30P140)                  0.01       0.21 f
  nco_top_inst/U141/ZN (NR2OPTPAD2BWP30P140)               0.02       0.23 r
  nco_top_inst/U274/ZN (ND2OPTPAD2BWP30P140)               0.01       0.25 f
  nco_top_inst/U271/ZN (NR2OPTPAD2BWP30P140)               0.02       0.27 r
  nco_top_inst/U1580/Z (AO21D1BWP30P140)                   0.04       0.30 r
  nco_top_inst/U50/ZN (OAI22D0BWP30P140)                   0.05       0.35 f
  nco_top_inst/U1861/CO (FA1OPTCD1BWP30P140)               0.05       0.40 f
  nco_top_inst/U1867/CO (FA1D1BWP30P140)                   0.07       0.47 f
  nco_top_inst/U1199/CO (FA1OPTCD1BWP30P140)               0.06       0.53 f
  nco_top_inst/U1877/S (FA1D1BWP30P140)                    0.09       0.62 r
  nco_top_inst/U1878/S (FA1D1BWP30P140)                    0.08       0.70 f
  nco_top_inst/U1893/ZN (ND2OPTIBD2BWP30P140)              0.03       0.73 r
  nco_top_inst/U64/ZN (CKND0BWP30P140)                     0.03       0.75 f
  nco_top_inst/U867/ZN (AOI21D0BWP30P140)                  0.03       0.79 r
  nco_top_inst/U2607/ZN (OAI21D1BWP30P140)                 0.03       0.82 f
  nco_top_inst/U761/ZN (XNR2UD1BWP30P140)                  0.02       0.84 r
  nco_top_inst/U2608/ZN (CKND2D1BWP30P140)                 0.02       0.86 f
  nco_top_inst/U2609/ZN (CKND2D1BWP30P140)                 0.02       0.88 r
  nco_top_inst/x15_reg[10]/D (DFCNQD1BWP30P140)            0.00       0.88 r
  data arrival time                                                   0.88

  clock clk (rise edge)                                    1.00       1.00
  clock network delay (ideal)                              0.00       1.00
  clock uncertainty                                       -0.10       0.90
  nco_top_inst/x15_reg[10]/CP (DFCNQD1BWP30P140)           0.00       0.90 r
  library setup time                                      -0.02       0.88
  data required time                                                  0.88
  ---------------------------------------------------------------------------
  data required time                                                  0.88
  data arrival time                                                  -0.88
  ---------------------------------------------------------------------------
  slack (MET)                                                         0.00
```

图 12.10　DDS 电路综合时序报告

```
****************************************
Report : area
Design : dds
Version: K-2015.06
Date   : Fri Apr  8 15:18:31 2022
****************************************

Library(s) Used:

    tcbn28hpcplusbwp30p140ssg0p72v125c_ccs (File:
    /home/liulu/project/tsmc_lib/tcbn28hpcplusbwp30p140ssg0p72v125c_ccs.db)

Number of ports:                          206
Number of nets:                          4133
Number of cells:                         3848
Number of combinational cells:           3369
Number of sequential cells:               478
Number of macros/black boxes:               0
Number of buf/inv:                        510
Number of references:                      25

Combinational area:               1962.072010
Buf/Inv area:                      135.198002
Noncombinational area:            1023.623951
Macro/Black Box area:                0.000000
Net Interconnect area:      undefined  (Wire load has zero net area)

Total cell area:                  2985.695961
Total area:                 undefined
1
```

图 12.11　DDS 电路综合面积报告

```
****************************************
Report : power
        -analysis_effort low
Design : dds
Version: K-2015.06
Date   : Fri Apr  8 15:18:31 2022
****************************************


Library(s) Used:

    tcbn28hpcplusbwp30p140ssg0p72v125c_ccs (File:
    /home/liulu/project/tsmc_lib/tcbn28hpcplusbwp30p140ssg0p72v125c_ccs.db)


Operating Conditions: ssg0p72v125c   Library: tcbn28hpcplusbwp30p140ssg0p72v125c_ccs
Wire Load Model Mode: top

Design        Wire Load Model            Library
------------------------------------------------
dds                      ZeroWireload      tcbn28hpcplusbwp30p140ssg0p72v125c_ccs


Global Operating Voltage = 0.72
Power-specific unit information :
    Voltage Units = 1V
    Capacitance Units = 1.000000pf
    Time Units = 1ns
    Dynamic Power Units = 1mW    (derived from V,C,T units)
    Leakage Power Units = 1nW


  Cell Internal Power  =   1.2853 mW   (91%)
  Net Switching Power  = 133.9058 uW    (9%)
                         ---------
Total Dynamic Power    =   1.4192 mW  (100%)

Cell Leakage Power     = 136.6540 uW


                 Internal         Switching           Leakage            Total
Power Group      Power            Power               Power              Power   (   %    )  Attrs
--------------------------------------------------------------------------------------------------
io_pad             0.0000           0.0000             0.0000            0.0000  (   0.00%)
memory             0.0000           0.0000             0.0000            0.0000  (   0.00%)
black_box          0.0000           0.0000             0.0000            0.0000  (   0.00%)
clock_network      0.0000           0.0000             0.0000            0.0000  (   0.00%)
register           1.1326       1.5973e-02         4.1211e+04            1.1898  (  76.47%)
sequential         0.0000           0.0000             0.0000            0.0000  (   0.00%)
combinational      0.1526           0.1179         9.5443e+04            0.3660  (  23.53%)
--------------------------------------------------------------------------------------------------
Total              1.2853 mW        0.1339 mW      1.3665e+05 nW         1.5558 mW
1
```

图 12.12　DDS 电路综合功率报告

12.2.4 DDS 电路版图设计

在整个集成电路设计过程中，后端物理设计是极其重要的一环，它是整个集成电路设计过程中与产品生产直接相关的一个过程，直接关系到芯片的生产成本和产品质量。物理设计将电路信息转换成 Foundry 工厂用于制作掩膜版的版图信息，在物理设计方面常用的 EDA 软件有 Cadence 公司的 Innovus 软件和 Sysnopsys 公司的 ICC 软件，与 Sysnopsys 公司支持的类 TCL 命令不同，Innovus 软件内部使用的是 dbGet 命令。

本设计使用 Innovus 软件进行 DDS 电路的版图设计，在先进工艺下，Innovus 软件的表现要好于 ICC 软件，此外，dbGet 命令的效率比 TCL 命令要高。在 Linux 命令行启动 Innovus的方法如下。

```
[liulu@fedo ~]$ innovus
```

Innovus 的图形界面如图 12.13 所示。

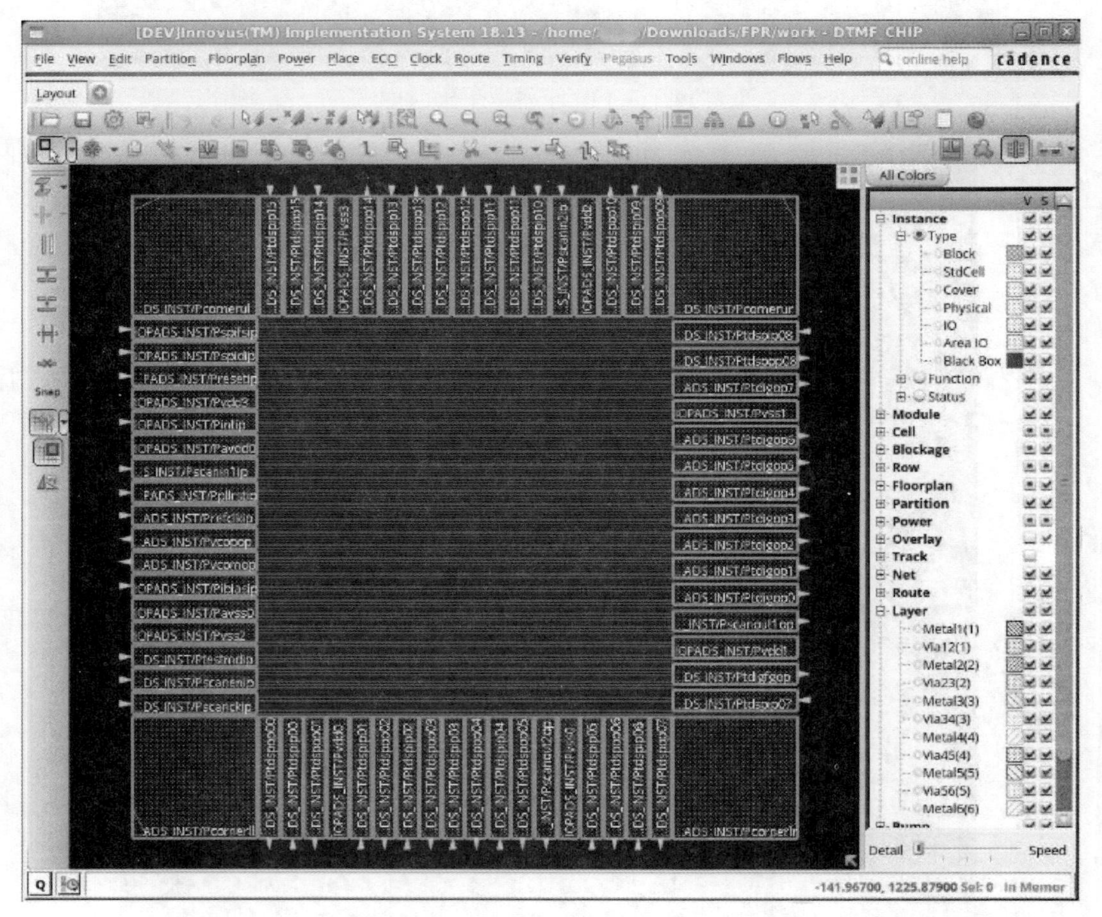

图 12.13 Innovus 软件图形界面

在 Innovus 中执行 dbGet 命令的方式有两种，一种是直接在 Innovus 的命令行中执行 dbGet 命令，如下所示：

```
innovus 1> optDesign -preCTS
```

另一种方式是将 dbGet 命令写在文本文件中，使用 source 命令直接执行该脚本，如下所示。其中第二种方式能够一次执行多条 dbGet 命令。

```
innovus 1> source initial_step.tcl
```

使用 Innovus 进行物理设计流程如图 12.14 所示，该流程适合于大多数设计，主要包括布局规划(Floorplan)、标准单元布局(Placement)、时钟树综合(Clock Tree Synthesis)和布线(Route)等步骤。在布局、时钟树综合、布线后都会面临时序收敛的问题，所以在每一步之间会对建立时间和保持时间做相应的修复，而每个阶段时序的修复工作需要考虑的主要因素不一样，整个后端流程每一步的好坏都会对下一步流程造成直接影响。在本设计中，将每一步需要完成的工作都写成相应脚本，然后按顺序执行，如果某一步时序问题无法修复，可能就要重新开始该流程。

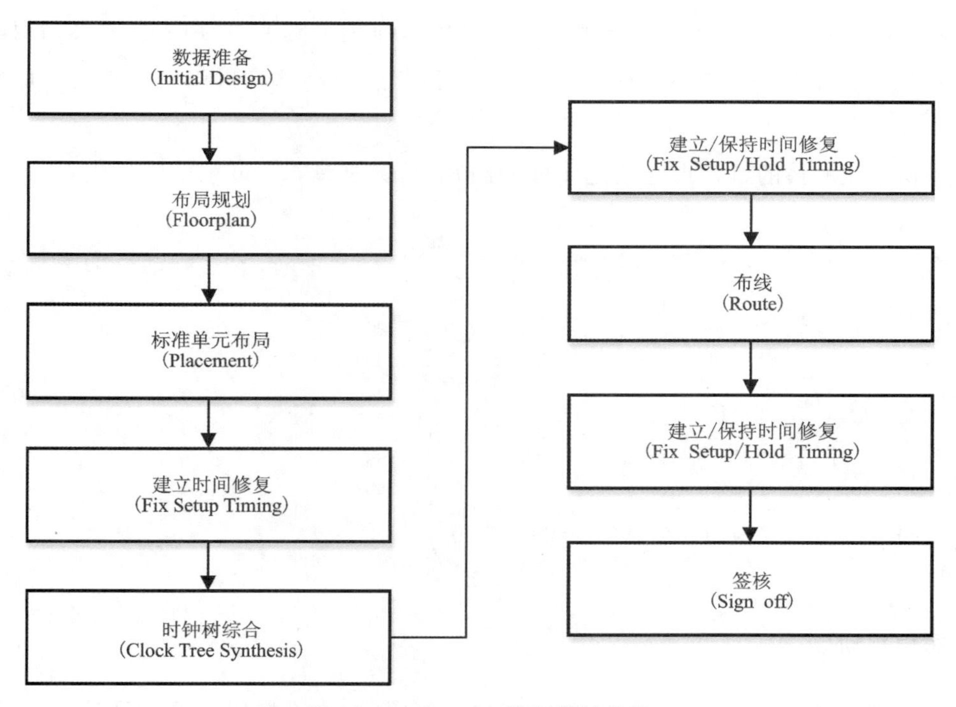

图 12.14　Innovus 物理设计流程

1. 数据准备并初始化

物理设计需要为 Innovus 准备以下文件。

(1)门级网表：将 RTL 代码通过综合工具结合特定的工艺库转换成门级的网表，综合工具输出的网表才能被后端工具顺利读入。

(2)SDC(Standard Design Constraints)文件：主要用来约束时序，包括创建时钟，定义时钟的周期和占空比，由时钟抖动(Jitter)等造成时钟的不确定性以及定义输入和输出端口的延时等，同样由综合工具输出。

(3)Technology Lef(Llibrary Exchange Format)文件：是根据 Foundry 提供的 DRM (Design Rule Manual)文件翻译成 Innovus 可以识别的关于布局布线规则的物理信息，比如对 Site 的定义，层的高度，每层的标准线宽，每层之间通孔的大小和通孔插入的条件。在布线之后，一般都会有 DRC(Design Rule Check)违例，就是工具会检查布线时使用的通孔以及布线是否符合 Lef 文件里的定义。

(4)Macro Lef：主要定义每个宏单元的物理信息，比如这个单元的面积，摆放时候使用的 Site 类型，内部的引脚或者连线的物理信息。

(5)Timing Library：定义每个器件的电气特性，主要包括器件的延时信息和功耗信息。后端工具在计算时序和功耗的时候，计算的原始数值就是从 Library 中查表得到的。

Innovus 工具支持多端角多工作模式(MMMC)，通过定义不同的 Corner，然后对不同的 Corner 绑定不同的时序约束，在每个 View 下进行时序验证，这样可以大大提高时序验证的准确性。

数据初始化的目的就是指定上述文件的路径，将数据读入 Innovus 软件内存，初始化设计的部分命令如下：

```
set    init_lef_file    {/lef/tsmcn28_91m5X3ZUTRDL. tlef /lef/
tcbn28hpcplusbwp30p140. lef}
set  init_mmmc_file   {viewDefinition. tcl}
set  init_pwr_net    {vdd!}
set  init_gnd_net    {gnd!}
set  init_top_cell   {dds}
set  init_verilog   {../reports/dds_netlist. v}
init_design
```

2. 布局规划

布局规划是物理设计中的重要步骤，布局规划的好坏会直接影响整个设计流程的进度，如果布局规划不合理后续可能导致标准单元布局出现拥塞或时序无法收敛。设计布局规划的内容包括 4 个方面：

(1)芯片的尺寸；

(2)标准单元的排列形式；

(3)宏(Macro)的摆放；

(4)电源网络设计。

芯片的尺寸指 Core 区域的面积以及 Core 区域距输入输出 IO 引脚的距离，标准单元的排列形式指用于放置标准单元的 Site 的类型及分布。这两项内容可以使用 floorPlan 命令来指定，如下所示：

```
floorPlan -site core_1 -r 0.99 0.6 20 20 20 20
```

本设计没有用到 Macro，所以不用摆放 Macro。对于电源网络的规划，包括电源环和电源轨道两部分，其中电源环是围绕着 Core 周围用于给 Core 供电的电源线，电源轨道的作用是把电源环连接到 Core 的内部，以减小芯片的 IR-drop。本书利用高层金属布线，可以先使用 setAddRingMode 和 setAddStripeMode 对电源线的线宽和线间距等参数进行一定的约束，然后使用 addRing 和 addStripe 来添加电源环和电源轨道，最后使用 sroute 命令来将 Site 的电源线连接到电源轨道上，得到电源网络的规划图如图 12.15 所示。

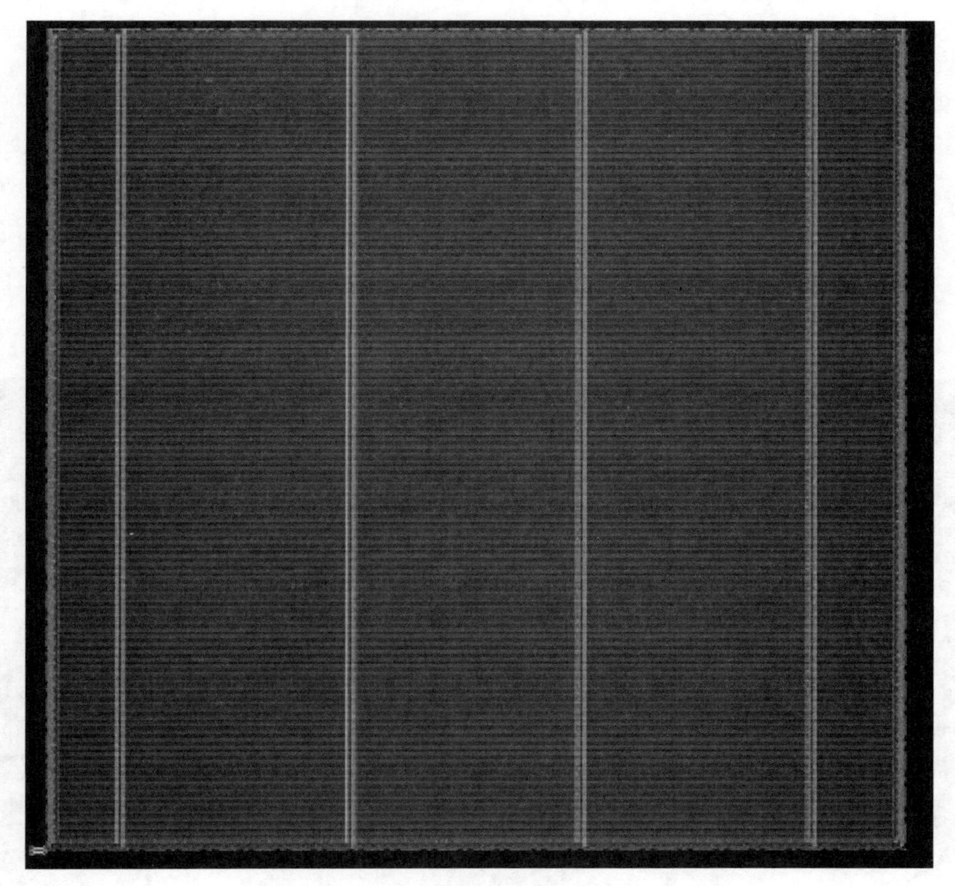

图 12.15　DDS 模块电源网络规划图

3. 标准单元布局及建立时间修复

Core 区域是由多排 Row 组成的，而一排 Row 又是由多个 Site 组成的，如图 12.16 所示。标准单元在 Core 内不是随意放置的，通常标准单元都是 Site 的整数倍高度、宽度，摆放在各个 Row 里面，占据一个或多个 Site 的位置。

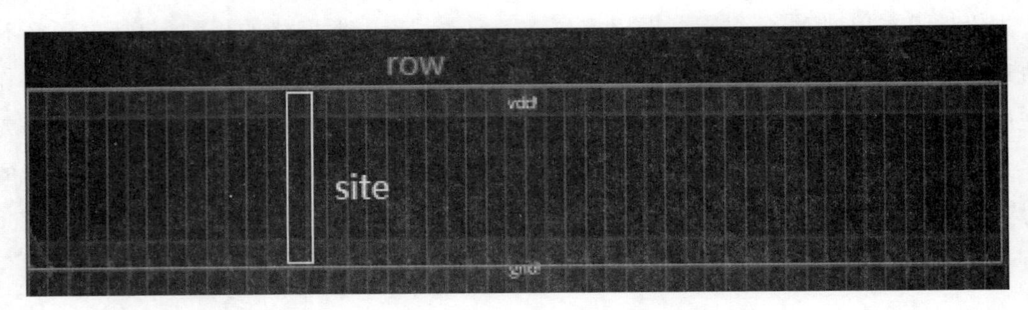

图 12.16　Row 和 Site 在 Core 区域内的分布

标准单元布局（Placement）是拥塞驱动（Congestion Driven）的，标准单元的信号连接是需要布线的，如果区域内布线需求大于布线资源会导致拥塞，后续的布线会很难布通。同时，Placement 是时序驱动的，关键路径上的单元会被放得近一些，这可能导致标准单元摆放过于密集。由此可见，时序和拥塞在标准单元布局时是一对折中的因素。在布局之前可以先用 setPlaceMode 设置布局的约束，然后使用 place_opt_design 命令进行标准单元布局，DDS 模块的标准单元布局图如图 12.17 所示。

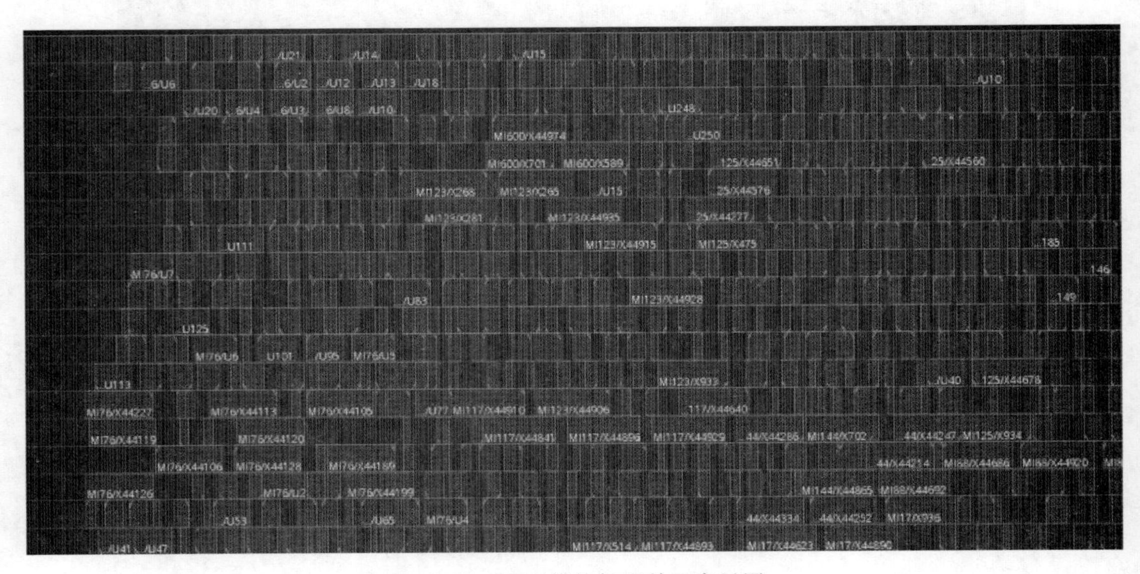

图 12.17　DDS 模块标准单元布局图

在标准单元布局之后，需进行寄生参数提取，然后进行时序分析，在时钟树综合之前，所有的建立时间违例必须全部修复。布局后使用 optDesign -preCTS 命令进行时序修复，布局后时序结果如图 12.18 所示，所有时序路径上的建立时间要求都能满足。

```
+--------------------+---------+---------+---------+
|     Setup mode     |   all   | reg2reg | default |
+--------------------+---------+---------+---------+
|           WNS (ns):|  0.065  |  2.760  |  0.065  |
|           TNS (ns):|  0.000  |  0.000  |  0.000  |
|    Violating Paths:|    0    |    0    |    0    |
|          All Paths:|   228   |   219   |    9    |
+--------------------+---------+---------+---------+

+----------------+-------------------------------+------------------+
|                |              Real             |       Total      |
|    DRVs        +------------------+------------+------------------|
|                |  Nr nets(terms)  | Worst Vio  |  Nr nets(terms)  |
+----------------+------------------+------------+------------------+
|   max_cap      |     0 (0)        |   0.000    |      2 (2)       |
|   max_tran     |     0 (0)        |   0.000    |      0 (0)       |
|   max_fanout   |   135 (135)      |    -56     |    137 (137)     |
|   max_length   |     0 (0)        |     0      |      0 (0)       |
+----------------+------------------+------------+------------------+
```

图 12.18　布局后时序报告

4. 时钟树综合

在数字系统中，时钟信号作为数字信号传输的基准，具有很高的翻转频率，时钟树的性能决定了数字系统的性能、功能和稳定性。在整个后端流程中，时钟树上的时序分析主要有两个阶段。第一个阶段就是在布局规划和布局阶段，此时时钟是理想时钟，工具假定时钟信号是同时传输到所有标准单元的时钟引脚。第二个阶段就是时钟树综合之后，时钟信号就是通过实际的时钟树传输到每个标准单元的时钟引脚。

时钟树综合就是建立一个满足设计要求的时钟树，我们知道一个时钟源最终会扇出到很多寄存器的时钟端，由于时钟源到达不同寄存器所经历的路径是不同的，那么时钟信号到达各个寄存器的时间是不同的，时钟树的建立就是为了尽量使时钟源到达各个寄存器的路径是等长的。时钟树综合的方法就是在时钟信号的路径上插入 buffer 和 inv(反相器)，来平衡每条路径上的延时。

时钟树综合主要包括时钟树定义和时钟树布线两个部分，其中时钟树的定义主要包括对时钟源以及派生时钟进行定义；对使用的 buffer 和 inv 进行定义以及对时钟树的目标延迟进行定义等；一般对于时钟树的布线规则是选用高层金属进行布线；同时由于时钟的翻转频率较高，一般定时时钟线为两倍线宽与两倍线间距。时钟树的相关定义完成之后就会进行时钟树的综合，主要命令如下：

```
add_ndr -name cts_w2s2 \
        -width {M2 1.2 M3 1.2 M4 1.2} \
        -space {M2 1 M3 1 M4 1.2}
add_ndr -name cts_w2s1 \
```

```
-width {M1 1 M2 1.2 M3 1.2 M4 1.2} \
-space {M1 0.45 M2 0.5 M3 0.5 M4 0.6}
create_route _type -name trunk_rule \
                        -non_defaule_rule cts_w2s2 \
                        -top_preferred_layer 4 \
                        -bottom+preferred_layer 3 \
                        -preferred_routing_layer_effort high
create_route _type -name left_rule \
                        -non_defaule_rule cts_w2s1 \
                        -top_preferred_layer 2 \
                        -bottom+preferred_layer 1 \
set_ccopt_property -net_type leaf -route_type leaf_rule
set_ccopt_property -net_type trunk -route_type trunk_rule
set_ccopt_property inverter_cells {INLX8 INLX6 INLX4 INLX2}
set_ccopt_property target_max_trans 800ps
set_ccopt_property target_skew 60ps
create_ccopt_clock_tree_spec -file spec.tcl
source spec.tcl
```

进行时钟树综合后的时钟如图 12.19 所示。

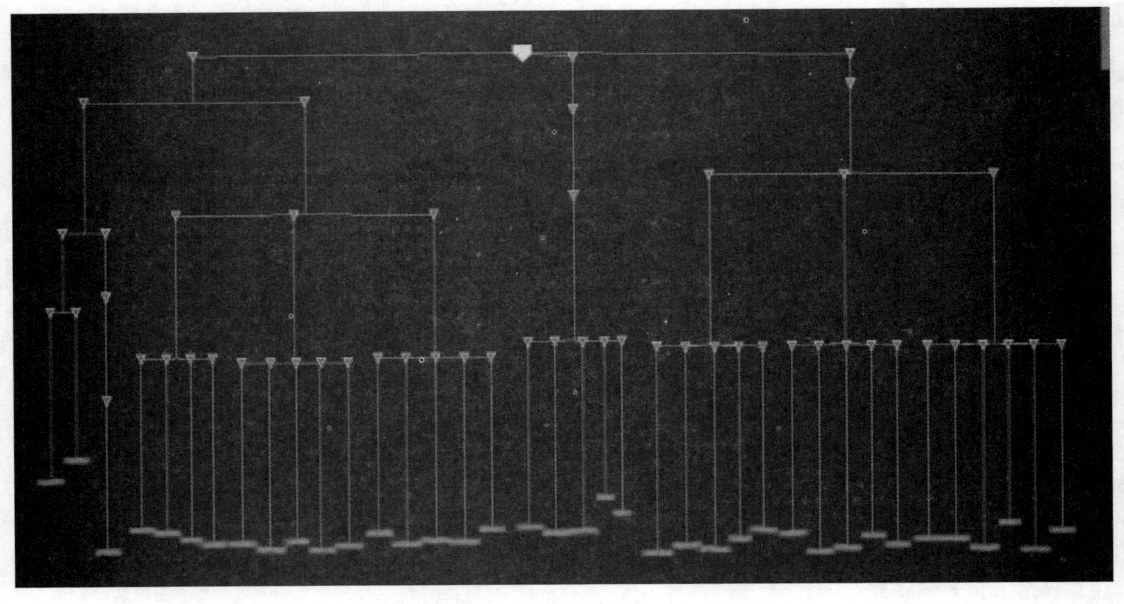

图 12.19　时钟树形状

时钟树综合完成后不仅要优化建立时间，还需要优化保持时间。Innovus 工具主要是通过改变缓冲器尺寸和加入新的缓冲器两种方法来增加数据传输路径上的延时，从而修复保持时间违例。时钟树综合后使用 opt_design -postCTS 进行时序优化，时序结果如图 12.20 所示，可以使所有时序路径上的建立时间和保持时间要求都能得到满足。

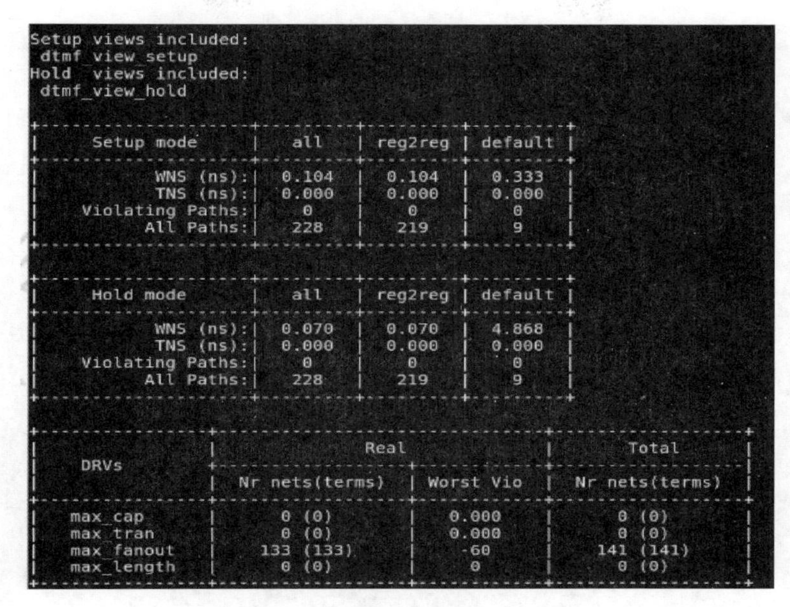

```
Setup views included:
 dtmf_view_setup
Hold  views included:
 dtmf_view_hold

+--------------------+---------+---------+---------+
|     Setup mode     |   all   | reg2reg | default |
+--------------------+---------+---------+---------+
|           WNS (ns):|  0.104  |  0.104  |  0.333  |
|           TNS (ns):|  0.000  |  0.000  |  0.000  |
|    Violating Paths:|    0    |    0    |    0    |
|          All Paths:|   228   |   219   |    9    |
+--------------------+---------+---------+---------+

+--------------------+---------+---------+---------+
|      Hold mode     |   all   | reg2reg | default |
+--------------------+---------+---------+---------+
|           WNS (ns):|  0.070  |  0.070  |  4.868  |
|           TNS (ns):|  0.000  |  0.000  |  0.000  |
|    Violating Paths:|    0    |    0    |    0    |
|          All Paths:|   228   |   219   |    9    |
+--------------------+---------+---------+---------+

+----------------+------------------------------+------------------+
|                |             Real             |       Total      |
|    DRVs        +------------------+-----------+------------------+
|                | Nr nets(terms)   | Worst Vio | Nr nets(terms)   |
+----------------+------------------+-----------+------------------+
|   max_cap      |      0 (0)       |   0.000   |      0 (0)       |
|   max_tran     |      0 (0)       |   0.000   |      0 (0)       |
|   max_fanout   |    133 (133)     |    -60    |    141 (141)     |
|   max_length   |      0 (0)       |     0     |      0 (0)       |
+----------------+------------------+-----------+------------------+
```

图 12.20　时钟树综合后时序结果

5. 布线

实际的物理布线分为两大部分：第一部分是时钟信号布线，时钟信号布线在时钟树综合的时候完成，因为时钟信号有很高的翻转频率，为了保持时钟信号的稳定，必须给时钟信号布线预留出充足的布线资源；第二部分是数据信号的布线，布线阶段的主要工作就是对数据信号进行实际布线，并且解决天线效应和 DRC 的问题。Innovus 的布线过程由 3 个部分组成。

1）全局布线（Global Routing）

GR 阶段会整体规划布线，会将整个设计按 12×12track 的大小分成很多个网格，每一个网格被称为全局布线单元（Global Routing Cell）。全局布线会尽量优化布线的长度，避免额外布线长度带来的时序违例，并且全局布线会规划整个设计的布线分布，尽量避免局部的布线阻塞。如果产生布线阻塞的情况，通常会在阻塞的区域规划 route Blockage 避免局部布线的阻塞。

2）轨道分配（Track Assign）

TA 阶段就是以 Gcell 为单位，将属于该 Gcell 区域内的 net 分配到特定的布线轨道上，并且布上实际的金属线。在这个阶段，Innovus 不会考虑 DRC 的约束。

3）详细布线（Detail Routing）

DR 阶段是将属于不同 Gcell 里面的同一条 net 连接上，并将 net 和相对应的 pin 连接上。

在这个阶段，工具会考虑 DRC 的约束条件。会通过几轮 DR，尽量减少 DRC 产生。

布线的部分脚本如下：

```
setNanoRouteMode    -drouteExpAdvancedSearchFix true
setNanoRouteMode    -drouteExpInrouteNonUniformTrack true
setNanoRouteMode    -dbExpUseVarWidthNdr false
setNanoRouteMode    -drouteFixAntenna true
setNanoRouteMode    -routeInsertAntennaDiode true
setNanoRouteMode    -routeInsertDiodeForClockNets true
routeDesign
```

布线结果如图 12.21 所示，可以看到标准单元之间的连线以及不同金属层之间的通孔，布线后的时序违例使用 optDesign -postRoute 命令进行修复。

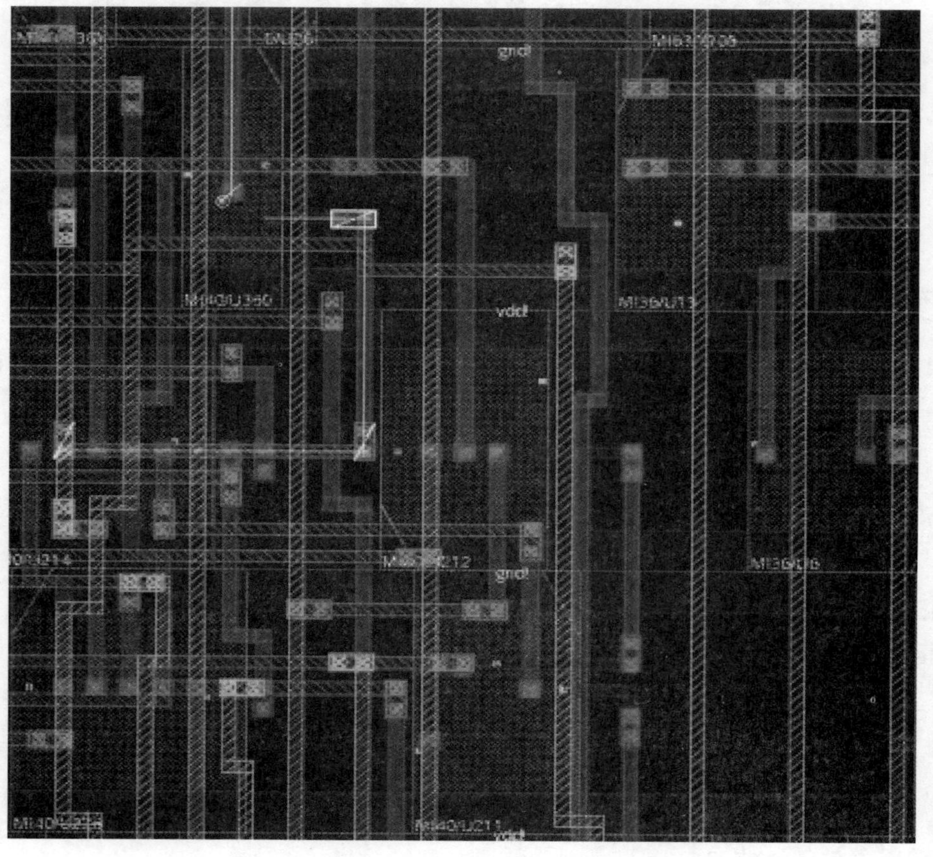

图 12.21　DDS 模块布线图

6. 版图验证及数据文件导出

在版图数据生成之前，主要考虑的是进行 DRC 检查并修复 DRC 违例，同时对版图进行标准单元的填充以及金属的填充。填充标准单元主要是为了填满 CORE 区域中未摆放标准单元的位置，构建完整的 P/N 结，从而减少 DRC 违例的发生，添加金属是因为芯片的制造对最小金属密度是有要求的，因为稀疏的金属线更容易被过度蚀刻，导致芯片不可用。

减少 DRC 违例的主要方法是针对短路的部分，适当地增加线间距，对于开路的部分，适当增加线宽。同时，设计中不同金属层通过穿孔连接，如果这个穿孔在制造过程中失败，将导致两个金属层之间的互连失败，考虑到芯片的良率，一般会在最终输出时进行插入冗余穿孔的操作，这样会增加版图成功的可能性。

进行 DRC 检查和修复的命令如下：

```
set_verify_drc_mode -check_only all \
    -report dds. drc. rpt
    -limit 1000
verify_drc
ecoRoute -fix_drc
```

导出版图文件的命令如下所示：

```
streamOut   ./gds/dds. gds
```

可见，芯片设计和实现是一个比较复杂的过程，要想从事这方面的设计工作，需要学习的内容比较多，入门门槛还是比较高的，但收获和付出往往还是会成比例的，希望大家能够“志不求易，事不避难”。

12.3　数字芯片设计学习要求

至此，我们已给出基本 FPGA 开发和数字芯片设计流程的实例描述，大家应该对两者有了一定认识。FPGA 本质上就是一个芯片，主要由一些简单的逻辑电路单元和连线资源构成，通过更改连线方式便可实现不同的逻辑功能，但是资源是有限的，所以针对不同规模的电路需要选择不同的器件。数字芯片设计一般也是针对标准单元库来实现，库一般由代工厂提供，其本质也就是基本的逻辑电路单元。至于芯片中的连线资源，就比 FPGA 要灵活得多，一般根据你想做几层金属，就可以走几层的线，其资源相对就是无限的，或者说电路规模多大，你就可以把芯片做多大。所以说 FPGA 设计和芯片设计有着很多相似之处，当然芯片设计要考虑的东西比 FPGA 多得多。

第一步，是要实现功能，方式一般采用 HDL 描述，如 Verilog，VHDL。当然对于小规模电路还可以采用电路图输入的方式。

第二步，保证电路功能正确性，又叫验证，可以通过软件仿真、硬件仿真等方式实现。软件仿真一般比较直观和方便，因为每一时刻的状态都可以看到，跟调试软件程序类似。硬件仿真一般就是指 FPGA 验证，就是把电路用 FPGA 实现，然后去实际运行，这个好处就是速度很快，比如一个视频解码核，解一帧图像出来，软件仿真就算用最好的服务器，还是得跑上较长时间，但是在FPGA中实现的话，基本就是毫秒级。对于一个需要大规模验证的电路来说，时间是考虑的重要因素。这两步对于芯片设计和FPGA开发来说基本一致，除了一些实现技巧上的少许差别。对芯片设计和FPGA开发来说，都要学会硬件描述语言和仿真验证工具。这是必不可少的基本技能。

第三步，在电路正确性得到确保之后，就要把那些代码变成实实在在的电路，如寄存器还是与非门，这个过程就叫逻辑综合。由于电路规模日益复杂，一般最基本的电路就被做成标准单元，如寄存器、与非门等，就不会再细化到用三极管怎么去搭的问题。这一步对于FPGA和芯片来说就是最小单元不一样。FPGA做好的电路，一般顾及通用性和效能，基本电路单元就做得比较大，如LUT，就是由寄存器和与非门构成，你可能只用其中一个与门，但是还会占用这么一个单元。对于ASIC来说，两输入的与非门，就是一个简单的门电路，甚至为了区分驱动能力和时序特性差异，还分好几个等级，有的面积小，有的驱动能力强。一般来说芯片实现效率比FPGA要高，总的来说，这一步就是利用工具把你的描述变成基于库的电路描述。

第四步，得到基于库的电路描述之后，就要考虑这些单元怎么摆放的问题，这叫布局布线。FPGA的连线资源有限，所以需要不断地调整，在保证时序要求的情况下，把你的电路映射到其固定的资源分布图中间。芯片一般是根据周边电路需求、时序要求，把电路放到芯片的某个位置。在摆好之后还得考虑连线是否能通，各级延时是否能满足电路的建立和保持时间要求等。

与以上描述相对应，需要很多工具软件的支持和协助。对于数字芯片设计而言，常用软件如下。

1. 代码输入与仿真验证

代码输入我们一般用Verilog语言，代码编辑软件一般用notepad。代码语法检查等一般用spsglass/nlint。代码功能仿真一般用irun或vcs，代码的波形查看一般用Verdi。

2. 电路综合与仿真验证

从RTL代码到网表，一般用DC软件。综合后的形式验证，即验证网表和RTL代码的一致性，用Formality软件。综合后的时序验证，用Primetime软件。综合后的扫描链插入，用DFT软件。综合后的功能仿真，用irun或vcs，仿真波形的查看一般用Verdi。

3. 后端设计与仿真验证

从网表到版图GDSII文件，一般用ICC2或Innovus软件，还要进行DRC、LVS和参数提前等步骤，一般用Calibre软件。注意，Calibre一般集成在ICC2或Innovus软件，作为它的一个菜单。版图后的时序验证，用Primetime软件。其他还有功耗分析Primepower软件。版图后的时序仿真，用irun或vcs，仿真波形的查看一般用Verdi。

芯片设计流程比较复杂或繁琐，以数字芯片设计为例，大致可以分为：系统架构、前端设计、功能验证、DFT、后端设计、模拟版图等。按照研发岗位来划分，大致可以分为前端设计、功能验证、后端设计、模拟版图等 4 种岗位。作为从事数字系统设计的技术人员，最好对整个设计流程都要有一个基本的总体的认识。

本章习题

1. 数字芯片设计流程具体包括哪些步骤？各步骤主要完成什么任务？
2. 常用的数字芯片设计工具软件有哪些？各工具软件主要完成什么任务？
3. 走通本章描述的数字芯片设计实例。
4. 尝试走通 AD9858 芯片数字电路设计，完成从代码到版图的全流程芯片设计步骤。

第 13 章　总结和展望

随着社会信息数字化的不断发展，小到智能电子产品，大到军事智能设备，任何行业都少不了半导体行业的发展，目前我国芯片行业的发展是比较薄弱的，但未来又确实极其需要芯片。芯片是半导体元件产品的统称。芯片是一种将电路小型化的方式，并时常制造在半导体晶圆表面上。市场需求持续快速增长，带来对各种低功耗、小尺寸、高精度测量芯片需求的快速攀升。物联网、智能汽车、5G 通信等技术产品的不断推进发展为芯片市场带来大量需求。国家陆续出台集成电路相关的利好政策，作为国家信息安全和电子信息行业的基础，集成电路产业的关注度不断提升，可以预见我国集成电路产业将步入一轮加速成长的新阶段。在集成电路行业整体规模迅速扩张的同时，也推动了芯片设计、元器件制造、封装测试等子行业的共同发展。尤其是在国家政策以及市场需求的带动下，我国集成电路设计行业高速增长，企业数量不断增加，行业已步入新一轮快速发展阶段，芯片设计行业已经成为国内半导体产业中最具发展活力的领域之一。

集成电路产业是引领新一轮科技革命和产业变革的关键力量。截至 2022 年，我国芯片设计企业已有 2810 家，除北京、上海、深圳等传统设计企业聚集地外，无锡、杭州、西安、成都、南京、武汉、苏州、合肥、厦门等城市的设计企业数量都超过 100 家，但火热的半导体行业却遭遇人才缺口。当前国内芯片人才总量不足，高端芯片人才稀缺。芯片设计行业将超过互联网行业，成为最具发展潜力的行业之一，值得大家投身到这个领域。掌握 Verilog 设计语言，熟悉常用电路设计方法，熟悉芯片设计流程和工具软件使用，大家就可以在这个领域一展身手。

随着 EDA 技术的发展，使用硬件描述语言进行数字系统设计成为一种必然。目前主要的硬件描述语言是 VHDL、Verilog HDL 和 System Verilog。VHDL 语言抽象描述能力强，因而设计与硬件电路关系不大，设计效率较高。Verilog HDL 语法源于 C 基本语法，语言要素由符号、数据类型、运算符和表达式等构成，语法较自由。System Verilog 可以看作是 Verilog HDL 的升级版本，更接近 C/C＋＋语言且支持多维数组等。国内使用 Verilog HDL 的公司比使用 VHDL 的公司多，掌握 Verilog HDL 再学习 System Verilog 则更简单。大家必须首先掌握 Verilog，因为在芯片设计领域，90％以上的公司都是采用 Verilog 进行设计。

学好硬件描述语言 HDL 的关键是充分理解 HDL 语句和硬件电路的关系。编写 HDL 就是在描述一个电路，我们写完一段程序以后，应当对生成的电路有一些大体的了解，而不能用纯软件的设计思路来编写电路。要做到这一点，需要我们熟悉基本的组合逻辑电路和时序逻辑电路的典型描述方法。另外，语法掌握贵在精而不在多。我们编程不在于语言的丰富多彩，而是能达到设计目的就好，越简洁明了越好。20%的基本 HDL 语句就可以完成 80%以上的电路设计，30%的基本 HDL 语句就可以完成 95%以上的电路设计，很多生僻的语句并不能被所有的综合软件所支持，在程序移植或者更换软件平台时，容易产生兼容性问题，且不利于其他人阅读和修改。

电路输入主要有 HDL 与原理图输入两种方法。HDL 和传统的原理图输入方法的关系就好比是高级语言和汇编语言的关系。HDL 的可移植性好，使用方便，但效率不如原理图；原理图输入比较直观，但设计大规模电路时显得很繁琐，可移植性差。在真正的系统设计中，适合用原理图的地方就用原理图，适合用 HDL 的地方就用 HDL，并没有强制的规定。在最短的时间内，用自己最熟悉的工具设计出高效、稳定、符合设计要求的电路才是我们的最终目的。

在数字系统设计和实现的整个流程中，每个技术环节都会随着 EDA 技术的发展而发展，我们要了解技术发展趋势，跟上技术变化，更新自身知识。大家要特别重视以下几个方面的发展和变化。

1. 设计语言的发展

1984 年，Verilog 开始作为一种专用的硬件建模语言使用，取得相当大的成功。1995 年，Verilog 成为 IEEE 标准 1364-1995，即所谓的 Verilog-95。以后不断演变，2001 年成为 IEEE 的另一个标准 1364-2001，即所谓的 Verilog-2001。Verilog-2001 是大多数 FPGA 设计者主要使用的 Verilog 版本，得到所有的综合和仿真工具支持。与过去的标准相比，它包含很多扩展，克服原来标准的缺点，并引入一些新的语言特征。Verilog-2001 增加对带符号数补码算术运算的支持。而在 Verilog-95 中，开发者需要使用按位操作进行带符号数的运算。2005 年，IEEE 发布 1364-2005 标准，称为 Verilog-2005。它修改一些规范，并具有一些新的语言特征。2005 年 IEEE 还发布 System Verilog 的标准。最新的 System Verilog 标准是 2009 年发布的。System Verilog 是 Verilog 的一个超集，旨在更好地支持设计验证功能，提高仿真性能，使语言变得更加强大、更易于使用。System Verilog 标准被设计为一个统一的硬件设计、规范和验证语言。它是一个大型标准，包括设计规范方法、嵌入式说明语言、函数覆盖、面向对象编程及约束等。System Verilog 的主要目标是建立统一的设计和验证环境，兼具 Verilog \VHDL 和硬件验证语言的最好功能及编译优势，它还完全兼容以前的 Verilog 的各种版本。System Verilog 得到多数商业模拟器的支持，包括 ModelSim、VCS、NCSim 等。总之，Verilog 语言本身在发展变化，但以后的主流设计和验证语言是 System Verilog，大家要加强 System Verilog 的学习和掌握。

2. 电路仿真验证方法的发展

随着电路设计规模的增大，验证占整个电路设计流程的比例越来越大，验证的工作量已经占到整个系统研发周期的70%～80%。因此,提高电路验证的效率已变得至关重要。早期电路仿真验证的方法是编写测试激励,然后主要通过查看仿真波形的方法来判断电路功能的正确性。随着电路规模和复杂度的增加,编写测试激励的工作量越来越大,电路功能的测试覆盖率难以保障,因此UVM验证方法应运而生。

UVM是一个以SystemVerilog类库为主体的验证平台开发框架,验证工程师利用其可重用组件可以构建具有标准化层次结构和接口的功能验证环境。UVM验证方法学有效结合测试激励随机生成、自测试平台和随机化约束等方法,它采用最佳框架以实现覆盖率驱动的验证,使验证工程师通过采用高级验证技术来降低风险,满足缩短产品上市时间的迫切需求。

UVM是一个库,在这个库中,几乎所有的东西都是使用类来实现的。类是面向对象编程语言中最伟大的发明之一,是面向对象的精髓所在。使用UVM的第一条原则是:验证平台中所有的组件都应该派生自UVM中的类。当要实现一个功能时,首先应该想到的就是从UVM的某个类派生出一个新的类,类中可以有成员变量,还可以有函数和任务,通过成员变量、函数或任务实现所期望的功能。

对于验证方法学来说,分层的测试平台是一个关键的概念。虽然分层似乎会使测试平台变得更复杂,但它能够把代码分而治之,有助于减轻工作负担,而且重复利用效率提升。基于UVM的验证平台可以类似分为5个层次:信号层、命令层、功能层、场景层和测试层。UVM通过SystemVerilog类库的形式提供验证环境和测试用例的可重用机制,可以极大地提高验证效率。在UVM的框架里面,各类环境组件相互独立、各司其职,各个仿真阶段定义明确且执行起来井然有序,这相当于在空间和时间两个尺度上都体现出其通用性。UVM验证方法将会是以后电路仿真和测试验证的主流方法,必须引起我们的重视。

3. EDA工具软件的重要性

如今的集成电路,从系统架构开始,落实到功能的定义和实现,最终实现整个芯片的版图设计与验证,是一项复杂的系统工程,集成人类智慧的最高成果。以华为2020年最新的7nm麒麟990芯片来说,其中集成103亿颗晶体管,若没有EDA辅助,设计这样复杂的电路并保证良率是无法想象的。目前,全球的EDA软件主要由Cadence、Synopsys、Mentor等3家美国企业垄断。称霸EDA市场的美国三巨头,牢牢占据全球超过70%的市场份额,能够提供完整的EDA工具,覆盖集成电路设计与制造全流程或大部分流程。

由于EDA软件比较多,容易让大家眼花缭乱,不知学习什么软件为好。比如对电路仿真软件而言,常见的有Cadence公司的ncverilog,Synopsys公司的vcs以及Mentor公司的Modelsim等,我们至少要掌握其中一种电路仿真软件。

工具软件种类较多,不同公司提供名称不同但功能类似的软件,同一软件还有不同的演进版本等,导致大家不知去学什么工具软件为好。整个数字芯片设计流程如图13.1所示,需要掌握的主要软件包括:先是设计输入,一般用Verilog语言,还可以用Cadence公司的nlint或Synopsys公司的spyglass软件对代码进行语法检查等;其次是代码仿真,可以是Cadence

公司的 ncverilog、Synopsys 公司的 vcs 或 Mentor 公司的 Modelsim 等；再就是逻辑综合，一般用 Synopsys 公司的 Design Compiler 软件。然后是静态时序分析 STA，一般用 Synopsys 公司的 Primetime 软件。接着是版图设计，可以用 Cadence 公司的 Innovus 或Synopsys公司的 ICC2 软件。当然还有一些辅助软件，如形式检查软件 Formality，还有 LVS、QRC、DRC、DFT 软件，以及功率分析软件等。以上列出的软件都是主流设计软件，值得大家去学习和掌握。

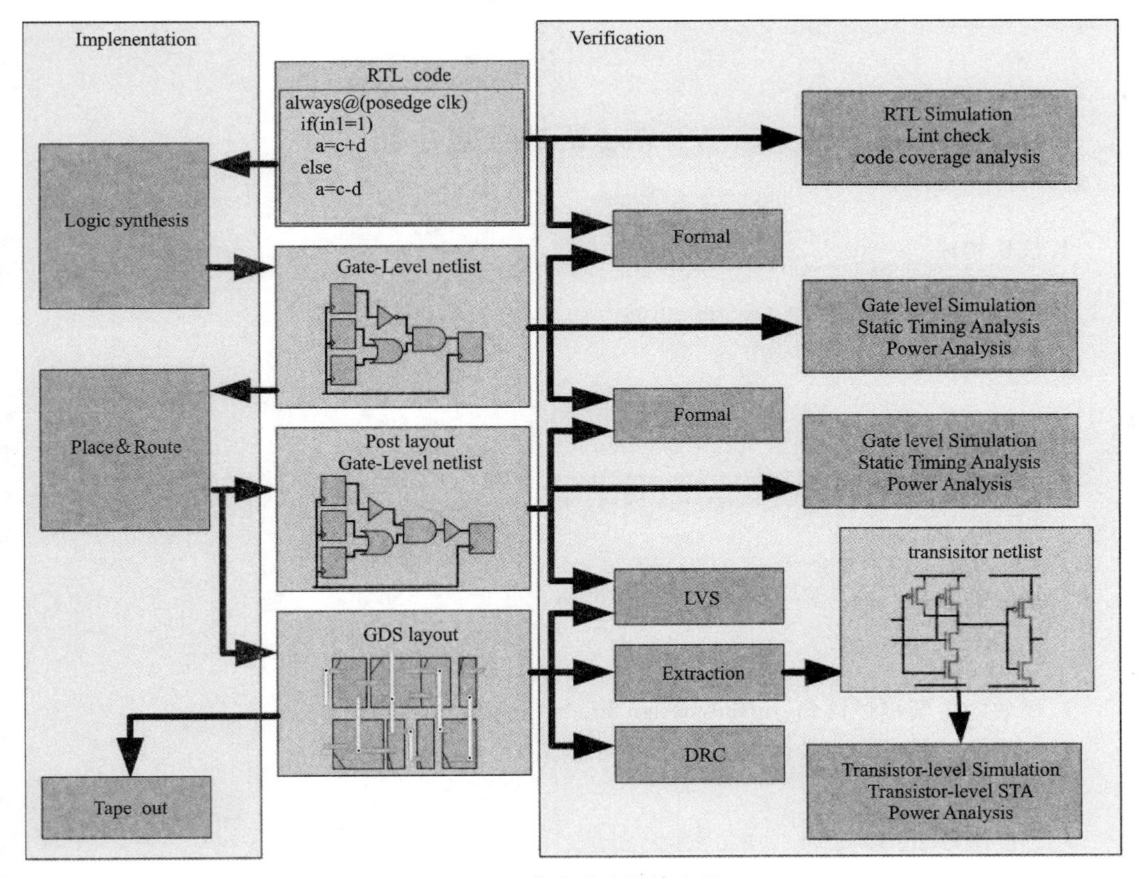

图 13.1　数字芯片设计流程

大家最终都要从事某一领域的基础或研究工作，如果大家有志于投身到集成电路设计领域，应该在设计语言、设计方法和工具软件等方面下功夫，这样才能胜任数字系统设计这一领域的研究工作，才能具备这方面的实用技能，才能成为具有独当一面能力的开拓性人才。

附　录

A　Verilog 语法要点小结

1. 模块构成

```
module module_name (list of ports);
   input/output/inout declarations
   net/reg declarations
   integer declarations
   parameter declaratio11S
   gate/switch in statnces
   hierarchicalinstances
   parallel statements
endmodule
```

2. 模块的主要描述语句:initial、assign 和 always 语句

```
initial begin
   {sequential statements}
end
always begin
   {sequential statements}
end
assign wire_name = {expression]};
```

3. 基本的数据类型:wire 和 reg

```
wire:
 • Continuously driven
 • Gets new value when driver changes
```

```
• LHS of continuous assignment (LHS: left handside)
reg:
• Represents storage
• Always stores last assigned value
• LHS of an assignment in procedural block
```

wire 和 reg 定义规则：

```
assign Combinatorial logic(wire)
always @ ( * ) Combinatorial logic(reg)
always @ ( some wire )  Combinatorial logic(reg)
always @ (posedge clock)  Sequential logic  (reg)
```

4. 阻塞赋值和非阻塞赋值：阻塞赋值“<=”一般用于时序逻辑电路，非阻塞赋值“=”一般用于组合逻辑电路

```
// The Non-blocking statements example.
Combinatorial assignment
wire wire_name;
assign wire_name = signal_or_value;
OR
reg signal;
always @ ( * )
  signal = signal_or_value;
OR
reg signal;
always @ ( some wires )
  signal = signal_or_value;

// The blocking statement example.
Sequential assignment
reg signal;
always @(posedge clock)
  if (reset)
    signal <= 0;
  else
    signal <= signal_or_value;
```

5. 语法要点

5.1　注释 comments

```
//        Single line comment
/*    */  Multiple line comment
```

5.2 端口信号声明 declaration

```
input          clock
output         something
output   reg   something_reg
input   [1:0]  data_bus

wire    [31:0]   bus_wire
reg     [31:0]   bus_signal
reg     [1:0]    bus = 2'b01   Initialized
parameter WIDTH = 8;
reg   [WIDTH-1:0]   my_bus;
```

5.3 操作符

```
//            Single line comment
/*   */       Multiple line comment
{}, {{}}      concatenation
+ - * /       arithmetic
%             modulus
> >=  < <=    relational
!             logical negation
&&            logical and
||            logical or
==            logical equality
!=            logical inequality
===           case equality
!==           case inequality
~             bit-wise negation
&             bit-wise and
|             bit-wise inclusive or
^             bit-wise exclusive or
^~ or ~^      bit-wise equivalence
&             reduction and
~&            reduction nand
|             reduction or
~|            reduction nor
```

```
^               reduction xor
^~ or ~^        reduction xnor
<<              left shift
>>              right shift
?   :           condition
or              event or
```

下面举一些操作符表示实例

```
q[3:1] = b[2:0]; Select some bits
q = {a, b, c}; Concatenate a, b and c
q = {3{a}}; Replicate a, 3 times
q = {{2{a}}, b}; Replicate a, 5 times and concatenate to b
f= &a [2:0]; a[0] & a[1] & a[2]
f= |a [2:0]; a[0] | a[1] | a[2]
f= ^a [2:0]; a[0] ^ a[1] ^ a[2] (this is parity)

Shifting with bit select & concatenate
reg [7:0] shift_l, shift_r;
always @ (posedge clock)
shift_l <= {shift_l [6:0] , ser_in_l};
always @ (posedge clock)
shift_r <= {ser_in _r, shift [7:1]};
```

数据表示

```
wire a;
wire [31:0] b;
assign a= 1'b0;          Decimal 0
assign b= 32'b1;         Decimal 1
assign b= 52;            Decimal 52
assign b= 32'd52;        Decimal 52
assign b= 32'hFF;        Decimal 255
assign b='hFF;           Decimal 255
```

5.4　begin-end 用法：往往用于多条语句之中

```
Only one statement:
if (reset)
signal_1 <=value;
else
```

```
...
Multiple statements：
if (reset)
begin
signal_1 <=value1；
signal_2 <=value1；  //Executed parallel
end
else
...
```

6. 常见表达方式举例

6.1 条件语句

```
assign wire_name = (condition) ? input1 : input0；
OR
always @ ( * ) / always @ (posedge clk)
  if (condition0)
    statement0；
  else if (condition1)
    statement1；
  else
    statement2；
OR
always @ ( * ) / always @ (posedge clk)
  case (two_bit select)
    2'b00 : statement0；
    2'b01 : statement1；
    2'b10 : statement2；
    2'b11 : statement3；
  default：statement_def；
  endcase
```

6.2 常见组合逻辑电路描述

多路选择器

```
reg [3 : 0] output；
always @( * )
  case ( select)
    2'b00：output = input1；
```

```
        2'b01: output = input2;
        2'b10: output = input3;
        2'b11: output = input4;
        default: output = input1; //Security
        endcase
```

解码器

```
reg [3:0] output;
wire [1:0] select;
wire enable;
always @( * )
  if (enable)
    case (select)
      2'b00 : output <= 4'b0001;
      2'b01 : output <= 4'b0010;
      2'b10 : output <= 4'b0100;
      2'b11 : output <= 4'b1000;
      default : output <= 4'b0000;
      endcase
  else
      output <=0;
```

6.3 常见时序逻辑电路描述

```
D触发器 Flip-flop
reg ff;
always @(posedge clk) begin
  if (reset) //sync. reset
    ff <= 1'b0;
  else
    ff<= new_value;
end
```

计数器

```
reg [3:0] count;
always @(posedge clk)
  if (reset)
    count <= 0;
  else if (load)
```

```
      count<= default_value;
   else if (enable)
      count<= count + 1;
```

串行输入串行输出移位寄存器

```
reg [3:0] shift;
wire ser_out, ser_in;
always @(posedge clk)
   if (reset)
      shift<= 4'b0001;
   else if (enable)
      shift<={shift[2:0], ser_in};
assign ser_out = shift[3];
```

并行输入串行输出移位寄存器

```
reg [2:0] shift;
wire out;
always @(posedge clock)
   if (reset)
      shift <= 0;
   else if (load)
      shift <= load_input[2:0];
   else if (shift_enable)
      shift <= { shift[1:0] , 1'b0};
assign out = shift[2];
```

6.4　状态机 State Machine 描述

```
parameter state1 = 2'b01;
parameter state2 = 2'b10;
reg state = state1;
always@(posedge clock) begin
   if (reset) //sync. reset
      state <= state1;
   else
   case (state)
      state1 : if (condition)
            state <= next_state2;
```

```
      else
         state <= next_state1;
    state2 : if (condition)
         state <= next_state1;
      else
         state <= next_state2;
    default : state <= state1;
  endcase
```

6.5　模块例化

```
Example module declaration
module something(
  input            clock,
  input            reset,
  input   [7:0]  bus_in,
  output  [7:0]  bus_out,
);

Example module instantiation
  wire           clock, reset;
  wire  [7:0]   bus_in,  bus_out;
something inst_name (
  .clock (clock),   //module_port_name (local_name)
  .reset (reset),
  .bus_in (local_bus_in),
  .bus_out (local_bus_out)
);
```

6.6　存储器例化和仿真,从文件读取数据

```
module mem_tb;
reg [7: 0] memory [0: 10];  //memory declaration
integer i;
initial begin
// reading the memory content file
   $readmemh ("contents.dat", memory);
// display contents of initialized memory
   for (i=0; i<9; i=i + 1)
      $display ("memory[%d] = %h" , i, memory[i]);
```

```
end
endmodule
"contents. dat" contains
@02 ab da
@06 00 01
This simple memory model can be used for feeding input data values to simulation environment.
$ readmemb can be used for feeding binary values from contents file.
```

B　Verilog 代码编写规范

1. 标准的文件头

模块的开头要使用统一的文件头，其中包括作者名、模块名、创建日期、概要、更改记录、版权等必要信息。文件头示例如下：

```
// * * * * * * * * * * * * * * * * * * * * * * * * * * * * * * * * * * * * * * * * * * *
// COPYRIGHT(c) 2005, Myself Technologies Co, Ltd
// All rights reserved.
//
// IP LIB INDEX :  IP lib index for this module
// IP Name        :  the top module_name of this ip
// File name      :  file_name of the file just as "tx_fifo. v"
// Module name    :  module_name of this file just as "TX_FIFO"
// Author         :  Athor/ID
// Email          :  Author's email
// Version        :  V 1.0
//Abstract        :
// Modification history:
// * * * * * * * * * * * * * * * * * * * * * * * * * * * * * * * * * * * * * * * * * * * *
```

2. module 整体结构

对于模块的书写采用统一的格式，便于项目内部成员的理解和维护，建议按照以下描述来书写模块。

端口定义按照输入、输出、双向的顺序。

模块名、模块例化名统一，例化名前加大写 U_以区分。例如文件名：abc . v；模块名：abc；例化名：U_abc。IP 内部所有的模块名都要加 IP 名或者 IP 名简称作前缀，如 USB_CTRL、USB_TX_FIFO。

3. 一致的排版

统一的缩排取 4 个空格宽度，输入输出信号的宽度定义与关键字之间、信号名与宽度之间要用空格分开，所有宽度定义对所有信号名对齐，代码风格参考如下：

```
    input   [3:0]    input_a   ;      // *****
    input            input_b   ;      // *****
    ...
    output [128:0]  output_a ;
    output [15:0]   output_b ;
    output           output_c ;
```

4. 一致的 begin end 书写方式

always 中，一定要用 begin end 区分，格式和代码风格参考如下：

```
always @ (posedge clk or negedge rst_n)
begin
  if (rst_n==1'b0)
    syn_rst<= 'DLY 1'b0;
  else
    begin
      if (a==b)
          syn_rst<= 'DLY 1'b1;
      else
          syn_rst<= 'DLY 1'b0;
    end
end
```

5. 一致的信号命名风格

简洁、清晰、有效是基本的信号命名规则，详见命名规范（表 B. 1）。

表 B. 1　命名规范

全称	缩写	中文含义
acknowledge	ack	应答
adress	addr(ad)	地址
arbiter	arb	仲裁
check	chk	校验，如 CRC 校验
clock	clk	时钟
config	cfg	Configuration，装置

续表 B.1

全称	缩写	中文含义
control	ctrl	控制
count	cnt	计数
data in	din(di)	数据输入
data out	dout(do)	数据输出
decode	de	译码
decrease	dec	减一
delay	dly	延时
disable	dis	不使能
error	err	错误(指示)
enable	en	使能
frame	frm	帧
generate	gen	生成,如 CRC 生成
increase	inc	加一
input	in(i)	输入
length	len	(帧、包)长
output	out(o)	输出
priority	pri	优先级
pointer	ptr	指针
rd enable	ren	读使能
read	rd	读(操作)
ready	rdy	应答信号或准备好
receive	rx	(帧数据)接收
request	req	(服务、仲裁)请求
reset	rst	复位
segment	seg	段
souce	scr	源(端口)
timer	tmr	定时器
temporary	tmp	临时
transmit	tx	发送(帧数据)相关
Valid	vld(v)	有效、校验正确
wr enable	wen	写使能
write	wr	写操作

(1)端口、信号、变量名的所有字母小写:函数名、宏定义、参数定义用大写。

(2)使用简称、缩略词(加上列表)。

(3)基于含义命名(避免以数字命名的简单做法),含义可分段(最多分三段),每一小段之间加下划线,如 tx_data_val;命名长度一般限制在 20 个字符以内。

(4)低电平有效信号,加后缀"_n",如 rst_n。

(5)无条件寄存的寄存信号在原信号上加 ff1、ff2、…,如原信号 data_in,寄存一拍 data_in_ff1,寄存两拍 data_in_ff2。

(6)不能用"reg"作为最后的后缀名,因为综合工具会给寄存器自动加上_reg,如果命名里就用_reg 作为后缀名会扰乱网表的可读性。

6. 统一的表达式书写

6.1 括号的使用

如果一个表达式的分组情况不是很明显,加上括号有助于理解。例如下面的代码加上括号就清晰很多。

```
if(&a==1'b1&&!flag==1'b1 || b==1'b1)                //
```

改为:

```
if((&a==1'b1)&&(!flag==1'b1)||(b==1'b1))            //
```

6.2 适当的使用空格

一般表达式在运算符的两侧要各留出一个空格,但定义比较长的表达式,去掉优先级高的运算符前的空格,使其与运算对象紧连在一起,可以更清晰地显示表达式结构。

还是上面的例子:

```
if((&a==1'b1)&&(!flag==1'b1)||(b==1'b1))            //
```

改为:

```
if((&a == 1'b1)&&(!flag == 1'b1)||(b == 1'b1))      //
```

"<="、"=="前后都要加空格。

6.3 赋值要指明比特宽度

赋值或者条件判断时要注明比特宽度,注意表达式的位宽匹配。例如:

```
        reg [4:0] signal_a;
错误:1  signal_a <= 5;
     2  if(signal_a == 5)
     3  signal_a <= signal_b[3:0]+4;
正确:1  signal_a <= 5'd5
     2  if(signal_a == 5'd5)
     3  signal_a <= {1'b0, signal_b[3:0]+5'd4
```

因为工具默认是 32 位位宽,如果不注明位宽,工具检查会报 warning,而且这样可以提高设计的严谨性。

7.统一的语句书写——条件判断结构书写方式

7.1 条件的完整性

if else 搭配使用，对于缺省的条件要写“else;”。

if else 条件判别式要全面，比如 if(a == 1'b0)。

case 中的缺省条件要写“default”。

7.2 有限状态机

不允许有模糊不清的状态机模式，所有的状态机必须清晰明了。我们要求将状态机的时序部分和组合逻辑部分分开。例如：

```
module state4 (
        clock
        reset
        out
        );
input        reset
input        clock;
output  [1:0]  out;
parameter [1:0]  stateA=2'b00;
parameter [1:0]  stateB=2'b01;
parameter [1:0]  stateC=2'b10;
parameter [1:0]  stateD=2'b11;
reg     [1:0]   state;
reg     [1:0]   nextstate;
reg     [1:0]   out;
always @ (posedge clock)
begin
  if (reset==1,0'b0)
    state <= stateA;
  else
    state <= nextstate;
end

always @ (state)
begin
  case (state)
    stateA: begin
      nextstate = stateB;
```

```
            end
            stateB：begin
              nextstate = stateC；
            end
            stateC：begin
              nextstate = stateD；
            end
            stateD：begin
              nextstate = stateA；
            end
          endcase
        end
        always@(postdge clock or negedge reset)
        begin
            if(reset==1'b0)
              out <= 2'b0；
            else begin
              if(state==…)
                out <= …；
              else
                out <= …；
          end
        end
        endmodule
```

8. 统一格式的 always 程序块的书写

8.1　always 中的变量的赋值方式——阻塞与非阻塞赋值

当进行时序逻辑建模时，always 块中使用非阻塞赋值“<=”。参考如下代码：

```
always @(posedge clk or negedge rst_n)
begin
  if(rst_n == 1'b0；
    myreg <= 1'b0；
  else
    myreg <= 'DLY1'b1；
end
```

当使用 always 语句进行组合逻辑建模时，always 块中使用阻塞赋值“=”。参见如下代码：

```
always @(addr)
begin
   case (addr)

         2'b00 : cs0_n=1'b0;
   2'b01 : cs0_n=1'b1;
   2'b10 : cs0_n=1'b0;
   2'b11 : cs0_n=1'b1;
   default: cs0_n=1'b1;
  endcase
end
```

如果要使用 always 语句同时进行时序与组合逻辑建模，一定要使用非阻塞赋值“<=”。例如：

```
//组合逻辑与时序逻辑在同一个 always 块中
 always@(posedge clk or negedge reset_n)
begin
   if(reset_n==1'b0)
      out<=1'b0;
   else
      begin
         case(count)
            2'b00 : out<= 'DLY in_a;
            2'b01 : out<= 'DLY in_b;
            2'b10 : out<= 'DLY in_c;
            2'b11 : out<= 'DLY in_c;
            default: out<= 'DLY in_a;
      end
end
```

8.2　always 中变量赋值的唯一性

组合 always 块一定要注意敏感量列表中的触发项完整且不冗余。如果不是这样，综合的电路会与实际设计不符合，会报 warning。不要在多个 always 块中对同一个 reg 型变量进行赋值，更不能在同一个 always 语句中给一个变量多次赋值。例如：

```
always@(posedge clk or posedge reset_n)
   begin
      if(reset_n==1'b0)
         out<=1'b0;
      else
         out<=   'DLY1'b1;      //out     1  0
         out<=   'DLY1'b0;
   end
```

不推荐在一个 always 块里给多个变量赋值。若有例外情况，请尽量多加注释，以增加可读性，并注意在组合 always 块中不要出现锁存器。

8.3　always 中复位的书写

复位的条件表达式及命名要和 always 敏感列表中的描述相统一，并且一定要使用异步复位。所有的复位必须统一为低有效或高有效。例如：

```
    //
always@(posedge clk ot negedge rst_n) //
begin
    if(rst_n==1'b0)
        ...
    else
        ...
end
```

8.4　always 的注释

最好在每一个 always 块之前加注释，增加可读性和便于调试。

```
  //cm carry count which  ...
always@(posedge clk_xc or negedge rst_n)
begin
    if(rst_n==1'b0)
        cm_carry_cnt<=1'b0;
    else
        cm_carry_cnt<=#'DLY1'b1;
end
```

9. 合理的注释

代码中应采用英文作详细的注释，不要用中文，以免出现乱码。修改程序的时候一定要修改相应的注释。注释不应重复代码已经表明的内容，而是简介程序的突出特征。注释应该是整个程序的线索和关键词，它连接整个程序中分散的信息并帮助理解程序中不能表明的部分。

10. 重用化设计

重用化设计包括层次结构与模块划分。

(1)层次设计以简单为主。尽量避免不必要的层次；层次结构设计得好，在综合中就不需要太多的优化过程。

(2)模块划分根据层次设计来决定。模块化对于布线有很大帮助，模块划分的技巧：将不同的时钟域分离开来；按照不同的设计目标划分成块；在同一模块中实现逻辑资源和算术资源的共享。

主要参考文献

陈登,姚亚峰,欧阳靖,等,2014.JESD204B接口协议中的8B/10B解码器设计[J].电视技术,38(19):105-108,111.

付东兵,焦阳,徐洋洋,等,2019.基于JESD204B的接收端数据链路层设计与实现[J].微电子学,49(4):508-512.

霍兴华,姚亚峰,陈朝,2016.JESD204B接口中8B10B解码电路quad_byte设计[J].电子技术,45(8):79-83.

霍兴华,姚亚峰,贾茜茜,等,2014.JESD204B接口协议中的加扰电路设计[J].电视技术,38(23):64-67.

霍兴华,姚亚峰,贾茜茜,等,2015.JESD204B接口协议中的8B10B编码器设计[J].电子器件,38(5):1017-1021.

李雪,徐洋洋,邱雅倩,等,2019.一种改进CORDIC算法的反正切计算[J].电视技术,43(2):14-18.

欧阳靖,姚亚峰,霍兴华,等,2017.JESD204B协议中发送端同步电路设计与实现[J].电子器件,40(1):118-124.

欧阳靖,姚亚峰,霍兴华,等,2017.JESD204B协议中自同步加解扰电路设计与实现[J].电子设计工程,25(7):148-151.

陶加祥,王巍,霍兴华,等,2016.基于JESD204B接口协议的组帧器电路设计[J].电子技术,45(10):58-61.

宛强,郭金翠,王巍,等,2018.JESD204B接收系统同步技术研究与实现[J].电子器件,41(6):1566-1571.

王国洪,宛强,姚亚峰,等,2019.精确频率输出的超低时延DDS电路设计[J].哈尔滨工业大学学报,51(5):44-49.

王巍,吴让仲,孙金傲,等,2016.符合JESD204B接口协议的发送端电路设计[J].电子技术,45(10):65-68.

吴让仲,杨敏,刘建,等,2016.基于JESD204B接口协议的接收端电路研制[J].电子技术,45(11):86-90.

姚亚峰,陈建文,黄载禄,2006.ASIC设计技术及其发展研究[J].中国集成电路(10):15-20,42.

姚亚峰,陈建文,黄载禄,2007.嵌入式系统中EEPROM接口及控制电路设计[J].半导体技术(4):328-331.

姚亚峰,冯中秀,陈朝,2016.直接旋转 CORDIC 算法及其高效实现[J].华中科技大学学报(自然科学版),44(10):113-118.

姚亚峰,冯中秀,陈朝,等,2017.全奈奎斯特频带的正交数字上变频器设计[J].华中科技大学学报(自然科学版),45(8):26-31.

姚亚峰,冯中秀,陈朝,2017.超低时延免迭代 CORDIC 算法[J].西安电子科技大学学报,44(4):162-166,173.

姚亚峰,付东兵,杨晓非,2008.高速 CORDIC 算法的电路设计与实现[J].半导体技术(4):346-348.

姚亚峰,付东兵,杨晓非,2009.基于 CORDIC 改进算法的高速 DDS 电路设计[J].华中科技大学学报(自然科学版),37(2):25-27,56.

姚亚峰,孙金傲,霍兴华,等,2017.一种结合高精度 TDC 的快速全数字锁相环[J].湖南大学学报(自然科学版),44(8):131-136.

姚亚峰,徐洋洋,侯强,等,2019.基于小容量查找表的 CORDIC 算法设计[J].湖南大学学报(自然科学版),46(4):80-84.

姚亚峰,邹凌志,侯强,等,2018.压缩查找表的高精度 CORDIC 算法设计[J].华南理工大学学报(自然科学版),46(10):58-62,71.

姚亚峰,邹凌志,王巍,等,2017.低消耗免查找表 CORDIC 算法[J].哈尔滨工业大学学报,49(11):109-114.

周群群,姚亚峰,许思耀,等,2022.3G-ALE 短波信号信道化接收机高效设计[J].电子器件,45(4):775-780.